DITTRICH

A JÖVŐ NEVE ÉLET

Megoldás a klímaváltozásra, avagy a változás **6** programja

2., bővített kiadás

Felelős kiadó: Magyar Klímavédelmi Kft.

7630 Pécs Hegedűs János utca 8.

Szerző: Dr. Dittrich Ernő

web: www.justdobetterworld.com

blog: https://justdobetterworld.blogspot.com/

e-mail: justdobetterworld@gmail.com

Szakmai lektorok: Dr. Szilágyi Ferenc

címzetes egyetemi tanár

Pap Judit

pszichológus-kineziológus

Magyar nyelvi lektor: Kis Tünde

Borítóterv: Márok Attila // www.weiser.hu

Design :   Szakács László e. v.

Layout: Hangtárs Kft.

ISBN 978-615-01-3086-6

„Do it now!
Sometimes later
becomes never.”

DR. SANJAY TOLANI
gazdasági tanácsadó & coach

Jelen könyv független mindennemű politikai vagy vallási szervezettől és bárminemű ideológiai vagy egyéb jellegű csoportosulástól. A könyv szellemisége minden Élőt egyenlőnek tekint, így nyilván nincs is szükség arra, hogy bármilyen csoportosuláshoz tartozzon. A könyv egyetlen és önzetlen célja, hogy kijuttassa az Emberiséget a klímaváltozás kríziséből. Ez az elv már önmagában kötelezővé teszi a könyv számára, hogy mindennemű gazdasági és egyéb érdekközösségtől mentes legyen. Ellenkező esetben elvesztené objektivitását és hasznosságát...

A szerző

Tartalomjegyzék

Az újrahasznosított papír válsága

Ez a könyv 100%-ban újrahasznosított papírból készült. De gondoltad volna-e, hogy sokkal körülményesebb elérni, hogy egy ilyen könyv nyomtatását elvállalja egy nyomda, mint hogyha hagyományos papírból készülne? Arról nem is beszélve, hogy ettől a könyv előállítási költsége kb. 30%-kal drágább. Ugye, milyen furcsa? Abnormális világban élünk. Ha kivágunk természetes erdőket (ingyen) és abból papírt készítünk, majd abból könyvet, az olcsóbb, mintha hulladékpapírt hasznosítanánk újra. Ha ezt kívülről nézné egy magas értelmi képességgel bíró idegen lény, biztosan csodálkozna rajtunk. A pusztítás olcsóbb, mint az élet védelme? Hogy is van ez? Pedig így van. A mai „modern" közgazdasági rendszerünk szerint ez így helyes.

Egész kisgyermek koromban nem értettem, hogy az Ember hogy tud így élni, és ahogy él, az miért is jó neki úgy[1]? Ahogy egyre többet tudtam meg a világról, mindig az motoszkált a fejemben: valahogy változtatni kellene ezen! Az Emberek egymással történő versengése, a szűkösnek tűnő erőforrásokért való egymást sárba tipró harc, az egok fékevesztett csatája és a környezet felelőtlen pusztítása azóta is mind értelmetlen és érthetetlen számomra[2]. Idővel az értetlenkedő kisgyermekből tapasztalt szakember lett, aki ebben a könyvben adja át neked integrált tudását azért, hogy a magad életére alakíthasd, továbbfejleszthesd, saját elképzeléseid szerint formálhasd. Nem akarom megmondani, hogy mit tegyél vagy mit ne tegyél! Meg kívánok mutatni neked egy keretrendszert, melyet kedvedre formálhatsz és alakíthatsz. Kérlek, tegyél hozzá belső indíttatásod szerint, és vedd ki belőle azt, ami számodra nem vállalható! A lényeg, hogy a jelen könyv generálta gondolatok tettekké érjenek, és egyre többen tegyünk a jó ügyért!

Mérnöklétemből adódóan alapvető számomra a megoldáscentrikus gondolkodás, ami ezt a könyvet is áthatja. Több évtizedes kutató- és elmélkedő munka,

---

1 Az Ember, az Élet és a Természet szavakat szándékosan nagybetűvel fogom írni a könyvben, kifejezve tiszteletemet e három csodálatos entitás felé.
2 Az ego természetéről bővebben az 1. számú mellékletben olvashatsz, ha bővebben érdekel.

valamint temérdek gondolkodás során szinte folyamatosan arra a kérdésre

kerestem a választ, hogy a régi és rossz berögződések mentén, helytelenül élő Emberiség fejlődésének irányát hogyan lehetne jó irányba állítani. Azonban a rossz berögződések elleni küzdelem nehézségeit is látom, hiszen a sajátjaimmal is meg kell harcolnom nap mint nap, hogy egyre ökotudatosabban, egyre elfogadóbban legyek képes élni. Ez, mint ahogy **mindannyiunknál, fokozatos és tudatos önfejlesztést igényel** a saját életemben is. Például komoly gyarlóságom, hogy nagyon gyorsan vezetek, és ezzel kb. 30%- kal több energiát használok el közlekedésre, mintha nyugodtabban, lassabban haladnék. És még sok-sok példát tudnék felhozni számos teendőim közül. Napjainkban azon dolgozom, hogy ezen a téren is legyek aktívabb részese a klímavédelem elleni harcnak. Mindig van min javítani, mindig lehet fejlődni...

Meggyőződésem, hogy ez a könyv a klímaváltozás rendszerszintű megoldását hozza el a számodra, mely, mint látni fogod, egyben a világ békétlenségére és sok más globális problémára is gyógyír. Mivel minden társadalmi probléma csak az egyén szintjén orvosolható, ezért biztos vagyok abban, hogy személyes életedre, boldogságodra is kedvező hatással lesz. Ugyanakkor nem titkolt célom felvenni a harcot a téves társadalmi berögződésekkel, klímaellenes gazdasági–társadalmi és szociális rendszereink összes káros aspektusával. Olvasás közben a könyv gondolatai megosztónak tűnhetnek majd számodra. De úgy nem képzelhető el változás, ha nem tudunk kellő bátorsággal tükörbe nézni!

Minden tárgyi megvalósulás egy gondolattal kezdődik, így idáig eljutni a legnehezebb. Ha a helyes gondolatcsomag már kikristályosodott bennünk, utána jó eséllyel minden megy a helyesebb irányba. Őszinte és tiszta szívből jövő vágyam az, hogy az Emberiség úgy folytassa a jövőjét, hogy a kipusztulás helyett egy boldog és termékeny jövő álljon a következő generációk előtt.

Ez a könyv elsősorban egy vízió, másodsorban egy útmutató, harmadsorban egy keretirányelvet előkészítő írás. Ezért tehát arra kérlek, kedves Olvasó, hogy a vízióként megfogalmazott jövőképeket ne vesd el olyan ösztönösen jövő gondolatokkal, mint például „de hát ez lehetetlen, mert a mai Emberek ehhez túl önzők", vagy azzal, hogy „ez így nem lehetséges, mert a társadalomban nincs elég gazdasági erő ahhoz, hogy ez megvalósulhasson", és még sorolhatnám... Arra kérlek, hogy olvasd végig a könyvet, és mindenféle előítéletet tudatosan tarts vissza magadban a könyv végéig. A könyv nagyon sok, a jelenlegitől eltérő gondolkodási mintát mutat majd számodra, hiszen pont ez a megoldás kulcsa! Az Emberiség jelenlegi hozzáállásával és gondolkodásának módjával nem sokáig húzzuk már. Kijelenthető, hogy a nyugati világban pillanatnyilag uralkodó gondolkodási mechanizmusok alkalmatlanok arra, hogy egy boldog, békés jövőbe vezessék az Emberiséget. Ezért, kérlek tisztelettel, hogy a könyv olvasása során **maradj nyitott** még akkor is, ha első hallásra logikátlannak tűnik, amit olvasol. Mindig az elsőre furcsának tűnő kijelentések szokták elindítani bennünk a legnagyobb változásokat, hiszen új irányt adnak a gondolkodásunknak. Ezért szoktunk első hallásra idegenkedni tőlük, aztán szép lassan megérnek bennünk, majd beépülnek az életünkbe. Ez természetes emberi reakció, mindannyian így működünk. A nyitottságodon túl nagy tisztelettel kérek tőled még valamit: valószínűleg folyamatosan kérdések és ellenérvek fognak felmerülni benned a könyv olvasása során. Kérlek, ezeket ilyenkor jegyezd meg, tedd félre. A könyv végére, ígérem, hogy az összes kérdésedre választ kapsz!

Kérlek tehát: engedd, hogy a könyv által lefestett kép hadd álljon össze benned! Ne az akadályokat nézd, melyek ösztönösen felmerülnek a tudatodban! Ezek a régi, hagyományos gondolkodásmód természetes reakciói. Ha a könyv végére összeáll a vízióm teljes képe, akkor tedd hozzá, hogy ennek megvalósítására van néhány generációnyi idő, és ha ezek után is maradnak aggályaid, akkor, kérlek, írd meg nekem azokat, mert minden építő szándékú kritika segít abban, hogy tovább fejlődhessen ez a rendszer. Az e-mail-címemet a könyv elején találod. Persze a blogomon és a weboldalunkon is örömmel fogadunk felőled jövő javaslatokat és észrevéte-leket, ezek elérhetőségét is a könyv elején soroltuk fel. Előre is köszönöm, ha elol-vasod ezt a könyvet és utána véleményeddel segíted a világot megmentő rendszer továbbfejlődését, és ezzel is hozzájárulsz ahhoz, hogy együtt még többet tehes-sünk a társadalmi változások helyes irányba állításáért! Jelen könyv mellett sok-sok ingyenes tartalommal, haladó tanfolyamokkal és további könyvekkel sze-retnék tenni közös jövőnkért, melyekről a könyv elején található webcímen talál-hatsz bővebb információt. Mivel a csapatmunkában hiszek, ezért ha bármivel szeretnél hozzájárulni ennek a rendszernek a fejlődéséhez, ismertté válásához, a társadalomba való beépüléséhez, örömmel látlak közösségünkben! A klímaválto-zás megállításához összefogás (is) kell!

·······················

1. FEJEZET

Mekkora a baj, avagy milyen lesz a jövőnk?

1.1. A klímaváltozás okozta reális jövő

Képzeld el az Emberiség múltját, jelenét és jövőjét, vagyis az egész történelmünket egy hosszú útként. Az adott korra jellemző fejlettségünket az út minősége és szélessége jellemzi. Az őskorban ez az út még inkább csak egy ösvényecske volt, nagyon kacskaringós és vékony, melyet állatcsordák kereszteztek. Ezen a veszélyes ösvényen bedőlt fák, sár, dagonya, helyenként vízmosások nehezítették az előrehaladást. Az ókorban ez az ösvény kiszélesedett, helyenként már akár rövidebb szakaszokon ki is volt kövezve, néhol már kisebb szekereken vagy lovon is lehetett rajta járni, és viszonylag nagyobb tempóban tudott az Emberiség rajta előrehaladni fejlődésében. A középkorban ez az ösvény időszakonként sárdagonyává változott vagy újra és újra összeszűkült, majd járhatóbbá vált, de jelentősen nem változott. Az úton való haladás monoton és nehézkes volt. Aztán jött az újkor, amikor ez az út hirtelen modernizálódott. Már szekereken és hintókon emelt fővel járt rajta az Emberek egyre nagyobb hányada. Utunk helyenként már többsávossá formálódott. A két világháború ideje alatt aknamezők, bombatölcsérek nehezítették a továbbhaladást, gyötrelmessé és borzalmas nehézzé téve az Emberiség előrelépését. Majd jött a háború utáni időszak, amikor hirtelen, mindössze néhány évtized alatt rengeteget javult az út minősége, először beton-, majd aszfaltozott utak épültek. Ezek az utak egyre szélesebbek lettek, egyre jobb minőségűek, és mind nagyobb sebességű járművek jelentek meg rajtuk. Mára már az Emberiség fejlődését jelképező út egy elképesztően széles autópálya, ahol korszerű járművekkel, magas színvonalú burkolatokon nagyon nagy sebességgel száguldozunk, sajnos egyre inkább fékevesztetten, egyedül ülve többszemélyes autóinkban. Az Emberiség soha nem látott mértékű technológiai és tudományos fejlődésen ment át az elmúlt évtizedekben, és az átlagos életszínvonal sem volt még soha ilyen magas az Emberiség történetében, mint amilyen most. Életünket a nyugati világban viszonylagos közbiztonság, magas színvonalú egészségügy, jólét, élelmiszerbiztonság, kényelem jellemzi. Hálásak lehetünk az Életnek, hogy a Földgolyónak erre a pontjára és ilyen korba születtünk, mert sok kortársunk, valamint hosszú évszázadokra, évezredekre visszatekintve elődeink sohasem éltek ilyen jól, mint mi – legalábbis materiális szempontból.

Ha ezt az utat a képzeletben folytatnánk a jövőbe, akkor láthatnánk, hogy ez a nagyon széles, kiváló minőségű autópályarendszer, amin az Emberiség jelenleg halad, sajnos hirtelen szűkülni kezd. Az autópálya sávjai csökkenni fognak, miközben a forgalom nem csökken, sőt! Sem idő, sem erő nem lesz ezek felújítására, ezért ez a jövőbe vezető út egyre silányabb burkolattal fog rendelkezni. A közlekedés lelassul és mindenki mást fog okolni azért, hogy nem tud megfelelően előrehaladni. Egy borzalmas és megoldhatatlan forgalmi dugóvá szorul össze a jövőnk.

Aztán el fog jönni az az idő, ha ebben a társadalmi, gazdasági és politikai berendezkedésben folytatjuk az életünket, amikor ez az út végül újra egysávossá szűkül. Majd eltűnik a szilárd burkolat, és az Emberiség újra a sárban fog gyalog, mezítláb dagonyázni. Nagyon nagy esélyünk van rá, sőt a jelenlegi tendenciákat figyelembe véve biztosan kijelenthető, hogy az Emberiség az ókor, középkor mély időszakaival azonos, vagy még annál is rosszabb társadalmi–gazdasági helyzetbe zuhan vissza. Ezt nem azért állítom, mert egy Nostradamus szintű jós vagyok, hanem azért, mert a jelenlegi világmodellek, a tudományos eredmények, illetve a világról alkotott, általam megismert tények ebbe az irányba mutatnak.

Ha továbbra is így élünk, ahogy most, akkor nagyon rövid időn belül az Amazonas-vidéki esőerdők maradékának területén a szavannákhoz hasonlóvá változik az éghajlat, melynek következtében a maradék esőerdő is kipusztul. Ez a klímaváltozás felgyorsulását fogja okozni a világban. A másik óriási változásgenerátor a jégsapkák olvadása, melyek következtében drasztikusan átalakul a globális földgolyó albedója[1], és ez hatalmasat fog gyorsítani a felmelegedés tempóján. Nem mellesleg megemelkedik az óceánok, tengerek vízszintje, ami több százmillió Ember lakhatását és megélhetését fogja veszélyeztetni. Közben a túlhalászás miatt a világok óceánjai egyre nagyobb mértékben válnak olyan óceáni sivatagokká, melyekben nincs magasabb szintű életforma. A mezőgazdaság az éghajlatváltozás miatt, illetve a hihetetlen nagy tempójú talajpusztulás következtében is évről évre egyre kevesebb élelmiszert fog tudni termelni, amelynek eredményeként a maradék természeti területeket is feltörjük mezőgazdasági területté. Ezáltal természetes ökológiai rendszereink teljesen összeomlanak. Ezeknek mindenhol a világon hatalmas szerepük van a klímarendszer fenntartásában, úgyhogy ez még inkább fel fogja gyorsítani a klímaváltozást. A következmény az lesz, hogy a mezőgazdaság nem fogja tudni ellátni élelemmel az Emberiségnek még a 10%-át sem. Közben a jégsapkák olvadása leállítja az óceánok fő áramlatait, amelynek révén hihetetlen gyorsan, szinte évek alatt drasztikusan megváltozik az éghajlat minden régióban, amihez a maradék élővilág nem tud időben alkalmazkodni. Így az is kipusztul, ami addig még kitartott, függetlenül attól, hogy természetes ökoszisztéma része vagy haszonnövény. Ezt tovább gyorsítja a permafroszt[2] olvadása, mely alatt hihetetlen sok metán[3] halmozódott fel. Ha ez mind kiszabadul a légkörbe, akkor szó szerint elszabadul a pokol, annyira felgyorsul a felmelegedés. Az Ember végleg elveszti a kontrollt a Természet pusztító erői felett. Ez a maradék élőlények végső és tömeges pusztulását hozza, hiszen nem tudnak adaptálódni a tovább gyorsuló változásokhoz.

Szóval ráléptünk egy olyan útra, amely a dinoszauruszok kipusztulása óta nem

1 Albedó: annak mértéke, hogy mennyi fényt tükröz vissza a Föld felülete a felületét érő fényből.
2 Nagy kiterjedésű fagyott felszínű területek legfőképpen a tajga vidékén.
3 Ez kb. 23-szor erősebb üvegházhatású gáz, mint a CO2.

látott mértékű katasztrófához vezet. Ezt Hatodik nagy kipusztulási folyamatnak nevezték el a kutatók, mely tudományosan igazoltan is elkezdődött. A probléma csak az, hogy ezt nem egy meteor, hanem az Ember okozta.

A fenti folyamatok következtében az éhínség folyamatosan nő, az Emberek egyre nagyobb arányban vándorolnak el azokra a területekre, ahol még van esély az Emberhez méltó életre. Ez növekvő népvándorlást generál, mely hatalmas társadalmi feszültségeket eredményez, hiszen a maradék erőforrásokért egyre több Ember egyre nagyobb mértékben fog egymásnak feszülni. Ennek következtében felbomlanak a társadalmi rendszerek, a gazdaság összeomlik, és nem lehet majd fenntartani az egészségügyet sem. Egyre több járvány és betegség fogja tizedelni az Embereket, amit a fokozódó éhínség csak tetéz. A népvándorlás, a járványok, az éhínség és az ebből fakadó társadalmi feszültségek miatt az állami rendszerek is végleg összeomlanak, aminek a következménye az lesz, hogy fegyveres csoportosulások fognak egymás ellen harcolni a maradék erőforrásokért, tovább csökkentve az Emberiség létszámát. Mindezek szomorú végeredménye, hogy a jelenleg és még maximum néhány évtizedig növekvő hihetetlen nagy emberi népesség hirtelen gyors fogyásba kezd. A klímaváltozás fokozódása azt hozza, hogy egy porviharokkal teli, száraz, szinte élővilágmentes, kipusztult bolygóval találjuk szemben magunkat, amelyet nem fogunk tudni a technikai és tudományos ismereteinkkel megváltoztatni. A végső következmény az, hogy az Emberiség kipusztul a Föld színéről. De nem csak az Emberiség: a fajok 99,99%-át az Emberiség sajnos szintén magával rántja és kipusztítja. Az Emberiség tehát egy olyan fejlett, saját magára büszke és állítólag nagy tudású faj, mely a Föld szinte teljes kipusztítását generálta saját magának. Olyanok vagyunk, mint egy jól szervezett öngyilkos hadtest, melyet a **jelen társadalmi–gazdasági berendezkedésünk visz a pusztulásba.**

Amikor erre problémahalmazra gondolnak, a legtöbben úgy vélik, hogy: „oké, de hát ez egy távoli jövő! Addigra lesz időnk erre reagálni! Majd biztosan kitalálnak valamit a politikusok meg a tudósok!" A probléma az, hogy a nagy összeomlás kezdete 2040 körül datálódik, de ha jobban a sorok mögé nézünk, akkor már el is kezdődött. A tüneteket ma még képes a technika és a gazdaság elpalástolni. De kb. 2040-től drasztikusan növekvő területen lesz jellemző az éhínség, a tömeges népvándorlás, a gazdasági rendszerek és az egészségügy összeomlása, és mindinkább anarchikussá válik egyre több társadalmi rendszer. Természetesen a szegényebb országokban kezdődik majd minden, de fokozatosan elér mindenkit. Arra a kevés országra, amely még képes lesz tartani magát, olyan hihetetlen nyomás nehezedik majd a szolidáris segélyezés terhe és a népvándorlás során odaözönlők befogadása révén, hogy abba fognak belerokkanni. Kb. 2080-ra egy porviharokkal sújtott, kihalt világban fogunk élni, ahol az Emberiség már több mint 90%-a kipusztult. Nagyon alacsony technikai színvonalon, folyamatos éhezés közepette tengeti itt a mindennapjait az, ami az Emberiségből megmaradt, rettegve attól, hogy valamely anarchikus erőszakszervezet elveszi tőle azt a kevés maradék erőforrást, melyet még birtokolhat.

A 2040-es dátum elképesztően közeli időpont, hiszen jelen könyv írásakor 2021-ben járunk. Ez 19 év, mindössze 19 nyár és 19 tél. Ez hihetetlenül rövid idő: a mi generációnk idős korú lesz, amikor ezt megéli, ám gyermekeink még középkorúak lesznek, unokáink pedig gyermekek. Ezt a horrorfilmekbe illő jövőt sem gyermekeimnek, sem leendő unokáimnak nem kívánom! Borzalmas lenne tükörbe néznem úgy, hogy nem tettem meg mindent azért, hogy megváltoztassam ezt a jövőt! Szörnyű belegondolni, hogy 2040-ben a legkisebb kisfiam a 34. születésnapját fogja ünnepelni, és elvileg a legszebb férfikor kezdetén lesz. Hogy fog ő gyermeket vállalni egy ilyen világban? Ugyanakkor képzeld el, kérlek, hogy ha a koronavírus így felborította a társadalmat 2019-ben, akkor a klímaváltozás fentebb leírt következményei milyen hatással lesznek ránk?! A koronavírus egy pici kis szellőcske ahhoz a viharhoz képest, ami felénk közeledik. De mi ahelyett, hogy menekülnénk előle, gyorsuló tempóban szaladunk felé, mint egy öngyilkos merénylő, akinek nem számít, mi lesz a végkifejlet. Az egész Emberiség egyként teszi ezt, tudattalanul és felelőtlenül! Sajnos az egyén szintjén az Emberek hiába nagyon okosak, hiszen az iskolázottság mértéke soha nem volt még ilyen magas a világban: egészében mégis butábbnak tűnnek, mint az állatfajok legtöbbje. Az egyén tudata és a társadalom tudata között ugyanis óriási a szakadék. Tisztán fogod látni és érteni, kedves Olvasó, hogy mennyire elavult és szűk látókörű társadalmi berögződések irányítják életünket.

A rossz hír az, hogyha nem változtatunk saját életvitelünkön, politikai, gazdasági, társadalmi, műszaki rendszereinken, akkor ez lesz a jövőnk. Ez már biztos. Legfeljebb egy-két évtizednyi különbség lehet a világmodellek lefutásának forgatókönyvében, azaz meglehet, a 2040-re előre jelzett események „csak" 2060-ban válnak valóra. Talán a 2080-as végső összeomlást ki tudjuk húzni 2100-ig, de alapvetően drasztikus változásokat akkor sem remélhetünk, amennyiben mi nem változtatunk a jelenünkön.

Összeszűkült a jövő ösvénye. Nagyon vékonnyá vált az a vonal, mely a fennmaradás felé juttathat bennünket. S mielőtt még az is elfoszlik a talpunk alatt, cselekednünk kell!

Mielőtt azt gondolod, hogy amit itt leírtam, túlzás, sajnos rossz hírt kell közölnöm. A tudósok által összeállított klímaprognózisok, melyeket 2020 környékére jósoltak 20–30 éve, pontosan úgy zajlanak le napjainkban, annyi kiegészítéssel, hogy a legrosszabb modell szerinti forgatókönyveket követve történik minden. Nem tettünk szinte semmit ezen folyamatok ellen! A tudományos modellek pedig nem vették eléggé figyelembe, hogy az egyes kedvezőtlen hatások egymást erősítve fogják felgyorsítani a folyamatokat, így **az azonnali cselekvés kényszere nem vicc. Ennél keményebb és durvább ténnyel nem szembesítették az Emberiséget eddigi történelme során!**

Annyira rövid a rendelkezésünkre álló idő, hogy azonnal változtatnunk kell! Nem lehet azt mondani, hogy majd holnap, majd jövő héten, majd jövőre! Azonnal meg kell tennünk mindent, ami csak tőlünk telik. **7,9 milliárd Ember egyéni, aprónak tűnő döntésével tudjuk megváltoztatni a jövőt!** Ma 7,9 milliárd Ember aprónak tűnő rossz döntései okozzák azt, amerre most tartunk. Szóval a

sok kicsi sokra megy elv igenis érvényesül, a klímaváltozást többek között ezzel az elvvel tudjuk orvosolni.

Ha a világ saját tönkretételének irányába megy, akkor miért ne mehetne fordítva?!

A jó hírem az, hogy ma még van esélyünk változtatni ezen a borzalmas jövőn, ha közösen vagy egyénenként időben nekilátunk a munkának, a közös célt szem előtt tartva. Igenis van még esélye az Emberiségnek és a Föld természetes ökológiai rendszereinek arra, hogy elkerülje ezt a katasztrofális jövőt!

Ez a könyv arról szól, hogy ezt hogyan tudjuk megtenni. A klímaváltozás az Emberiség történelmének legnagyobb kihívása. Ami engem illet, az elmúlt 30 évben az ezzel kapcsolatos olvasás és kutatás, munkálkodás és állandó gondolkozás összehozott a fejemben egy olyan rendszert, amely, biztos vagyok benne, hogy kivezeti az Emberiséget ebből a mélyrepülésből.

De először is, kérlek, tudatosítsd magadban: **a mi felelőtlenségünk minden, ami most történik, így a mi felelősségünk az is, hogy merre halad tovább majd a sorsunk!** Mert sajnos nem állítható meg a klímaváltozás, ha nem változtatunk az irányon!

1.2. Miért nem állítható meg a klímaváltozás a jelenlegi módon?

1.2.1. A fizikai ok és néhány alapfogalom az induláshoz

A ma légkörbe kijuttatott üvegházhatású gázok még nagyon sokáig kifejtik hatásukat, mert a legkörből lassan ürülnek ki. Ha a mai emberi eredetű kibocsátások arányait vesszük alapul, akkor tudományosan megalapozottan ki lehet jelenteni, hogy átlagosan 115–130 évig melegíti a Föld légkörét a mai emissziónk[4].

Az alábbi felsorolás néhány üvegházhatású gáz légkörben való tartózkodási idejét mutatja:

* a CO_2 légköri tartózkodási ideje: 50–200 év

---

4   Emisszión minden emberi kibocsátást értek, ami adott idő alatt adott mennyiségű káros anyagot juttat ki a Természetbe.

- a N_2O légköri tartózkodási ideje: 50–200 év
- a CH_4 légköri tartózkodási ideje: 12 év
- a freonok légköri tartózkodási ideje: 65–130 év

Ez azt jelenti, hogy ha az Emberiség az összes kibocsátását leállítaná ebben a pillanatban, a Föld akkor is még kb. 115–130 évig melegedne tovább. Ez az egyik oka annak, hogy nem elég csökkenteni az üvegházhatású gáz- (továbbiakban ÜHG) kibocsátásunkat, hanem azonnal el kell kezdődnie a légkörből való kivonásuk mesterséges felgyorsításának. Erre számos műszaki kezdeményezés indult a közelmúltban, apránként egy önálló iparággá fejlődve. De sajnos nagyon az elején járunk a fejlesztéseknek, és a társadalom egyelőre nem fordít elég erőforrást ezeknek a terjedésére. E technológiákat CCU és CCS technológiáknak nevezik, melyek a Carbon Capture and Utility, illetve a Carbon Capture and Sequesstration angol mozaikszavakból erednek. A két mozaikszó jelzi a fejlesztések két fő irányát. A CCU technológiák a légkörből kifogott ÜHG-t nyersanyagnak tekintik és visszaforgatják a gazdaságba, mely illeszkedik a körforgásos gazdaság elképzeléséhez. A CCS technológiák pedig biztonságos tárolókban vagy más módokon tárolják a kifogott ÜHG-t.

1.2.2. A Plimsoll-vonal effektus és a klímahatárpontok, avagy miért kell 1,5-2 °C alatt tartanunk a felmelegedést?!

Földünk ökológiai és klimatikus rendszere egyensúlyi rendszer. Ez azt jelenti, hogy ha valamilyen külső hatás éri, akkor általában az egyensúlyi helyzetének visszaállítására törekszik. Az evolúció során az Ember mint faj ebben az egyensúlyi rendszerben fejlődött, így ugyanezen egyensúlyi állapot fenntartása az érdekünk. Sajnos a globális klímaváltozás jelei egyértelműen azt mutatják, hogy a klímarendszerünket mesterségesen kibillentettük egyensúlyi helyzetéből. Ez olyan nagy mértékű, hogy az elmúlt 400 ezer év természetes felmelegedési és lehűlési ciklusain vett maximális felmelegedéseket már kétszeresen

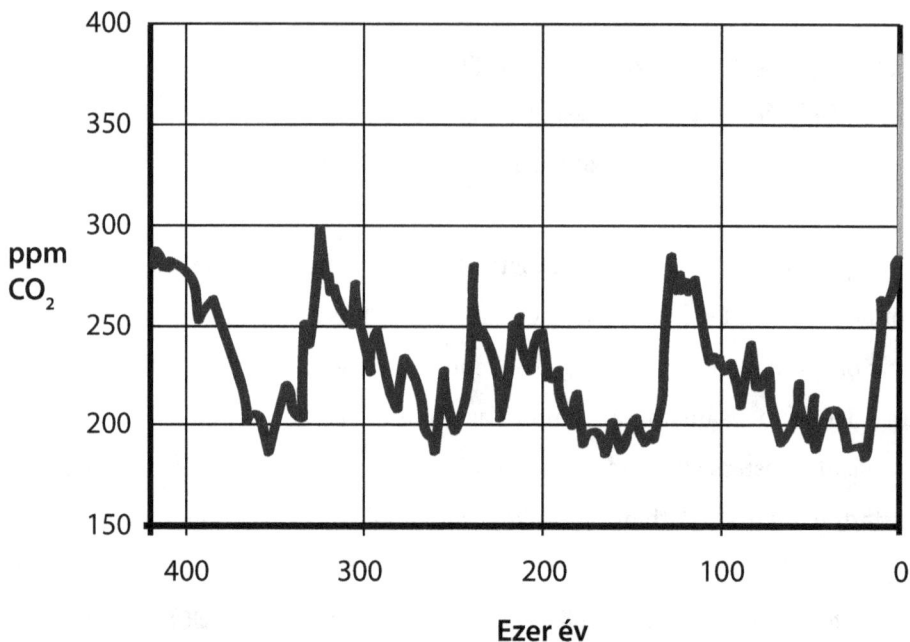

1. ábra: A légkör CO_2-koncentrációjának változása az elmúlt 417000 évben
(Ábrát készítette: I, Beroesz, CC BY-SA 3.0
https://commons.wikimedia.org/w/index.php?curid=2368657)

túlléptük. Az emberi hatások által generált felmelegedés sokkal nagyobb mértékű már most is, mint az a természetes felmelegedési ciklusok során a Földön tapasztalható volt a múlt evolúciós időszakának számunkra fontos részében.

A következő ábrán mindez jól látszik, ahol a világosszürke „tűhegy" az Emberiség hatását mutatja[5].

Miért nagyon veszélyes ez az Emberiség számára? Miért lépett az Emberiség nagyon törékeny jégre? Ahhoz, hogy megértsük az erre adott választ, egy hasonlattal fogok élni.

A Plimsoll-vonal az a szint a hajókon, ami alá ha a szélben felborult hajó valamelyik oldala süllyed, akkor már nem áll vissza az eredeti állapotába, azaz elsüllyed.

Az a hajó, amelyik a szél vagy a hullámok hatására a Plimsoll-vonal túllépése

---

5   A fekete görbe mutatja, hogy 417 000 év alatt soha nem lépte túl a légkör CO2-koncentrációja a 300 ppm értéket, azonban mint a világos szürke görbén látszik, 1800-tól napjainkig meredeken növekszik.

nélkül billen ki, mindig visszakerül az eredeti állapotába, azaz a hajó egy idő után újra egyensúlyt talál. A tengeren úszó hajó is egy egyensúlyi rendszer, tehát ebből a szempontból[6] a hajó hasonlatával jól lehet érzékeltetni a Föld klímarendszerét. Ha a globális klímarendszer kibillen, akkor az egy bizonyos határvonal eléréséig mindig törekedni fog egyensúlyi állapotának visszaállítására. Erre jó példa a földi klíma természetes felmelegedési és hűlési ciklusai. (Lásd az 1. ábrán a fekete vonallal ábrázolt változásokat.)

Azonban ha a klíma képzeletbeli Plimsoll-vonalán túllép a rendszer, akkor a földi klíma már új egyensúlyi állapotot fog keresni.

A fő probléma az, hogy amennyiben véglegesen kibillentjük a földi klímát egyensúlyából, akkor nem tudjuk, hogy ez az új egyensúlyi rendszer, amire majd átáll, milyen lesz. Annak a valószínűsége azonban nagyon-nagyon pici, hogy az emberi Élet fenntartására alkalmas lesz az a rendszer, azaz az Emberiség jelenleg nagyon nagy tempóban halad a saját maga kipusztítása felé. Tudniillik ezt a határt 20–30 éven belül biztosan túllépjük, ha nem változtatunk sürgősen! A globális klímaváltozás tény, és az is tény, hogy mi, Emberek okozzuk!

A 2015-ös Párizsi Klímaegyezményt azzal a céllal írták alá a világ államai, hogy 2 °C alatt tartsák a földi klíma felmelegedésének maximális mértékét az iparosodás előtti szinthez képest. Azért ezt a célt tűzték ki, mert 2 °C-os globális átlaghőmérséklet-emelkedés felett már úgy elfajul a Föld klimatikus rendszere, hogy már nem lehet visszaállítani azt az eredetihez közeli egyensúlyi állapotába. Igazából a 1,5 °C alatti felmelegedés lenne a biztonságos, de az már látszik, hogy azt nem fogjuk tudni elérni. A legoptimistább klímamodellek 1,4 °C-os felmelegedést jósolnak a következő 100 évben, míg a legpesszimistábbak 5,4 °C-osat (IPCC, 2000). Jól látható, hogy nem áll jól a szénánk. A legoptimistább klímamodellek az egész

---

6 Bár filozofikusnak tűnő gondolat, de itt fontos kiemelni, hogy a Földön és a Világegyetemben soha nem volt egyensúly, legfeljebb ha nem csak egy adott rövid időperiódust veszünk alapul.minden ilyen rendszer valahonnan indul és tart valahová, ez a Föld és az Élet kialakulására is igaz. Szóval az egész Univerzum látszólagos egyensúlyi állapotokon át fejlődik (változik). Pont ez a nézőpont az, amitől nagyon elszakadtunk az utóbbi 150 évben. Tönkretettük azt a látszólagos egyensúlyi folyamatot, ami a Föld természetes változása, fejlődése volt valójában.amikor a könyv hátralévő részében egyensúlyról beszélek, akkor a Föld természetes változási folyamatát értem alatta, amely emberi léptékben egyensúlyinak tűnik.

Emberiség azonnali, egyetemes mértékű összefogását és cselekvését veszik alapul. Sajnos ettől messze járunk, bár ez a könyv is azért íródik, hogy ebben segítsen mindannyiunknak.

Az mindenesetre biztos, hogy nagyon nagy bajban vagyunk! Nincs idő tovább húzni, halasztani a cselekvést! Minden Ember morális kötelessége beépíteni életébe azokat a cselekvési módokat, melyekre ő is képes.

Senki sem vár el többet, csak annyit, amennyit meg is tudunk tenni.

Jogosan merül fel a kérdés benned, hogy meddig lehet elmenni ebben a „kibillentés-dologban" a Föld klímarendszerét illetően. Azaz, hol van az a határvonal, ahonnan már biztosan nincs visszaút? Erre a tudósok közel 20 éve megtalálták a választ, ennek eredményeként kb. 20 klímahatárpontot azonosítottak, melyek átlépése egyértelműen végleges. Azaz ha ezeket átlépjük, akkor a klímarendszer annyira megváltozik, hogy a Föld teljes természetes ökológiai rendszere végleg összeomlik, és megállíthatatlanul kipusztul a Földön élő fajok több mint 99%-a. Szóval mindent meg kell tennünk, hogy ez ne következhessen be!

A legegyszerűbben érthető határpont az előbb említett 1,5–2 °C-os felmelegedés túllépése a Föld átlaghőmérsékletét tekintve. A jelenlegi 1,1 °C-os felmelegedéssel már nagyon közel vagyunk ehhez az értékhez. Különösen így van ez, ha a figyelembe vesszük, hogy a változás sebessége folyamatosan gyorsult az elmúlt évtizedekben. (Igaz, hogy a koronavírus napjainkban egy picit lassított ezen.)

Ami még kedvezőtlenebbé teszi a helyzetet, az az, hogy a tudósok által rögzített határpontok közül 9-et már igazoltan túlléptünk 2019-ben (Timothy M. et al 2019). Ezek a határpontok a következők:

1. Az északi-sarki tengerek jegének túlzott mértékű fogyása
2. A grönlandi jégmező túlzott mértékű fogyása
3. A boreális erdők (tajga) túlzott mértékű pusztulása
4. A permafroszt túlzott mértékű olvadása

5. Az Atlanti-óceán meridionális áramlásának lassulása

6. Amazónia esőerdőinek túlzott mértékű pusztulása

7. A melegtengeri korallzátonyok túlzott mértékű pusztulása

8. A nyugat-antarktiszi jégmező túlzott mértékű olvadása

9. A kelet-antarktiszi jégmező túlzott mértékű olvadása

Ha ezeket olvassuk, bizonyára sok kedves Olvasóban felmerül egy ösztönös reakció: „nincs is nagy baj, hiszen ezek jó messze vannak tőlünk". Sajnos ez a gondolat nem helyes. A klímarendszer globális, és ezek a távolinak tűnő változások a helyi klímára is nagyon komoly kihatással vannak.

Azonban még „csak" most jön a neheze, mert a fent bemutatott határpontok által jelzett területeken a folyamatok fokozódása egymást erősíti. Ezt jól mutatja az a tény, hogy a fenti határpontok túllépése előbb érkezett, mint ahogy a tudósok eddig jósolták. Nézzünk erre az egymásra hatásra egy példát: ha az Északi- és a Déli-sarkon több jég olvad fel, akkor lecsökken a Föld átlagos albedója (a kisebb jégfelület kevesebb fényt ver vissza), így tovább melegszik a klíma. Közben a beoldódott édesvíz hígítja az óceánok vizét, mellyel tovább lassítja a cirkulációs áramlatokat (pl. Golf-áramlatot). Ha ez tovább lassul, akkor csökken az óceán hűtő-fűtő hatása, melynek révén még szélsőségesebb lesz az időjárás. Közben az esőerdők pusztulása révén a légköri folyamatok megváltoznak és az esőerdők szavannákká alakulnak. Így még kevesebb CO_2-t kötnek meg ezek a területek, így tovább gyorsul a felmelegedés. Ez persze tovább erősíti a jégsapkák olvadását és az óceáni cirkulációs folyamatok lassulását. A rendszer változását fokozza a tajga erdeinek pusztulása is, amelynek hatásaként még kevesebb CO_2-megkötő kapacitás lesz, mely tovább gyorsítja a felmelegedést. És végül belép a permafroszt túlzott mértékű olvadása, amelynek következményeképpen rengeteg – jelenleg a fagyott talajban rögzült – metán jut ki a légkörbe. Így ennek hatására extrém módon felgyorsul a folyamat. Ezek az egymásra hatások olyan erősek, hogy akár 8 °C-os átlaghőmérséklet-emelkedést is okozhatnak. Nekünk 2 °C felett nagyjából már mindegy. Szóval képzeld el, hogy a 8 °C mit jelenthet...

Ha esetleg nekem nem hiszed el mindezt, akkor nézd meg Leonardo DiCaprio ENSZ klímanagykövet vagy David Attenborough, Al Gore erről szóló hiteles filmjeit. Jelen könyv végén találsz a klímavédelemmel foglakozó filmekről egy listát, melyeket a figyelmedbe ajánlok. Ha tartalmas időtöltésre vágysz, kérlek, jussanak eszedbe! És nagyon szépen kérlek, ne hallgass a klímaváltozás-szkeptikusokra, meg az újabban divatba jött „klímarealistákra"! Sajnos ők ugyanolyanok, mint a laposföldhívők. Kevesen vannak, de egyre nagyobb hangot adnak téves gondolataiknak.

Ahhoz, hogy elkerüljük a katasztrófát, legkésőbb 2050-re karbonsemlegesíteni kell a globális gazdasági rendszert! Ez azt jelenti, hogy nem bocsáthatunk több ÜHG-t a légkörbe, mint amennyit ki is veszünk onnan. Ami sokkal fontosabb, hogy az utolsó pillanatban vagyunk! Ez jól látható abból, hogy kilenc határpontot már átléptünk, és a folyamatok az orrunk előtt gyorsulnak fel. Szóval apró szellőcskéket éreztünk még csak abból a viharból, amely már a közelben tombol. Nincs több időnk! Nem lehet már másokra mutogatni... Nem lehet már azt mondani, hogy majd a tudósok megoldják... Nem lehet már azt mondani, hogy én majd akkor cselekszem, ha másokon is látom, hogy tesznek érte valamit... Mindenkitől azonnali intézkedések szükségesek! Mindenkinek a saját életében meg kell tennie, amit csak tud, hogy gyermekeinknek ne kelljen nyomorban és szenvedésben élniük.

1.2.3. A gazdasági ok

A világgazdaság az ún. klasszikus közgazdaságtan tudományára épül. Nem állítom, hogy ez a gazdasági rendszer rossz, hiszen a középkor gödréből csak egy nagyon egyszerű és hatékony rendszer segítségével lehetett eljutni idáig. Szóval a klasszikus közgazdaságtan fontos mankója volt az elmúlt két évszázad dinamikus fejlődésének. Ugyanakkor azt állítom, hogy ez a rendszer a mai

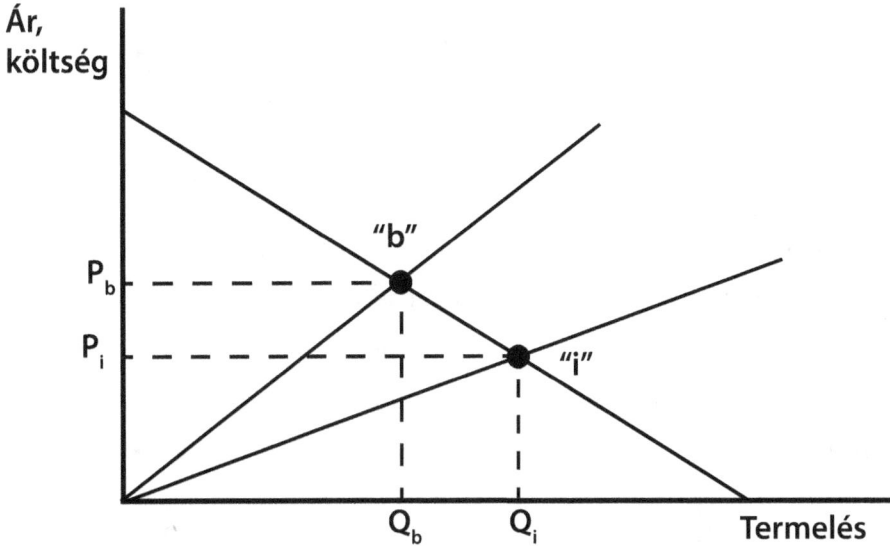

2. ábra: A környezetvédelmi költségek hatása a kereslet-kínálat törvényére (Zsolnai 2001)

fejlettségi szintünkön már egy elavult őskövület. A mai társadalom fejlődésének már gátja, nem pedig motorja.

A klasszikus közgazdaságtan alaptételeinek egyike a kereslet–kínálat törvénye. Ez a törvény kimondja, hogy az ár növekedésével a kereslet csökken, míg az ár emelkedésével a kínálat nő. A két ellentétes folyamat metszéspontjában áll be a termelési optimum, ahol a kereslet egyensúlyba kerül a kínálattal. Ezt a 2. ábra „i" pontja mutatja. A mai közgazdaságtani alapelvek betartása mellett úgy lehetne megoldani a klímaváltozás problémáját, hogy a klímaváltozás okozta károk költségét, illetve a klíma helyreállításának költségét rátesszük a termékek árára. Ennek következtében a termékek megdrágulnak, így visszaesik a termelés, amelyet az alábbi ábrán a „b" pont szemléltet. A csökkenő mértékű termelés munkanélküliséget és gazdasági recessziót eredményez. Szóval a mai közgazdaságtan átalakítása nélkül nem lehet megoldani a klímaváltozást. Különösen azért nem, mert ha ezeket a költségeket tényleg rátennénk a termékek árára, akkor ez már ma drasztikus áremelkedést jelentene. Ugyanakkor a fokozódó klímahelyzet miatt a társadalmi költségek évről évre egyre nagyobb tempóban nőnek. Szóval a termékek árának drágulása önfojtó lenne az egész rendszerre. Ezért nem tesznek sajnos semmi értelmes lépést a közgazdászok a klímaváltozás ellen. Szorítja őket tudományuk hiányos alapelvrendszere. Az egész nyugati „modern" civilizáció ezért hoz csak minimális látszatintézkedéseket, hathatós eredmények nélkül. A gazdasági rendszerünk béklyói gátolják a társadalom változtatási képességét.

A jelenlegi gazdasági modell másik problémája a káros mértékűvé vált versengés. E modell szerint a gazdasági verseny a fejlődés motorja, hiszen fokozza a hatékonyságot, és ezáltal fejlődik a társadalmi jólét. Ez egyébként kb. két évtizeddel ez előtt nagyjából igaz is volt. De mára már a túlzott versengés az Emberiség önpusztításának eszközévé vált.

Tulajdonképpen az egész kapitalista társadalom, teljes gazdasági rendszerünk a versengésre épül. A társadalom arról szól, hogy a cégek közül melyik tud a lehető legnagyobb profitot maximalizálni, ezáltal a legnagyobb gazdasági jólétre szert tenni. Ugyanez a helyzet a városok, a települések között. Egymással versengenek, hogy melyik tud dinamikusabban fejlődni, és ezáltal jobb életkörülményeket biztosítani lakóinak. Ugyanez történik az országok között is. Az országok közötti gazdasági versengésben mindegyik a legjobb életszínvonalú ország szintjére akar jutni, a legjobb életszínvonalú országok pedig nem akarják elveszteni vezető szerepüket ezen a téren. Az egyén szintjén is ez történik, mert ha a környezetemben mások jobb létben élnek, akkor én sóvárgást érzek. Azért, hogy én is úgy élhessek, ösztönösen versenyhelyzetbe kényszerítem magamat, és elfogadom, hogy küzdök, dolgozom, hajtok azért, hogy nekem is juthasson belőle legalább annyi, vagy inkább több, mint a szomszédnak. Ez a versengési helyzet a kapitalista társadalom motorja.

A versengés következménye, hogy alapvetően egyre gyorsuló, egyre többet akaró, egyre telhetetlenebb Emberiség él a Földön, és ez a telhetetlenség, többet akarás, ez a másokkal való versengés okozza a természeti erőforrások teljes mértékű, végső kipusztítását. Ez a generátora, ez a meghajtóereje a klímaváltozásnak, és ami még rosszabb, hogy ugyanez az oka rengeteg emberi frusztrációnak és negatív érzésnek, mely miatt a társadalomra ilyen hihetetlen rossz, alacsony szintű lelkiállapot jellemző. Gondolj bele, kérlek, hogy túlpörgött társadalmunk elvárásai révén állandóan mekkora nyomás nehezedik rád! Ebből adódik a mai nyugati világban élők soha nem látott mértékű stresszterhelése. A versenyhelyzet minden szinten mindent átitat, és minket is folyamatosan pusztít anélkül, hogy ennek tudatában lennénk.

Véleményem szerint a jelenlegi gazdasági rendszer alkalmatlan a klímaváltozás megoldására és a világbéke elérésére! Lehet ezt az elavult rendszert toldozni-foltozni, de ettől még egy elnyűtt, kopottas anyag marad. Itt az ideje fokozatos átállással új alapokra helyezni a gazdaságunkat, melynek módját a későbbi fejezetek fogják ismertetni.

1.2.4. A biológiai, ökológiai ok

A Földön jelenleg kb. 7,9 milliárd Ember él (2021-et írunk ekkor). A különböző népességszám-növekedési modellek szerint ez az érték 2050-re tetőzik 9–14 milliárd fő körüli létszámmal. Több kutatás foglalkozott azzal az elmúlt évtizedekben, hogy mi az ára annak, hogy ennyi Embert élelemmel el lehessen látni. Abban közel azonos eredményre jutottak a kutatók, hogy 2050-ben a földi ökoszisztéma 80%-át kell majd élelmiszertermelésre fordítani, hogy a jelenlegi étkezési szokások mellett ennyi Embert élelmezni tudjunk. Napjainkra a Földön a természetes területek 70%-át kipusztítottuk (David Attenborough, 2019). Ennek csak egy részét élelmiszertermelés miatt. Ha 2050-re ez az arány 80%-ra emelkedik, akkor mi marad a Természetnek? Szerinted Természet nélkül meddig húzza az Emberiség? Ugye, hogy egyre gyorsabban a zsákutca vége felé rohanunk?

A folyamat érzékeltetésére jó példa Einstein elhíresült álláspontja, miszerint a méhek kipusztulása után az Emberiség maximum 4 évig élne tovább (Marinov, 2013). Az ökológiai rendszereink állapota és a klímaváltozás miatt a méhállomány soha nem látott mértékben pusztul (Európa Parlament, 2008). Egyes prognózisok szerint 2040–2050 között pedig teljesen eltűnik, ha így folytatjuk. Csak ez az egy tény elég ahhoz, hogy elhiggyük végre: óriási bajban vagyunk. Hogy ez mennyire komoly? Kínában már most is beporzó minidrónokat fejlesztenek, illetve Emberek ezrei a méhek helyett kézi erővel végzik tavasszal a beporzási munkákat..

1.2.5. Mozaikosodás, talajpusztulás, biodiverzitás-csökkenés

Egyre több klímaváltozással foglalkozó irodalom, illetve film foglalkozik a talajjal mint a klímaváltozás elleni harc kulcskérdésével. Az elmúlt évszázadban az Emberiség által okozott talajpusztulás a légkörben lévő fölösleges CO_2-nak akár 30%-át is kiteheti (Paul Hawken, 2020)!

Egy marék egészséges szerkezetű, jó minőségű talajban több élőlény él, mint a Föld lakossága! A talaj egy hatalmas élettér! 100 m² területű természetes talajban akár több tonnányi élő biomassza is lehet. Sajnos az intenzív mezőgazdasággal kijuttatott sok kemikália, a szántás és az abból adódó erózió, a monokulturális termelés és még számos más ok a talaj pusztulását okozta. A becslések szerint ebben a tempóban 30–50 év múlva minden termőtalaj teljesen terméketlenné válik. **Azaz már csak 30–50 db vetésünk és aratásunk van vissza!** Már a mi életünkben durva éhínségek következhetnek, ha így folytatjuk. Ezt vesd össze, kérlek, az előző alfejezetben olvasottakkal. Természetesen ez a probléma is mérsékelhető a regeneratív mezőgazdaság módszereire való átállással. Éppen ezért fontos, hogy másképp folytassuk az életünket a jövőben, mint ahogy eddig tettük.

A talajpusztulás egy még komolyabb következménye, hogy mivel a benne élő biomassza pusztul, ezért rengeteg CO_2-t ad le a talaj a légkörbe (Paul Hawken, 2020). Így nem elég, hogy drasztikusan fogyni fog a közeljövőben a megtermelhető élelmiszer mennyisége, tovább gyorsul a globális felmelegedés.

A talajpusztulás másik nagyon komoly következménye a biodiverzitás csökkenése nemcsak a felszín alatt, hanem a felszínen élő ökoszisztémák esetében is. David Attenborough (2019) is egyértelműsíti a nagy igazságot: **minél nagyobb a Földön a biodiverzitás és a Természet által uralt területek** aránya, annál több CO_2 kerül ki a légkörből. Szóval a biodiverzitás csökkenése nemcsak azért káros, mert rengeteg faj tűnik el örökre a Földről, melyek évmilliók alatt fejlődtek ki, és nemcsak azért, mert lehet, hogy ezek közül számos faj által termelt anyag éppen gyógyszer lehet egy-egy jövőbeni emberi betegség gyógyítására. Hanem azért is, mert a biodiverzitás csökkenése drasztikus CO_2-kibocsátás-növekedéssel is jár, mely gyorsítja a felmelegedést. A folyamat öngerjesztő. Minél több természetes területet és talajt pusztítunk el, annál jobban csökken a Föld CO_2-megkötőképessége, és az elpusztított élővilág helyére kerülő gyér monokultúrák töredék mennyiségű CO_2-t kötnek meg.

A problémát tovább fokozza a mozaikosodás. Nézz meg egy észak-amerikai vagy európai műholdfelvételt a Google Maps-en.

Úgy néz ki a világ, mint egy sakktábla. Egyenes határvonalakkal szabdaltuk fel a Földet. Mindent Ember birtokol, és elhittük, hogy azt teszünk a birtokainkon, amit csak akarunk. Sajnos tévedtünk!

Az eddigi tevékenységünk következménye, hogy a maradék természeti területek egyre kisebb, egymástól elhatárolódó szigetekké váltak a hatalmas Ember által művelt területek között. Ezt a jelenséget hívjuk mozaikosodásnak, amelynek hatására a természeti területek elszeparálódó részekre szabdalódnak. A mozaikosodás önmagában elegendő arra, hogy a biodiverzitás csökkenjen ezeken a területeken. Ez akkor is igaz, ha ezek a területek annyira védettek, hogy semmiféle emberi tevékenység nem folyik rajtuk. Ennek oka, hogy minden fajnak van egy minimális élettérigénye. Ha ezt az összefüggő területigényt nem éri el a természeti terület érintetlen része, akkor az a faj abban az esetben is elvándorol vagy kipusztul onnan, ha mi, Emberek semmi kedvezőtlent nem teszünk. És mint ahogy azt már David Attenborough-tól is tudjuk, a biodiverzitás-csökkenés tovább gyorsítja a felmelegedést. Újabb öngerjesztő „modul" a rendszerben.

A helyzet az, hogy van bőven megoldási mód. Rengeteg lehetőségünk van, hogy tegyünk ez ellen. De ha bizonytalan vagy abban, hogy egy adott emberi tevékenység klímabarát-e vagy sem, akkor az alábbi általános szabály alapján biztosan megkapod a választ: **Minden emberi tevékenység, ami a biodiverzitást fokozza, a talaj állapotát javítja vagy mérsékli a mozaikosodást, az klímabarát. (Az állítás fordítva is igaz!)**

1.3. Vízió – avagy a szerintem reális jövő

A könyv eddigi része azt mutatta be, hogy milyen lesz a világ, ha nem változtatunk. Továbbá azt igyekeztem érzékeltetni, hogy már a folyamatok mélyén vagyunk, és ezeket nem tudjuk megállítani, azonban mérsékelnünk kell a hatásukat! Nem lehet tovább várnunk, azonnal cselekednünk kell. A könyv további része már a megoldásokra fog fókuszálni! Azonban az a hajó kis eséllyel ér célba, amely nem tudja pontosan, hová akar eljutni. Az nem helyes, ha menekülni akarunk a klímaváltozás vészjósló hatásai elől, de nem tudjuk, hogy hová, merre tartunk. Szóval a hajónak kell egy pontos célállomás, és a hajósnak kell egy iránytű. Az iránytű ez a könyv. A célállomás pedig az a jövőkép, melyet hiszem és tudom, hogy elérhet az Emberiség!

Mielőtt bemutatom neked ezt a jövőről alkotott víziómat, nagyon fontos, hogy tudd: ma már mind tudományos, mind műszaki értelemben fel vagyunk készülve egy olyan jövőre, amit most feltárok a számodra! Ez akkor is így van, ha elsőre utópisztikusnak, esetleg naivnak fog tűnni. Azt is el fogom mondani, hogyan jut el az Emberiség idáig; de lássuk a helyes célt.

2151-ben vagyunk. A Föld néhány évtizede már újra hűl. Az Emberiség 2020 környékén az utolsó pillanatban kapcsolt, és drasztikus átalakulásokba kezdett. Ennek következtében óriási változáson ment át a társadalom és a gazdaság, nem is beszélve az Emberek általános boldogságszintjéről. Már vége az egymást eltaposó versengésnek. A társadalomban nincs pénz és nincs magánvagyon. Ne ijedj meg, kérlek! Nem tér vissza a kommunizmus! Egy emberi alapértékeken nyugvó, hosszú távon fenntartható társadalmi berendezkedés szerint élnek az Emberek. A pénz- és magánvagyon-alapú társadalmat felváltotta a motiváció alapú és szolgáltatási elvű társadalom. Minden Ember akkor dolgozik, amikor akar, és annyit, amennyivel másoknak elég jót tehet.

Minden Ember maximális kényelemben, technikai színvonalon él és minden alapvető igénye biztosított. Mivel nincs egymást eltaposó versengés, ezért az Emberek reális értékrenddel és reális vágyakkal élik az életüket. Nem kell felesleges hatalomra és túlzott biztonságra törekedni. Boldogságuk alapját a másoknak és a Természetnek való hasznosság adja. Azért járnak be dolgozni, mert szeretik a munkájukat és szeretnek hasznos részei lenni a társadalomnak, másokért élni. Az Emberek úgynevezett agglomerációkban élnek. Az agglomerációkat úgynevezett természeti területek veszik körül. Minden egyes agglomeráció egyensúlyban van a körülötte lévő Természettel. A Természetnek saját tulajdona van. Minden természeti terület a Természet tulajdona. A Természetnek jogai is vannak, melyek a természeti területeken érvényesek. A Természet jogait világméretű jogi képviseleti szervezet védi. Az Ember semminemű tevékenységet nem végezhet a természeti területeken, kutatáson, oktatáson és revitalizáción kívül[7].

Az agglomerációkon belül zajlik az összes ipari, mezőgazdasági és egyéb társadalmi tevékenység. Az agglomerációk között csak egy-egy nagy teljesítményű közlekedési és közműsáv van, mely viszonylag hosszan halad, alagutakban, hogy a természeti területek összekapcsoltsága maximális legyen, de azokat csak minimálisan zavarja. A régimódi, mindent átszövő úthálózatokat a múlt században felszámolták a természeti területeken belül. Ugyanakkor az agglomerációk léte nem jelenti semmiben az emberi szabadság, az utazás vagy a termékek áramlásának korlátozódását!

Az Emberiség ráállt arra az útra, ahol a lelki fejlődést tartja a legfontosabb

---

7 A revitalizáció a természet regenerálódásának segítését jelenti.

feladatának. Ennek hatására és annak következtében, hogy megszűnt a pénz miatti versengés, az Emberek jóval magasabb boldogságszinten élnek, mint valaha.

Az egymással és önmagukkal békében élő agglomerációk egymást segítik a fejlődésben és a közös globális cél elérésében. A közös globális cél a teljes egyensúly a Természet és az emberi társadalom között, illetve a maximális össznépi boldogság elérése. A tudományos fejlődés hihetetlen tempóba csapott át, és az Ember elkezdte meghódítani a világűrt. Éppen indulás előtt áll az első idegen bolygó betelepítésének projektje.

Ugye milyen utópisztikusnak tűnik ez a jövőkép? Tudom, hogy most azt gondolod, hogy a könyv írójának elment az esze, hiszen ez lehetetlen. Pedig jó hírem van a számodra! Ez elég könnyen elérhető!

Hogy hogyan? A könyv végére benned is össze fog állni a kép! De mielőtt belefognánk ebbe a közös útba, felteszek neked egy kérdést: ugye, mennyivel jobb lenne egy ilyen világban élni, mint a mostaniban?

1.4. A mindent elsöprő Adams-féle vízió – avagy hogyan juthattunk idáig

A jelenlegi helyzet kiindulási időszaka és a mostani időszak között igen komoly párhuzamok lelhetők fel. Ezért nagyon fontos látnunk, hogy is juthattunk el ebbe a slamasztikába, amiben ma vagyunk.

Az ipari forradalom utáni időszakban hamar valósággá vált az Emberiség óriási természetátalakító ereje. Akkoriban is még lelkileg abból az ősi félelemből táplálkoztunk, amely a Természettől való félelmen alapult. Az Ember nem együtt élni akart a Természettel, hanem annyira el akart tőle határolódni, amennyire csak lehet, illetve olyan életteret akart kialakítani magának, amelyben kényelme a lehető legkevésbé függ a Természet szeszélyeitől. A „boldogság" ideáját a nyugati civilizációban nem a Természettel való lehető legharmonikusabb együttélés, hanem a Természettől lehető leginkább független életmód vágya jelentette. Bár az ipari forradalom óta eltelt több száz év, az Emberiség nyugati részének Élethez való hozzáállása mit sem változott, sőt azzal mára az egész világot „megfertőzte". A Földön szinte minden Ember ugyanazt az ideát követi. Közben erőnk és hatalmunk megnőtt, és a nemzeti, majd a kontinentális mértékhez képest tovább növekedve globalizálódott. Az Emberiség természetpusztító hatásai ma már globális léptékűek, gondolj például az ózonlyuk problémakörére, a globális méretű talajpusztulásra, a biodiverzitás soha nem látott mértékű gyérülésére vagy a globális klímaváltozásra. Ezzel párhuzamosan a társadalmunk is globalizálódott. Ez számodra is egyértelmű, ha az internetre vagy a globális kereskedelmi–pénzügyi rendszereinkre gondolsz. Ennek ellenére gondolkodásunk, társadalmi–gazdasági berendezkedésünk és a természettől való félelmünk is a régi beidegződések szerint működik. Itt az idő változtatni! Itt az idő új irányokat adni az Emberiség fejlődésének! Az Emberiség gondolkodása sajnos nem követte elég gyorsan a gazdasági fejlődés sebességét.

Meggyőződésem, hogy a klímaváltozás problémája megoldható és a Föld meggyógyítható! Ennek a könyvnek a célja, hogy egyértelmű és biztos megoldást nyújtson arra, hogy oldjuk meg az Emberiség összes környezeti problémáját, ugyanakkor azt is látni fogjuk, hogy ezzel együtt az Ember mint egyén boldogságához is eszerint az „útmutató" szerint lehet közelebb kerülni. Ha a társadalmi rendszer fejlődése új irányt tud venni, és az Emberiség jelen könyv által körvonalazott főirányokban halad, akkor a jelenleginél jóval nagyobb arányban lesznek boldogok az emberek a Föld nevű bolygón. Azt is be fogjuk látni ennek a könyvnek a végére, hogy boldognak lenni a világon a leginkább környezetbarát dolog. Ugye milyen szép lenne egy olyan világ, ahol az Ember boldogan, békében él önmagával, másokkal és harmóniában a Természettel? Bár utópisztikusan hangzik ez a cél, mégis újra és újra ki kell jelentenem, hogy technikailag és tudományosan is képesek vagyunk ma már erre! Így ez a cél már abszolút nem utópisztikus! Ennek érzékeltetésére Adam Smith ellenpéldáját hozom fel, aki az 1700-as évek második felében létrehozta a mai közgazdaságtan alapjait, és ezzel elindította az elmúlt 250 év hihetetlen mértékű gazdasági fejlődését.

A newtoni fizika alapelvi logikájára alapozva Adam Smith létrehozta a közgazdaságtan alapegységét, a végtelenül hedonista embert, és hozzá kapcsolódóan a korlátlan növekedés elvét. Erre építette fel a mai közgazdaságtan főbb részeit. Az akkori tudósok és filozófusok erősen bírálták Adam Smith modelljét. Azt állították, hogy a modell nem alkalmas a közgazdasági viszonyok leírására, mert az Ember sosem lesz végtelenül hedonista. Az Ember társadalomban él, és a társadalmi, vallási, családi elvárások, a közösségi–etikai normák mindig a hedonizmus előtt fognak állni az egyén számára. Hiszen pont ettől Ember az ember. Az akkori átlag tudniillik tényleg őszintén ilyen volt. Akkor még nem gondoltak a korlátlan növekedés természeti korlátjaira, hiszen az Emberiség számára végtelennek tűnt a Természet ereje. A hedonizmus nem mellesleg az egyik leginkább visszataszító tulajdonságnak számított.

Mára hihetetlen mértéket öltött az önzés. Az Adam Smith-féle modell megalapozott egy modern gazdaságtant, amely az emberi önzés lehető legnagyobb mértékű felerősítésén alapult. Ezért hívják sokan az önzés mechanikájának Adam Smith modelljét, ezzel együtt a mai közgazdaságtant. Az eredmény az lett, hogy kb. 250 évre rá a végtelenül hedonista Ember nemhogy lehetetlennek tűnő elméleti fogalommá, hanem az Emberek ideáljává vált. Gondoljunk bele, hogy azok a csúcsmenedzserek, brókerek, politikusok, színészek, akikre a társadalom nagyja felnéz és ideáljaként tekint, milyen elképesztő mértékben hedonisták! Ugye a végtelenül szó közelíti a valóságot? Szóval Adam Smith modellje 250 évvel ezelőtt utópisztikusnak és lehetetlennek tűnt, mára mégis megvalósult!

Ma már szó szerint divatos és menő hedonistának lenni, miközben 100 éve ugyanez még visszataszító volt, és a legnagyobb sértések közé tartozott, ha valakit ilyen jelzővel illettek. A modell gyors terjedését és sikerét egyszerűsége és könnyű használhatósága jelentette, az akkoriban fejlődő gazdaságok és a nagy átalakulás alatt álló ipar számára. A gazdasági modell széles körben elterjedt, majd a világ gazdasági rendszerévé vált. A probléma ott kezdődött igazán, amikor ez az eléggé beszűkült és egyszerű modell már a kultúránk szerves részévé fejlődött. Ennek következménye a mai fogyasztói társadalom, ahol az egyén egyszerű fogyasztóvá és munkaerővé süllyedt. Ez annyira igaz, hogy túlracionalizált világunkban az Ember a legtöbb esetben nem is gondol önmagáról ennél többet. **Fogyasztunk, mert hitünk szerint az okoz örömet, és rengeteget dolgozunk, hogy még többet fogyaszthassunk. Pedig az Ember ennél sokkal magasabb szintű, sokszínűbb, csodálatosabb lény, semhogy ennyire alábecsülje magát.**

Ha belegondolunk abba, hogy egy ilyen gazdasági modell hogyan vált a világ kulturális–társadalmi berendezkedésévé, és hogyan alakította át az Emberiség Élethez való hozzáállását, akkor egy mai modell miért ne tudna szép fokozatosan új és helyesebb irányt adni az Emberiség fejlődésének? Adam Smith akkori társadalmi–gazdasági modelljét filozofikus és utópisztikus okfejtésnek tartották, mára viszont egy egész tudományág épül rá, amelyet egyetemek közgazdaságtudományi karjain oktatnak. Nem titkolt célom rávilágítani, hogy a mai átlagos fogyasztói társadalomban szocializálódott és túlracionalizált Ember, ha elolvassa ezt a könyvet, utópisztikusnak fogja találni az itt olvasottakat. Hiszen az ő szűrőjén keresztül a világ nem ilyen. Ezért kérem tőled a nyitottságot a könyv olvasása során! Nem az a fontos, hogy milyenek vagyunk most! Az a fontos, hogy milyenekké szeretnénk válni! Minden változás első lépése az, hogy elképzeljük, hogy mivé akarunk változni. Adam Smith modellje legalább annyira elütött az akkori mainstream gondolkodástól, mint ahogy az enyém elüt a mostanitól. Ettől még lehet jó a gondolat, és helyes az irány!

Az általam kidolgozott rendszer „szépsége" pont abban rejlik, hogy egyszerű, a társadalmi és gazdasági rendszer minden szintjén adaptálható, emellett megoldható a jelenlegi rendszerből a fokozatos átállás az újba. Ezekből a szempontokból hasonlít Adam Smith modelljére. Abból a szempontból azonban jobb, hogy alaposabban illeszkedik az emberi lélek alapjellemzőihez és az Élet szabályaihoz.

Ha a könyv olvasása közben olyan gondolatod támad, hogy irreálisan nagy a távolság az általam mutatott jövő és a jelen között, akkor, kérlek, gondolj bele, hogy nem a mai Embernek kell teljes mértékben megváltoztatnia a világot. Viszont a ma élő Embernek kell helyes irányba állítania az Emberiség fejlődését MOST, azaz nekünk kell elkezdeni a változtatást! Ehhez azonban meg kell értenünk, hogy mi az a középtávú jövő, amely a helyes irányt jelenti az Emberiség számára. Adam Smith-féle modell és jelen könyvben lévő rendszer között az a párhuzam, hogy mindkettő egy nagy változás küszöbén íródott, és mindkettő az aktuális elavult és téves berögződésektől szinte teljesen elvonatkoztatva egy merőben új rendszerszemléletet álmodott meg.

A leírt célok több generáció alatt érhetők el. Azonban globális információs rendszereink miatt egy ilyen átalakulás sokkal gyorsabban is végbe mehet, mint ahogy az Adam Smith idejében és utána történt. Ráadásul már nagyon rövid idő alatt is elkezdheti kifejteni pozitív hatását, tehát az a modell már a mai Emberek boldogságára is pozitív hatással lesz.

Mielőtt úgy gondolnád, hogy fejlődésellenes vagyok, ki szeretném jelenteni, hogy ez nem igaz. Fejlődéspárti gondolkodónak tartom magamat! Ez az alábbi megoldáscsomag részletesebb leírásaiból látszani is fog. Sőt, az a véleményem, hogy az ipari forradalom óta lezajlott fejlődés nagyon fontos és szükséges része volt az Emberi fejlődésnek. Enélkül nem jutottunk volna el arra a tudományos és műszaki fejlettségi szintre, hogy a következő fejlődési lépcsőt megléphessük. Azonban a mai helyzet már olyan, hogy a változás új irányainak felvétele nem tűr halasztást. A régi dogmákat, berögződéseket új fejlődési irányok kell hogy felváltsák, annak érdekében, hogy az Emberiség folytathassa fejlődését, és önzésével, valamint rövidlátó gondolkodásával ne írja ki magát az evolúció és a földi Élet történelméből.

1.5. Feladataink generációkra történő felosztása

Nyilván nem csak egy évtized, mire elérheti az Emberiség a jelenleg utópisztikusnak tűnő álmot, miszerint az egyén önmagával, társaival és a környezetével békében és harmóniában él, de véleményem szerint körülbelül 3–5 generáció alatt ez az álom elérhető, fizikai realitássá válik. A mi felelősségünk abban rejlik, hogy a fejlődés megfelelő irányait válasszuk, és biztassuk a jövő generációkat ennek folytatására. Nyilván a rendszer fejlődése magával hozza az ebben a könyvben leírt alapok korrekcióit és további fejlődését is, illetve az ebben a könyvben lévő elveket adaptálni szükséges a társadalom különböző szintjein és különböző alrendszerein, ami nagyon sok feladatot ad nekünk a jövőben. Hiszen ez csak egy útmutató, mely a helyes főirányokra mutat rá, és egyszerű, hétköznapi módon ismerteti azokat. Ahogy említettem, az Adams-féle közgazdaságtani alapokra is egész közgazdaságtani tudomány épült, hát miért ne épülhetne az ilyen jellegű mai elképzelésekre a jövőben önálló tudomány? Én ezt a tudományágat az Egyensúly tudományának neveztem el, érzékeltetve a jelen könyvben lévő üzenetek lényegét.

A mi generációnk feladata az időnyerés!

A feladatunk az, hogy a 2040–2050 környékére datálódó globális összeomlás kezdeti dátumát 20–30 évvel kitoljuk. A mi generációnk feladata ez. Ez időt és lehetőséget ad az utánunk jövő 1-2 generációnak arra, hogy megállítsa a romlás–pusztulás–klímaváltozás folyamatait. A rá következő két további generáció dolga lesz a trendek megfordítása. Így a jelenhez képest kb. 5 generáció múlva egyensúlyba kerülünk a Természettel, és egy, a mainál jóval boldogabb és kiegyensúlyozottabb társadalomban fogunk élni.

2. FEJEZET

A megoldáshoz szükséges gondolkodási minták

Ebben a fejezetben számos újszerű gondolkodási mintát mutatok be neked, melyek azért szükségesek, hogy a tényleges megoldásrendszer már teljesen letisztult képként tudjon eléd tárulni. Fontos tudnod, hogy minden, amit ebben a fejezetben olvasol, ma már tudományosan igazolt. Így, ha elsőre túl spirituálisnak, furcsának vagy butaságnak érzed, kérlek, jusson ez eszedbe, és maradj nyitott! Attól, hogy valami új vagy más, mint amit eddig gondoltál, nem jelenti azt, hogy rossz. A klímaváltozáshoz az első lépések egyike pont az **emberi nyitottság**. Ez képes minket új, helyes ösvényekre terelni. Hiszen az előző fejezet egyik fontos üzenete pont az, hogy **a társadalomban széles körben elterjedt gondolkodásminták helytelensége okozza a klímaváltozás problémáját és a világban erősödő békétlenséget!** Ahhoz, hogy változtatni tudjunk, **először a gondolkodásunkat szükséges átalakítanunk!**

2.1. Mi a második lépés?

Ha egy sakkjátszmában rossz kezdőlépésekkel indulunk, akkor sajnos erősen csökken a sanszunk arra, hogy nyertesként jöjjünk ki belőle. Minden egyes rossz lépéssel tovább mérsékeljük a nyerési esélyeinket. A klímaváltozás elleni küzdelem olyan, mint egy sakkjátszma. Azonban egy fő dologban eltér egy hagyományos sakk-meccstől az Emberiség játszmája: ebben az esetben a Föld mindenképpen nyertesként jön ki a dologból. Hiszen míg az egyik esetben a Föld nyer és az Ember veszít, a másik esetben az Ember és a Föld együtt nyer egy baráti, mosolygós döntetlennel. Én az utóbbi játszmakimenetért dolgozom minden nap, és ez a könyv is ezért íródott. A Föld az összes eddigi nagy kihalási folyamatot túlélte, melynek eredményeképpen az alacsonyabb életformák szintjéről mindig új ökoszisztéma fejlődött. Szóval a Földnek mindegy, hogy velünk mi lesz. De nekünk nem mindegy! Itt az idő aktívan tenni a közös jövőnkért! **Az Életnek egyetlen feladata van: az Élet fenntartása!** Szóval aki az Élet ellen fordul, kipusztul. Ez ilyen egyszerű.

A sakkjátszmánk első lépése eléggé bénára sikerült. Az első és egyben legfontosabb feladatunk az volt, hogy az Emberiség végre tudatára ébredjen a klímaváltozás tényének. Hiszen amíg az Emberek nem hitték el, hogy a klímaváltozás tény, és hogy mi, Emberek vagyunk érte a felelősek, addig hiába is figyelmeztettek rá a tudósok. Ezt végre már elértük. Ha elértük, akkor miért léptünk bénán ebben a játszmában? A válasz nagyon egyszerű. Azért, mert 50 évbe tellett, mire a Föld lakosságának körülbelül 90%-a elhitte, hogy ez a probléma létező és hogy nagyon komoly szintű. Az EU-ban ez az arány 2019-ben 93% volt (Tudatos vásárló, 2019). A maradék 7% a klímaváltozás-tagadók, és az újabban olyan divatos klímarealisták közé tartozik. A klímarealisták azok, akik régebben klímaváltozás-tagadók voltak, de azt már nem merik kijelenteni, hogy a klímaváltozás nem tény. Ezért mindenféle nyakatekert érvekkel igazolják, hogy a klímaváltozás nem is nagy probléma. A fontos az, hogy ne hallgassunk ezekre a hangokra! Mi csak nézzünk előre és tegyük a dolgunkat! Tegyük, ami helyes, vegyük fel a harcot a klímaváltozás ellen!

Ha 10 év alatt hoztuk volna össze az 50 év helyett, hogy ilyen alacsony szintre csökkenjen a klímaváltozás-ellenzők és klímarealisták száma, akkor a sakkjátszma első lépése akár helyes is lett volna, hiszen akkor már rég nem itt tartanánk. A Föld azzal válaszolt, hogy tovább melegedett, gyakoribbak lettek a hőhullámok, a hurrikánok, az aszályok, az erdőtüzek és még sorolhatnám... Amikor nézem az egyre durvuló időjárási eseményeket a médiában, olyan érzésem támad, mintha a Föld megelégelte volna az Ember kártékonyságát, és el akarna minket tüntetni a Föld színéről. Nyilván a Földnek nincs tudata[1], így nem „szándékkal" teszi ezt.

---

1 Bár ez csak a racionális személet szerint igaz.

De a Föld ökológiai és klímarendszere elkezdett ellenünk dolgozni. Kibillentettük az egyensúlyából, így új egyensúlyt keres, melyben az Embernek már nincs helye. **A Föld klímarendszere napról napra egyre erősödő figyelmeztetések tömegét zúdítja ránk,** mely üzenetek egy dolgot jelentenek: **ébresztő, Emberiség,** különben itt a vég!!!

Mivel a sakkjátszma első lépését rosszul léptük meg, a másodikat már jól kell meglépnünk, különben drasztikusan tovább romlanak a játszma nyerési esélyei. Mi a második lépés? **A tájékozottságon alapuló felelősségvállalás.** Most, hogy végre tudjuk, hogy a klímaváltozás tény, és ebben – pár ellenzőtől eltekintve – végre mindenki egyetért, meg kell értenünk, hogy nem tolhatjuk le magunkról a felelősségünket, hiszen **7,9 milliárd Ember felel a klímaváltozásért!**

Úgy látom, hogy az Emberek ebben az esetben is úgy viselkednek, mint máskor. Ha az Embert olyan sérelem éri, amely nem tetszik neki vagy kényelmetlen, akkor mi az ego ösztönös reakciója? Hárítás vagy elbagatellizálás. Az Ember ezekben a helyzetekben ösztönösen keres valami kibúvót, ami legtöbbször abban nyilvánul meg, hogy elkezdünk másokat okolni vagy úgy csinálunk, mintha minket ez nem is igazán érdekelne. A saját tetteinkért való felelősségvállalás csak magasabb lelki szinten következik be, amikor már leülepszik egonk sérelme és kezd bennünk megérni a gondolat, hogy ez talán mégsem helyes így.

Úgy látom, hogy a klímakérdésben az Emberiség most pont ebben a szakaszban van. A legtöbb Ember azt gondolja: „Oké, elfogadom, hogy van klímaváltozás, és azt is, hogy ezért mi, Emberek vagyunk a felelősek. De a politikusok meg a kutatók dolga, hogy tegyenek valamit ezért." Persze valaki a multikra fogja, valaki az olajcégekre, valaki egyszerűen úgy gondolja, hogy ő túl kicsi ahhoz, hogy bármit is tehessen. Sajnos nem háríthatjuk a multikra, a repülőtársaságokra vagy a politikusokra a felelősséget. Egyrészt azért nem, mert ezeket a cégeket is mi alkottuk és mi birtokoljuk. A politikusokat is mi választjuk. Másrészt nagyon sok klímaváltozást okozó gáz a saját közvetlen döntéseink eredményeképpen jut ki a légkörbe. Például ha egy csirkeburger vagy egy marhaburger között választasz, vagy repülőút és gyorsvasút között döntesz, 95%-nál is több CO_2-kibocsátást takarítasz meg vele. Hasonló az eltérés, ha egy magyarországi hipermarketben kaliforniai vagy helyi bort veszel. Nagyon sok esetben dönthetünk úgy, hogy már közvetlenül a döntésünkkel óriási mennyiségű üvegházhatású gáz (ÜHG) kibocsátásától mentsük meg a Földet. Ahhoz, hogy helyesen tudjunk dönteni, két tényező szükséges: az első a tájékozottság, a második a felelősségvállalás.

A tájékozottság azért fontos, mert ha nem tudunk arról, hogy a tetteinknek mi a következménye, akkor megtesszük anélkül, hogy felmerülne bennünk: esetleg nem helyesen cselekszünk. Például amíg nem tudtam, hogy minden egyes esetben, amikor marhaburger helyett csirkeburgert választok, 25 kilométernyi autózásnak megfelelő ÜHG-kibocsátást takarítok meg, addig nyugodt szívvel ettem a marhaburgert. Miután tudomásomra jutott, már mindig csirkével vagy hallal készített burgert választottam, ha gyorsétterem felé volt dolgom. Ma már vegetáriánus vagyok, így ennél is többet teszek a klímaváltozás ellen, minden nap. Attól a pillanattól kezdve, hogy **tisztába kerülünk tetteink következményeivel, esélyt kapunk rá, hogy helyesen döntsünk.** A legtöbb Ember nem tudja ezeket a dolgokat, ezért fel sem merül benne, hogy helytelenül dönt. Pedig biztosan tudom, hogy az Emberek alapvetően jó szándékúak (persze vannak kivételek). Tehát **ha tudatában van annak, hogy két választás közül melyik a helyesebb, a legtöbb Ember a helyeset fogja választani.**

A **felelősségvállalás azért fontos, mert ha tudom, hogy klímavédelmi szempontból helytelen döntést hozok, amikor** vállalom a tetteimért a felelősséget, **még mindig keríthetek rá lehetőséget, hogy az „egyenlegemet" helyrebillentsem.** Nézzünk erre is egy példát: tudatában vagyok annak, hogy ha repülőre szállok, akkor a vonathoz képest óriási ÜHG-kibocsátástöbbletet generálok, ennek ellenére megteszem. Mondjuk azért, mert sietek és nem érek rá vonatozni. Abban az esetben megtehetem, hogy ezt a „helytelen tettemet" kompenzálom azzal, hogy támogatok egy erre a célra alapított szervezetet, amely így elültethet további ötven fát. Fontos volt nekem, hogy gyorsan célba érjek, ezért klímavédelmi szempontból a helytelen utazási mód mellett döntöttem. De mivel felelősséget vállalok a tetteimért, ezért más tevékenységgel jóváteszem azt. (Ez a kreatív ötlet egyébként a blogom egy lelkes olvasójától származik.) Természetesen az is lehetséges, hogy valakit ez abszolút nem érdekel, és a repülő vagy a marhaburger mellett dönt, és ezzel az egésszel nem akar foglalkozni. Nyilván mindig lesznek ilyen Emberek. De én tudom, hogy az Emberek nagy többsége nem ilyen...

Tehát a sakkjátszma következő lépése az, hogy minél többet olvassunk és beszéljünk arról, hogy tetteinknek milyen klímaváltozási következményei vannak. Fontos, hogy egyre több csatornán tájékoztassuk egymást. A könyv elején található blog- és honlapcímen folyamatosan bővülő információkat találsz ezzel kapcsolatban! Ha valamiről már felismertük, mi is a valóság, afelől döntsünk felelősen nap mint nap. Ha mégis a felelőtlen mellett tesszük le a voksunkat, akkor találjunk módot arra, hogy azt jóvá tegyük! Kérlek, ne feledd: klímatudatos Emberré csak fokozatos önfejlesztéssel lehet válni!

Hogy miért ez a második lépés? Azért, mert **ezzel lehet a leghatékonyabban a legnagyobb mértékben csökkenteni az ÜHG-kibocsátásunkat** anélkül, hogy az életminőségünk jelentősen változna. Attól, hogy marha- helyett csirkeburgert ettem, semmivel sem lettem boldogtalanabb. Sok milliárd Ember egyéni döntései óriási lehetőségeket nyitnak meg. Hiszen **a pocsékolás és a tetteink következményeivel való nem törődés a két legnagyobb környezetpusztító erő.**

Így nagypolitikai szinttől kezdve egészen az egyén szintjéig az a legsürgősebb és **legfontosabb feladatunk, hogy tájékoztassuk egymást,** és a tudósok rengeteg ilyen döntési alternatívát állítsanak fel nekünk. Tudniillik az átlagember ezekből az egyszerű üzenetekből ért igazán, hiszen sem ideje, sem energiája nincs arra, hogy tudományos eredményeinket továbbgondolva rávetítse azokat a saját életére. Egyébként dolgozom egy ilyen köteten is, ami csupa ilyet tartalmaz. Remélem, majd akkor is megtisztelsz a figyelmeddel! Továbbá tiszta szívvel ajánlom neked Paul Hawken Visszafordítható című könyvét, melyben 100 féle gyakorlati lehetőséget találsz a klímaváltozás elleni harchoz.

2.2. A versengés téves paradigmája

Egy buddhista filozófustól hallottam az interneten, hogy a versengés csak rossz lehet. Első hallásra nagyon furcsának tartottam ezt a gondolatot, hiszen egész gazdasági–társadalmi rendszerünket a verseny itatja át. De szépen lassan megérett bennem, és rádöbbentett, hogy tökéletesen igaza van. A versengésben mindig van egy győztes és mindig van egy vagy több vesztes. Általában a társadalom minden szintjén elkövetjük azt a hibát, hogy a versengéskor mindig a győztesekre figyelünk. Ha megnézünk egy focimeccset, utána mindenki a győzteseket ünnepli, a vesztesekkel kevesen foglalkoznak. Ugyanígy van ez a gazdasági versenyben is, de akkor is ez a helyzet, ha valamilyen saját egyéni célt tűzünk ki. Mindig azt feltételezzük, hogy az adott versengésből győztesen jövünk ki. A versengésből vesztesek is születnek, a veszteség élménye pedig egy rendkívül erős negatív energiacsomag. Ez a negatív élmény a magja annak, hogy a vesztességből/vereségből mindig szégyen, bűntudat, fásultság, félelem, irigység, vágyakozás, szorongás, düh vagy harag keletkezik. A versenyben való alulmaradás általában ezeknek az érzéseknek valamilyen egyvelegét hozza. Ezekből az egyik érzés idővel dominánssá válik, és létrehoz egy érzésvilágot. Innentől már nem a valóságban, nem az itt és mostban élsz, hanem a reaktív és szubjektív valóságodban. Gondolj bele, hányszor éreztél bűntudatot, szégyent, haragot vagy ezek bármelyikét azért, amiért egy adott vitából vagy bármilyen másik versengési helyzetből vesztesen jöttél ki. A nyertes ezzel szemben mindig büszke lesz magára a versenyeredményéért. Tehát ő ezáltal jobbnak és többnek érzi magát versenytársainál. A büszkeség hatására erősödik az ego, és vele erősödik az önzés. Ergo: a versengésből nem lehet pozitív, Élettámogató módon kikerülni. A versengés helyett a helyes út az együttműködés, mely egyensúlyból, békéből, örömből, harmóniából és elfogadásból fakad. A jövő társadalmában nem létezhet versengés, mert amíg ez fennmarad, addig mindig negatív, lélekdegradáló energiák keletkeznek.

Társadalmi szinten az egyensúly az együttműködés révén az együttműködő, egymás céljaiért kölcsönösen tevő aktivitáson keresztül fejeződik ki. Az együttműködés új paradigmája tagadja a darwini versengésre épülő modell érvényességét még az evolúció szintjén is! Darwin súlyosan téved elméletében (Dr. Bruce Lipton, az epigenetika atyja szerint), az Élet alapvetően együttműködésre hangolt, nem versengésre. A fejlődést, a változást nem a versengés, hanem az együttműködési hajlam és annak mértéke, valamint szintjei viszik előre. A jelenlegi gazdasági verseny Életpusztító rendszert alkot, hiszen naponta folyamatosan negatív energiacsomagok milliárdjait gyártja az Emberekben. Azonban verseny nélkül is létezhet erős gazdaság, sőt verseny nélkül lesz igazán erős a társadalmunk.

Jogosan kérdezheted, mi lesz a sporttal, hogy ha nem lesz a jövő társadalmában versengés. Sport lesz jövő a társadalmában, de nem lesz versenysport. A sport a mozgás öröméért, a testi önkontroll fejlesztéséért, a lelki fejlődés egy eszközeként működik majd. A sport csodálatos önmagában! Azonban a sportot is a túlzott versengésbe hajszolt élsport teszi tönkre. Amikor a grundon kosarazunk és önfeledten játszunk, akkor a sport egy csodálatos létélmény. Abban a pillanatban, amikor elmegyünk egy profi kosárcsapatba játszani, és egy őrült, egymást széttépő, szétszaggaló versenyhelyzetbe kerülünk, megszűnik a játékos pozitív létélménye, onnantól kezdve a nyerés iránti sóvárgó vágy mellett már csak a versengésből fakadó negatív energiák tapasztalhatók. Ez Életpusztító az egyén szintjén. Nem véletlen, hogy az élsportolók általában kb. 30 éves korukra teljesen kiégnek és nem bírják folytatni azt, amit csinálnak.

Ha a szurkolók szemszögéből vizsgálunk egy meccset, hasonló következtetésre jutunk. A szurkolók szidják a másik csapatot, utálják a másik együttes szurkolóit. A versengés itt is Életpusztító energiákat generál. A győztes csapat szurkolóinak önfeledtsége rövid távú, mely lappangó módon erősíti az egot, és ezáltal szintén Életpusztító energiákat termel.

A versengés természetesen fokozatosan tűnik majd el a társadalomból, nem egyik napról a másikra. A mai Ember nem tudna létezni versengés nélkül. A változás első jele az lesz, amikor egy meccsen a másik fél vagy a bíró szidalmazása nélkül már mindenki csak a saját csapatának szurkol. Ez az emberi lélek fejlődésének egy olyan társadalmi szintje, amikor a versengés győztes attitűdje a domináns, a lealacsonyítás már nem célja egyik félnek sem. Ugyanígy történik majd ez a gazdaságban és a társadalom többi szegmensében is. A verseny kulturálódása lesz az első átmeneti lépés. Ha már nem rúgna bele senki a versenytársába, és nem a másik rovására akarná magát jobbnak vagy többnek feltüntetni, az már önmagában a mainál egy sokkal szebb társadalmat eredményezne.

2.3. Minden élő egyenlő

A versengés annak a megnyilvánulása, hogy másoknál többnek, jobbnak akarjuk magunkat feltüntetni. Ez a mai társadalom egyik legnagyobb problémája, amit a versengés csak felfokoz, túlfűt, de sajnos ez a ma Emberének alapattitűdje. Az ego fokozatos erősödése felerősítette az Emberekben az elkülönültség érzését, amelynek révén állandóan különbek akarunk lenni másoknál. Pedig pont ez vezet az egyén boldogtalanságához! Mint ahogy később részletesen igazolni fogom neked: **a boldogtalanság az egyik leginkább klímapusztító dolog a világon! A boldogság legfontosabb alapja a mély emberi kapcsolatokban van.** Szóval pont azzal tesszük magunkat boldogtalanná, hogy különbözőségünk kiemelésével eltávolítjuk magunkat Embertársainktól.

Ez a könyv végig az egyenlőség elvét fogja hirdetni: minden Ember egyenlő, sőt minden élő egyenlő! A fűszálnak ugyanolyan joga van a boldog élethez, mint nekem vagy neked. A boldogsághoz való jogunk független attól, hogy milyen a bőr-színünk, a vallásunk, hogy nézünk ki, vagy hogy heteroszexuális, esetleg LMBTQ emberek vagyunk-e.

A jövő társadalmában minden Ember tisztelni fogja a különbözőséget. Ma a legtöbb Ember mindenkit elítél, aki másképp gondolkodik, másban hisz, másképp néz ki, mint ő. Ez a másság iránti tiszteletlenség, ami átitatja a társadalmat, okoz annyi feszültséget, háborút és hihetetlen mennyiségű negatív energiát. Gondolj bele, hogy a múltban mennyi háborút szítottak pusztán nemzeti vagy vallási hovatarto-zásból fakadó szembenállásból! Minden negatív energia manifesztációja pusztítás, szóval minden olyan gondolat vagy megnyilatkozás, amely a mássággal tisztelet-lenül bánik, Életpusztító. Az Élet pusztítása pedig a klímaváltozást gyorsítja. **A klímavédelem és a világbéke elérésének egyik leghatékonyabb eszköze a másság tiszteletben tartása, elfogadása! Éld az életedet abban a hitben, hogy minden élő egyenlő,** és máris elkezdtél Élettámogatóbban, békésebben és klímabarát módon élni!

2.4. Az evolúció új szintje

Egy általam nagyon tisztelt ökológussal beszélgettem a klímaváltozás és a túlnépesedés problémájáról. Az ő véleménye és gondolatai nagyon tiszták, logiku-sak és egyértelműek.

A kb. 4 milliárd éves evolúciós folyamat során fajok milliói fejlődtek ki, majd kipusztultak. A kipusztulást több tényező okozhatta, de a legtöbb eset-ben két oka volt. Az egyik a környezeti viszonyok megváltozása (felmelegedés, elsivatagosodás, jégkorszak, meteorbecsapódás stb.). A másik a túlszaporodás jelensége. Tudniillik **minden faj addig szaporodik, ameddig a környezete el bírja tartani.** Ha a nagyszámú faj populációja elérte a környezete eltartóképes-ségének határát, melynek következménye a faj drasztikus egyedszámfogyása, az gyakori esetben a teljes kipusztulásig tartott. Az Élet ettől még ment tovább, csak az adott faj tűnt el végleg a Föld színéről. Jöttek helyette mások... Mi a mai helyzet? Az Ember túlszaporodott, elérte a Föld eltartóképességének határát, sőt még át is lépte azt. Továbbá a környezeti tényezők is drasztikusan változnak, gyorsul a globális felmelegedés. Egy ökológus szemével az eredmény kézenfekvő: hirtelen egyedszámcsökkenés, majd kipusztulás. Szóval az előbb említett ökológus teljes biztonsággal tudja, hogy kipusztulunk. Hiszen az ökológia alaptörvényeiből ez logikusan következik.

Részben egyetértek az ökológus szakemberrel, mert sajnos ez tényleg egy nagyon reális végkifejlet. Ha mi, Emberek nem lépünk túl alapvető evolúciós korlátjainkon, akkor tényleg eltűnünk a Föld színéről. Aztán fokozatosan helyreáll majd a földi Élet, és bár Emberiség nélkül, de minden megy tovább. A mi kis 200 000 éves ittlétünk a 4 milliárd éve jelen lévő Élet létezésében egy szempillantásnyi idő. Szóval az Élet szemében nem sokat számítunk... Az Élet létét nem befolyásolja egy-egy faj léte vagy nemléte.

Az Emberiség evolúciós korlátja azt jelenti, hogy minden megfontolás nélkül élünk, és tudattalanul fokozzuk a népességszámunkat és fogyasztásunkat addig, amíg hirtelen minden össze nem omlik, és visszafordíthatatlanul megindul az Emberiség kipusztulási folyamata. A szűkösség időszakában mindenki még önzőbb lesz, ami még jobban felgyorsítja a folyamatokat. Vagyis ugyanúgy járunk, mind sok millió faj a Föld eddigi történetében...

De én biztos vagyok abban, hogy nem így lesz. Mert az Ember lehet az első faj a földi Élet általunk ismert történelmében, amely átírhatja az eddig tudományosan elfogadott evolúciós alaptörvényeket. Az Ember az első olyan lény, mely erős tudattal rendelkezik, amelyet szabályozni is képes. Itt nem a gondolkodásra való képességünkre utalok! Lehet, hogy elsőre meglepően hangzik, de a lelki tudatosságra gondolok. Ne ijedj meg, kérlek! Nagyon sok racionális gondolkodású Ember ezen a ponton letenné ezt a könyvet. Ígérem, hogy csak tudományosan igazolt tényeket fogok közölni!

Mit jelent a lelki tudatosság, és miért ez a megoldás kulcsa? A lelki tudatosság azt jelenti, hogy tudatosan élem az életemet és minden áldott nap tudatosan teszek lelki tisztaságomért, lelki fejlődésemért. A tudatos Emberre jellemző az **ösztönös önmérséklet**, ami a megoldás egyik kulcsa. Ha egy kisgyermeket beviszel a játékboltba, és megkérdezed tőle, hogy mi az, amit innen haza szeretne vinni (ha bármi az övé lehet), nagy valószínűséggel a fél boltot akarni fogja. A felnőtt azonban már reálisan látja, hogy a gyermekének nem tenne jót az ilyen mértékű elkényeztetettség, továbbá tisztában van egy ilyen mértékű „bevásárlás" anyagi következményeivel. A gyermek még teljesen ösztönszerűen vágyik a sok csillogó, izgalmas játékra, míg a felnőtt tudatosan dönt, és csak 1-2 játék kerül a kosárba.

Az Emberiség az elmúlt bő egy évszázadban úgy viselkedett, mint a kisgyermek a játékboltban. Mindent akartunk, hiszen elhittük, hogy bármit levehetünk a Föld polcairól. Az Emberiség olyan önző lett, mint a kisgyermekek, de talán még annál is önzőbb. Amíg egy kisgyermeknél ez még természetes és helyes is, addig a felnőtteknél nem igazán az. A mi „szülőnk" a Föld, amely folyamatosan küldi a figyelmeztetéseket: „Nem lesz ez így jó!" Ennek ellenére eddig úgy viselkedtünk, mint a kisgyermekek. Nem értettük, hogy miért ne lehetne... Hiszen ez NEKÜNK MOST KELL!

A lelki tudatosság terén történő szintemelkedés egyenes következménye a viselkedésünk természetes megváltozása. Ez a szintemelkedés ma már tudományosan igazoltan mérhető! Ennek a rendszernek a bemutatása érdekében a következő néhány fejezetben a klímaváltozás és az emberi lélek kapcsolatáról, az emberi lélek mérhető lelki rezgésszintjeiről fogok írni neked. Utána, ígérem, visszatérek jóval gyakorlatiasabb dolgokra, de a gyakorlati okfejtések későbbi megértése érdekében ezek mindegyike nagyon fontos.

Aki magas lelki tudatossággal él, az **felelősséget vállal** tetteiért, tisztában van életvitelének káros hatásaival és mindent megtesz annak mérsékléséért. Ezt az egyén ösztönösen teszi, mert a tudatos Ember ösztönösen önmérsékletet tart, ha úgy érzi, hogy tettének több a társadalmi szintű káros hatása, mint amennyi jót az a saját életében hoz. Ha minél tudatosabban élünk, annál kisebb mértékben jellemző ránk a **túlfogyasztás** és a **túlzott önzés**. Minél tudatosabbak vagyunk, annál inkább tiszteljük önmagunkat, Embertársainkat és a Természetet. Ami még fontosabb: a magasabb tudatosság ösztönösen növeli az elfogadást, ami kifelé sugárzik. Ebből fakadóan kevésbé akarjuk átalakítani, átformálni körülöttünk a világot. Ez a hihetetlen átformálási vágy az Emberiség lelki egyensúlyának hiányából fakad. Mivel nem fogadjuk el önmagunkat, ezért a környezetünket sem vagyunk képesek elfogadni. Ezért minden erőnkkel azon vagyunk, hogy átalakítsuk a világot, de sajnos nem a helyes módon és nem a helyes irányba.

A helyes út tehát az, hogyha letérünk a materiális, pénzhajhászó, külsőségekre fókuszáló személyes önzésünk tévútjáról, és visszatalálunk a lelki fejlődés útjára! Az Emberiség túlélésének, további fejlődésének és jólétének egyik záloga a lelki tudatosság. Itt az ideje újra felfedezni azt, amit a keleti filozófiák évezredek óta tudnak.

Légy tudatosabb! Légy boldogabb! Neveld erre gyermekeidet! Mindezzel tereld az evolúciót az egyetlen helyes irányba és mentsd meg a Földet abban a változatában, mely alkalmas az emberi Élet számára!

Hogy ennek az állításnak a helyességét hogyan lehet számszerűen is bizonyítani? És hogyan függ ez össze a lélek rezgésszintjeivel? Erre vissza fogok térni, de előtte szükséges megértenünk alaposabban, hogy az Ember egyéni boldogsága hogyan függ össze a klímaváltozással és a világbékével!

2.5. Mennyire vagy Élettámogató?

Az Élettámogató és Életpusztító szavakat már használtam az előző fejezetekben. Itt az ideje, hogy bővebben beszéljünk ezekről!

Pusztuló világban élünk. Az Élet tere folyamatosan csökken a Földön. Az Emberek egyre nagyobb hányada nem az Életet támogatja, hanem az Életet pusztítja gondolataival, tevékenységeivel. Ha ebből az aspektusból számadást akarunk adni az életünkről, akkor legcélravezetőbb az, ha tevékenységeink eredőjét nézzük. Nyilvánvaló, hogy életünk során sok életpusztító tevékenységet kell csinálnunk: ki kell vágnunk fákat, hogy a helyükre házat építsünk, beülünk az autónkba és minden egyes gázfröccsel égéstermékeket pufogtatunk ki a légkörbe, vagy eleve azzal, hogy egy autót megvásárolunk, közvetve már több tucat tonnányi természeti erőforrás elpusztítását okozzuk. Nagyon sok példát lehetne erre hozni. Életünknek van Életet segítő oldala is. Gyermeket hozunk a világra, fákat ültetünk a kertünkbe, közösségi szemétszedésen veszünk részt, napelemet teszünk a házunkra stb. Ha ezeket mérlegre teszed, a te életed eredője Élettámogató vagy Életpusztító?

Nagy valószínűséggel a ma élő Emberek legnagyobb hányada az Életpusztítók közé tartozik. Ez egyszerűen belátható, hiszen a természeti erőforrások, az ökológiai rendszerek drasztikusan pusztulnak a Földön, a biodiverzitás nagy sebességgel csökken. Ha az Emberek nagyobb hányada eredendően Élettámogató lenne, akkor ez a tendencia megfordulna. A klímaváltozás elleni harc és a világbéke érdekében folytatott munka egyik fő alapelve, hogy **Élettámogatókká kell válnunk.**

Élőlények vagyunk, így alapvető dolog, hogy az Élet támogatása kell hogy legyen életünk eredője! Hiszen mi is az Élet részei vagyunk. Ha az Életet pusztítjuk, akkor „hazaárulók" vagyunk, azzal átállunk az „ellenség", az élettelen világ oldalára. Bár az élettelen és élő világ egymást támogató szimbiózisban élnek, nekünk nem szabad erősítenünk az élettelen világ túlsúlyát, hiszen éppen ezzel bontjuk meg az egyensúlyt. A te szempontodból ezt az támasztja alá, hogy azok az Emberek, akik Életet támogatóan élnek, sokkal boldogabbak, mint akik a másik oldalon állnak.

Az Életpusztítás legfőbb mozgatórugója az önzés. Tudom, hogy most benned is felmerült, kedves Olvasó, hogy a mai világban önzőnek kell lenni. Ebben teljesen igazad van! De az önzés mértékében te döntesz. Az önzés szükséges minimumára is törekedhetsz, de az önzés maximumára is. Sajnos a mai világban a trendek az önzés maximalizálása irányába mutatnak, mely, ahogy fokozódik, azzal arányosan növekszik az Emberiség Életellenessége, az Élet pusztítása is. Nem arról van szó, hogy bizonyos helyzetekben nem szükséges önzőnek lenni. Hiszen egy olyan küzdelemben, ahol személyes testi épségünk a tét, biztosan helyes az önzés (önvédelem) ösztönös bekapcsolása, és evolúciós szempontból ez is az alapvető kód. Azonban az önzésnek rengeteg túlzó megnyilvánulása vált tömegessé a világban, mint például a pénz iránti vágy, a hatalomvágy vagy a kéjsóvár életmód, és még sok-sok ehhez hasonlót fel lehetne sorolni. Ezek tulajdonképpen addikciók, melyek számos válfaját termelte ki az emberi társadalom torzulása[2]. Az ego túlzott erősödése már olyan mértékű, hogy az egyént egyre kevésbé a morális, etikai vagy vallási szabályok érdeklik. Egyre kevésbé fontos számára a többi Ember vagy a környezete, csak a saját érdekét látja, és céljaiért bárkin és bármin átgázol.

Ez az Életpusztító erő alapvető hajtóereje, ami nem más, mint az önérdek végtelen önkielégítési vágya. A probléma alapvetően az, hogy az ego fék nélküli vágya kielégíthetetlen. Amikor valamit elérünk vagy megkapunk, akkor az ego rövid időre „megpihen", és így ugyanilyen rövid ideig boldogságnak tűnő állapotba kerül a lélek. Majd az ego nemsokára újabb és újabb célokat, vágyakat tűz ki maga elé, így a boldogság nem tartós, valójában csak egy délibáb. **Az egonak mindig több kell!** Ha 8 milliárd telhetetlen, féktelen ego él ezen a Földön, akkor szerinted mennyi esély van rá, hogy a földi Élet ne pusztuljon ki?[3]

A következmény egy gyorsuló világ, melyben ámokfutóként hajszolja a javak termelését és fogyasztását az Emberiség. Ezen javak jó része már rég nem a tényleges emberi szükségletek kielégítéséről szól. Erre sok példát lehetne felhozni.

Több olyan hölgyet ismerek, akinek akkora gardróbszobája van, mint egy

2 Az addikció más szóval lelki függéseket jelent. Addikciókról bővebben a 2. számú mellékletben olvashatsz, továbbá ezzel kapcsolatban tiszta szívből ajánlom neked
   dr. Máté Gábor: A sóvárgás démona című könyvét, vagy a témával foglalkozó nemsokára megjelenő könyvemet.
3 Az egoról bővebben az első mellékletben olvashatsz.

átlagember hálószobája, és több száz olyan ruha és cipő van benne, amelyet még életében fel sem húzott, vagy maximum egyszer, a próbafülkében. A vásárlás egy függési formává vált. Egyre több mindent akarunk birtokolni, és mivel nem foglalkozunk eleget lelkünk valós problémáinak gyógyításával, ez az egyre mohóbb akarás egy feneketlen űrt próbál betömni a lelkünkben. Fogyasztókká degradált minket a rendszer, ami a rabszolga egy modernebb változata. A függőségeinken keresztül vagyunk irányítva, miközben még azt is elhisszük, hogy ez jó nekünk. Persze ez a folyamat tudattalan, mert csak azt látjuk, hogy örömet okoz az újabb és újabb termékek vagy szolgáltatások birtoklása, használata. De mivel csak gyorsan múló és felszínes örömet, ezért újabbra és újabbra van szükség. Mindig egyre több kell belőle, de sohasem lesz elég, legfeljebb egy igen rövid ideig. Akinek pedig ez nem adatik meg, azt elvakítja a felszínes csillogás, és sóvárogva vágyakozik egy ugyanilyen Életért. **Szinte mindenki függ tehát így vagy úgy a vásárlás vagy a hozzá kapcsolódó kényelem és biztonság „Szent Gráljától". Közben az életük elszáll, és csak a halálos ágyukon döbbennek rá, hogy mennyire helytelenül éltek**, és mennyi mindent másképp kellett volna csinálniuk.

A lelkükre kellett volna hallgatniuk, a szeretteikre kellett volna több figyelmet fordítaniuk, a pozitív lelki értékeknek, illetve a lelki önfejlesztésnek kellett volna életük legfontosabb irányítójának lennie. Kár, hogy Emberek milliárdjai erre csak a halálos ágyukon, az utolsó pillanatokban döbbennek rá. S **közben nemcsak a saját életüket, hanem a gyermekeik jövőjét is tönkretették.**

Mindenkivel elhiteti a médiavilág, hogy bármit megkaphat, bármit elérhet, ha eléggé akarja és elég erősen küzd érte. Ezt tovább erősítik a profitorientált cégek pszichénk mélyére ható profi reklámjai, melyek felfokozzák a természetes igényeinket. Elhitetik velünk, hogy amit kínálnak, arra vágyunk is. Ez természetesen nem igaz, de életünk során rengeteg délibábot kergetünk a boldogság reményében. Az igazság az, hogy bármit nem érhetünk el, mert genetikai és pszichikai adottságaink tekintetében korlátaink vannak. Például nem lehet valakiből Mr. Olympia, ha vékony testalkatú genetikával jött a világra, vagy nem lehet valakiből sakkvilág-bajnok, ha átlagos IQ-val rendelkezik. Ennek az ellentmondó társadalmi helyzetnek a következtében a ma élő Emberiség legnagyobb része frusztrált, és a populáció kis rétege által mutatott példák után sóvárog, melyeket sosem érhet el. Ennek ellenére mindenki mindent megtesz az életében, hogy abba a bizonyos álmodott csoportba kerülhessen. A célok elérése érdekében az egyén önzését maximalizálja, gyakran még a lelkiismeretét is félretéve, hogy még hatékonyabban haladhasson az áhított célok felé. A következmény? Még több, még önzőbb és még frusztráltabb Ember. Az ördögi kör egyre erőteljesebben és egyre gyorsabb tempóban emészti fel a világ természetes részét és minden kulturális, valamint egyéb értéket is, miközben az emberi önzés mind erősebb, és ezzel párhuzamosan egyre csak fokozódik az emberi boldog-talanság. Sajnos az ördögi kör legnagyobb csapdája az, hogy azért növeljük az önzőségünket, hogy még hatékonyabban érjük el céljainkat, és ezáltal még bol-dogabbak legyünk... De a legtöbb Embernek nem tűnik fel, hogy az önzés foko-zódásával arányosan nem a boldogság, hanem a boldogtalanság nő. Évtizedeken át éltem így, pontosan tudom, hogy ez nem működik. Az önzés olyan mértékben erősödött a világban, hogy **a legtöbb Ember úgy éli le az életét, hogy fel sem tűnik neki, hogy a rossz oldalon áll. Fel sem tűnik, hogy Életpusztítóvá vált.** Az is lehet, hogy átsuhan rajta a gondolat: talán mégsem helyes, amit cselek-szik. De ezeket a bennünk élő önzés, a bennünk élő erős ego mindenféle érvek-kel elhessegeti. Ilyenek például: „miért én ne tegyem meg, mikor mindenki más csinálja?" Vagy „az én kicsi tevékenységem csepp a tengerben, ha én változta-tok, attól még semmi sem változik." Vagy „megérdemlem, hiszen annyit dolgoz-tam érte", „nekem ez jár, hiszen, ha mások megtehetik, nekem miért ne lehetne?" Ilyen „önvédelmi" érvek ezreit lehetne felsorolni, melyek segítségével a lelkiis-meretünk elől bújunk el, és amelyekkel a szőnyeg alá seperjük a tényeket. Miért tesszük ezt? Több okból is: először is azért, mert így egyszerűbb, másodszor meg azért, mert a politika és a multinacionális cégek rövid távú érdekei által kreált, csillogó propagandát sokkal könnyebb elhinni.

Az igazság az, hogy a legtöbb Embernek sem kedve, sem ideje, sem energiája nincs arra, hogy a sorok között olvasson. Ezért természetesen ők nem hibáztathatók, hiszen az átlagember nem szeretne mást, mint békében és nyugalomban élni, és ezért elfogadja az aktuális világnézeti trendeket, elhiszi, amit a hatalom birtokosai elé raknak. Ez ma is így van, de mindig így volt a történelem során...

A cél **az önzés fékezése, az összetartozás-érzés, az önzetlenség, a közösségi szemlélet erősítése és az Élettámogatásunk erősítése, ahol ez csak lehetséges.** Ha ebbe az irányba fordulunk, annak évtizedes léptékekben nézve meg is lesz a jótékony hatása. Ha te megteszed, azzal a személyes boldogságod is javul, és nőni fog a társadalomban az átlagos boldogságszint, hiszen felfelé módosítod az átlagértéket. A Természet pusztításának mértéke pedig fokozatosan csökken! **És a legjobb, hogy mindez nem kerül pénzbe. Ehhez csak rád van szükség, meg egy pici szemléletváltásra.** A motiváló erő pedig legyen az, hogy a lelki fejlődésed az egyetlen út, melyen keresztül tartósan, egyre boldogabb lehetsz!

2.6. A Természet tisztelete és a boldogság

Az Ember elfelejtette tisztelni a Természetet! Amíg féltünk a Természettől, addig tiszteltük is. Mióta uraljuk (persze ez csak átmenetileg lehetséges), azóta egyre kevésbé érdekel minket. Azt gondoljuk, hogy a Természet értünk van, és bármit megtehetünk vele. Pedig az Ember Természettől való függése egyértelmű, már ha logikusan gondolkozunk, ám a klimatizált bevásárlóközpontokból nézve eléggé eltávolodtunk tőle. Egyre kevesebb a közvetlen kapcsolatunk a Természettel. Ez az eltávolodás okozza azt, hogy érdektelenné is váltunk a természeti kérdésekkel kapcsolatban.

Ha azonban picit újra nyitunk a Természet felé, akkor az Ember hamar rá fog jönni, hogy milyen jó érzés például fát ültetni. A lelkiismerete érezni fogja, hogy milyen jót tesz, amikor ilyen társadalmi megmozdulásokban vesz részt. Ha például elmegyünk egy közösségi szemétszedésre, akkor nemcsak a megtisztított erdőterület fog fellélegezni, hanem a lelkünk is, olyan jó érzések aktiválódnak bennünk. Az Ember újra rájön, hogy milyen felemelő másokkal együtt, közös cél érdekében tenni a Természetért.

A mai nyugati társadalmunkban az Ember a valaha tapasztalt legmagasabb átlagos életszínvonalon él, azonban az Emberiség soha nem volt ennyire boldogtalan és magányos, mint ma, eltekintve néhány rövidebb háborús periódustól, amikor a boldogtalanság még töményebb és még elviselhetetlenebb volt. Az Ember elfelejtette a Természettel való együttélés örömét, az Embertársaival való összetartozás örömét. C. G. Jung számos írásában kiemelte, hogy **az emberi lélek boldogabb a természeti környezet hatására, és a közösségi lét is lélekemelő.** Ezért ismétlem meg: a boldog Élet legfontosabb alapeleme a **minőségi emberi kapcsolatokban rejlik.** A szakemberek szerint 13 és 17 között kell lennie a minimális minőségi emberi kapcsolataid számának, hogy ne érjenek szociális betegségek vagy hiányok! Azért, hogy úgy érezd, valóban tartozol másokhoz, és nem vagy egyedül!

Ha visszatalálunk a Természethez és a közösséghez, akkor az a személyes boldogságunkat is fokozni fogja. Ehhez nem kell nagy gazdasági erő, csak személyes motiváció, és némi összefogás! Természetesen személyes szemszögünkből nyitottság, bátorság és bizalom is szükséges hozzá. De a saját életemből tudom, hogy megéri...

2.7. A személyes boldogtalanság és a klímaváltozás közös gyökere

Sokáig azt gondoltam, hogy milyen önzők az Emberek, hiszen mindenki a saját személyes boldogságát keresi. Ma már úgy látom, hogy nincs is ennél helyesebb dolog a világon! **Mindenkinek a legfontosabb életfeladata a boldogság megtalálása és mások segítése ezen az úton.** Ahogy Neale Donald Walsch írta *„Beszélgetések Istennel"* című csodálatos könyvsorozatában: nem az alapján leszünk megítélve, hogy mit értünk el az Életben, hanem az alapján, hogy **milyen hatást gyakoroltunk másokra.** E szerint a mai átlagembert eléggé negatívan ítélhetjük meg, hiszen kritikus, mások kárára gyarapszik, és pusztítja az Életet.

Jól látszik, hogy a probléma gyökere abban rejlik, hogy a boldogság keresésének módja és iránya a legtöbb Ember életében nem helyes. A materiális szemlélet révén azt hisszük, hogy a több pénz, a szebb autó vagy a több utazás stb. az, ami minket boldoggá tesz. Azok a dolgok, melyeket magunknak össze tudunk harácsolni, okozzák nekünk a nagyobb boldogságot. Természetesen ez nem igaz! Ez legfeljebb nagyobb önelégültséget, nagyobb biztonságérzetet, átmeneti lelkesedést okozhat, de nagyobb boldogságot semmiképp. Ez csak mennyiségi változást hoz az életünkbe, de minőségit nem.

Szóval nincs mese, **a lelki fejlődésünk a legfontosabb életfeladatunk.** A boldogságunk annál nagyobb mértékű lesz, minél nagyobb lelki egyensúlyt, önelfogadást és békét találunk önmagunkban. A belső béke harmóniát teremt bennünk és környezetünkben, és ami még érdekesebb: csökkenti az önzést. Az odaadás és az önzetlenség pedig boldoggá tesz. Ezzel szemben az önzés csak elszigetel és mohóvá, sóvárgóvá formál, de semmiképpen nem boldoggá. Ezeket saját tapasztalatból tudom, jártam már eleget a helytelen úton. Ugyanakkor minél boldogabb vagy (a helyes értelemben véve a boldogságot), annál kevésbé vagy környezetpusztító. Ezt bizonyítani fogom neked egy későbbi fejezetben. Jelen fejezetben elég annak megértése, elfogadása, hogy **7,9 milliárd Ember személyes boldogtalansága, a fokozódó klímaváltozás és békétlenség azonos tőből ered.**

A lelki problémák gyógyítására mind a társadalom szintjén, mind az egyén szintjén alig fordítunk energiát. Gondoljunk csak bele, hogy testünk szépítésére mennyi időt, pénzt és energiát szentelünk. Egész életünkben egészségesen próbálunk táplálkozni, sokat tisztálkodunk, sportolunk, szebbnél szebb ruhákat veszünk, fodrászhoz és kozmetikushoz járunk, borotválkozunk, egyesek szoláriumba is elmennek, szépségápolási szerek tömkelegét használjuk fel, és egyre többen még szépészeti műtéteket is felvállalnak, hogy szépségüket fokozzák. Életünk egy jelentős részét a külsőnk alakításával, formálásával töltjük, illetve ezzel kapcsolatos túlzott frusztrációink megélésével.

Pedig az Ember 95%-ban lélek és „csak" 5%-ban test (persze ezek nem pontos számok, csak az arányok érzékeltetésére szolgáló értékek). Ez ma már tudományosan is bizonyított, fizikai szinten is, amennyiben az Embert energetikai szinten vizsgáljuk. Ha testünk szépítésére ennyi energiát szentelünk, akkor képzeljük el, hogy a lelki egyensúly megszerzéséért és fenntartásáért mennyi időre és energiára van szükség? **A lelki fejlődés,** melyet sokan spirituális fejlődésnek hívnak, a jövőnk kulcsa, hiszen ez **egyben a leghatékonyabb klímavédelem is!** Keresd a lelki egyensúlyt, a lelki békét, és segítsd Embertársaidat ezen az úton!

A lelki fejlődés érdekében minden nap meditálj legalább 15 percet! Olvass önismereti és lelki fejlődésedet támogató könyveket! Járj pszichológushoz, kineziológushoz vagy olyan csoportokba, ahol a te problémádhoz hasonló lelki sebekkel rendelkező Emberek fordulnak meg. Számos tanáccsal tudnék még szolgálni ebben a témában, de ennek a könyvnek a klímaváltozás megoldása a célja, így nem fér bele a terjedelmébe.

Ahogy globálisan emelkedik az átlagos boldogság, úgy csökkennek az addikciók, így a felesleges vásárlási és egyéb fogyasztási szokások is mérséklődnek. Így zsugorodik a környezeti emisszió, és a Föld fellélegzik. Becsléseim szerint **20–30% körüli, szinte azonnali CO_2- és egyéb károsanyagkibocsátás-csökkenést jelentene, ha az Emberek a lelki fejlődésüket helyeznék életük központi kérdésévé!** Nem arról van szó, hogy nem fontos az anyagi jólét, és nem fontos a szép külső, amire a mai világ oly nagy erőkkel fókuszál. Inkább arról van szó, hogy közben elfeledkeztünk a legfontosabbról, a lelkünkről, a lelkiismeretünkről, a lelki egyensúlyunkról.

Összegezve: légy boldogabb és mentsd meg ezzel a Földet (is)! De ehhez meg kell változtatnod boldogságkeresésed fő irányát, ha esetleg eddig még nem tetted volna... Minél boldogabb vagy, annál reálisabb lesz a fogyasztásod, annál mérsékeltebb lesz a tevékenységed környezeti hatása és annál több Élettámogató energiát fogsz sugározni a világ felé, és ez úgy hat majd másokra, hogy annak nem is vagy tudatában. Hogy ez hogyan működik tudományosan is igazoltan, arra is vissza fogok térni a lelki rezgésszintek tárgyalásánál.

2.8. A manifesztáció

Egyszer fiatalkoromban egy buddhista filozófus írásában azt olvastam (sajnos a nevére nem emlékszem), hogy az egyre növekvő hulladékmennyiség az Emberiség növekvő lelki problémáinak fizikai megnyilvánulása. Nagyjából 30 éves lehettem akkor, és úgy éreztem, hogy bár ez a gondolat nagyon érdekes, de azért mégiscsak túlzás. Ennyire egyértelmű ok-okozati összefüggés nem jelenthető ki. Azóta eltelt 15 év... Ma már másként látom ugyanezt a kijelentést. Teljes bizonyossággal tudom, hogy a buddhista filozófusnak maradéktalanul igaza volt. Sőt most már teljes bizonyossággal ki merem jelenteni, hogy **az összes környezetpusztítás, környezetszennyezés az Emberiség lelki problémáinak manifesztálódása.** Ezt be is bizonyítom neked!

Az emberi léleknek van egy olyan jellemzője, hogy minél nagyobb lelki sebek vannak rajta, annál inkább jellemző rá a szélsőséges viselkedés. Szóval minél több gyógyítás nélküli lelki fájdalom van elrejtve a lelkünk mélyebb zugaiban, annál inkább csapongóan, nagy kilengésekkel viselkedünk. Ezek legtöbbször addikciónak tekintett viselkedésformák, melyek megjelenhetnek túlzott drog-, alkohol-, cigarettafogyasztásban, túlzott sebességfüggésben, játékszenvedélyben, perverzióban, túlzó hatalomvágyban, testi perfekcionizmusban és még bővíthetnénk jó sokáig ezt a listát. Ezekben az emberi viselkedési torzulásokban van egy közös vonás: a függés. A lelki függőség következménye az, hogy időszakosan vagy folyamatosan ránk tör a fékezhetetlen érzés, hogy azt a dolgot vagy azt a tevékenységet újra át akarjuk élni, meg akarjuk szerezni. A függőség annál mélyebb, minél több áldozatot vagyunk hajlandók hozni lelkünk generálta célunk eléréséért. Vannak Emberek, akik olyan mélyen süllyedtek bele a függőség állapotába, hogy szó szerint bármi áron képesek a céljuk felé haladni. Az ilyen viselkedésformákkal azonosult Ember sokkal több erőforrást használ fel élete során, mint a kiegyensúlyozott Emberek, hiszen nagyobb sebességgel, több energiát égetve és több hulladékot termelve él, mert a célja felé vezető úton jóval kevésbé érdeklik egyéb szempontok. Csak a célt látja és a lehető leggyorsabb utat keresi. Minden olyan szempont, ami nem a cél irányába hat, egy ilyen Ember szemében csak hátráltató tényező.

Gondolj bele: egy evésfüggő, kb. 200 kilogramm súlyú Ember mennyi természeti erőforrást pusztít el feleslegesen a függősége által. Hány tonna élelmiszert emészt meg úgy, hogy annak a fogyasztásnak semmi köze sincs a létfenntartáshoz. Ő az evés örömének függőségébe süllyedt Ember. Vagy például egy drogfüggő evés közben is folyamatosan a drog beszerzésének lehetőségein „agyal", ezért minden percet, amit nem a drog megszerzésével tölt el, elveszett időnek érez. Így az evés gyors lesz és a közben termelt szemét (italosdoboz, csomagolópapír stb.) biztosan a földön fog landolni. Az ő lelkiállapotában időpocsékolás azt elvinni az első kukáig, végképp hülyeség lenne szelektív kukákba válogatva betenni. Ugyanakkor a drog megszerzéséért akár bűntény elkövetésére, pl. betörésre is hajlandó egyénnek nem jelent gondot, hogy betörése során a feltört ajtó, az összedöntött szekrények, az eltört használati tárgyak mind hulladékká válnak, és mennyi energiát emészt majd fel a károsultnak a lakás helyreállítása. Nem beszélve a képződött hulladékok mennyiségéről és az emiatt újonnan megvásárolandó termékek előállításának és szállításának környezeti terheléséről. A magyar nyelv szépsége jól fejezi ki az addikciómentes Embert, mert erre a „kiegyensúlyozott" szót használja. A kiegyensúlyozott egyén jóval mértékletesebb. A lelki egyensúly miatt nincs igénye

„extra" dolgokra ahhoz, hogy jól érezze magát a bőrében. Emiatt egy sóvárgó, függésektől szenvedő Emberhez képest – ha az egész élethosszát vizsgáljuk – jóval kevesebb természeti erőforrást használ fel, és jóval kevesebb környezetszennyezést generál. Nem beszélve arról, hogy a kiegyensúlyozott Emberek Embertársaikkal is nagyobb mértékben élnek békében, így kevésbé generálnak félelmet, frusztrációt, haragot vagy egyéb lelki fájdalmat másokban. Ezáltal a közvetett környezetterhelésük is alacsonyabb, hiszen a másokban gerjesztett feszültségek újabb extra környezetterhelést okoznak. Ezek úgy működnek, mint a hullámok a víz felszínén. Egy frusztrált Ember folyamatosan hat a környezetére, függetlenül attól, hogy ennek tudatában van-e vagy sem.

Az eddigi gondolatmenet még nem magyarázza meg, hogy miért lenne az összes környezetpusztítás az Emberiség lelki problémáinak tárgyiasult megnyilvánulása. Az eddigi gondolatmenet csak annyit igazol, hogy a lelki problémák további környezetpusztítást eredményeznek. Sajnos viszont alig jár az utcán addikciók nélküli, kiegyensúlyozott Ember. Hiszen szinte mindenki sóvárog valamiért. Így igencsak jelentős az eddigi okfejtésből származó többlet-környezetterhelés. Ezért van az, hogy **a lelki fejlődésünk felé való fordulás össztársadalmi szinten nagyon gyorsan igen nagy mennyiségű ÜHG kibocsátás-megtakarítást hoz, továbbá emeli a béke szintjét.** Szóval egy nagyon hatékony eszköz. Azonban a mai nyugati világban élő kiegyensúlyozott átlagember ökológiai lábnyoma is jóval nagyobb annál, mint amit a Föld természeti erőforrásai jelentős károsodás nélkül elbírnak. Szóval akkor kijelenthető-e, hogy ha a Földön az összes Ember addikcióktól mentes, kiegyensúlyozott lenne, akkor megszűnne a túlzó környezetszennyezés? A válasz elsőre úgy tűnik, hogy igen, de ha mélyebbre ásunk ebben a témában, akkor a válasz: NEM. Még ha elsőre nem is tűnik logikusnak a válasz, mégis ez a helyes. A környezetkárosítás többi része a társadalmi berendezkedésben és az Emberiség szemléletének nem megfelelő mértékű fejlődésében keresendő. Szóval eddig csak a felszínt kapargattuk, de most nézzünk a probléma mélyére!

Az őskor előtti időkben már belénk vésődött a Természettől való félelem. Az Ember nem tudta elviselni a természeti hatásoknak való kiszolgáltatottságot. Az agyunkban a racionális kéreg fokozottabb megjelenése nem csak azt eredményezte, hogy logikus gondolkodásra váltunk képessé, hanem azt is, hogy racionális gondolkodásunk legnagyobb részét a biztonságunk maximalizálására kezdtük el használni, és ez sajnos ma is így van (B. Lotto, 2017). Más szempontból a racionális gondolkodásunk fő irányát a félelmeinktől való menekülés jelentette és jelenti ma is. A biztonságra való törekvés ösztöne régebbi, mint a racionális gondolkodás, hiszen mélyebben gyökeredzik, ezért a racionális gondolkodás a biztonságra törekvés ösztönének eszközévé vált. Ez természetes evolúciós stratégia az egyed szintjén. Gondolj bele! Az agyad szinte folyamatosan „pásztázza" a jövő alternatíváit, próbál a számodra legbiztonságosabbnak tűnő irányba terelni, hogy megóvjon minden olyan dologtól, ami számodra nem kedvező. Ez a gondolkodási mechanizmus és az ősember állandó félelme a Természet erőitől (vagy a konkurens hordáktól) vezetett oda, hogy az Emberiség az elmúlt évezredekben a lehető legnagyobb személyes biztonság társadalmi és technikai fejlesztésén dolgozott. A nyugati társadalomban élő Emberek – ebből a szempontból – olyan mértékű biztonságban élnek, mint még soha senki a történelem során. A természeti hatásoktól szinte teljesen függetlenített, klimatizált bevásárlóközpontokban, lakásokban és járművekben töltjük életünk legnagyobb részét. A Természettel szinte csak akkor érintkezünk, ha nekünk jólesik (pl. elmegyünk kirándulni, mert szép idő van). A nyugati társadalom felépítése is olyan lett, hogy az Emberek legnagyobb része békében él, biztosított testének és anyagi javainak biztonsága. Szóval az Emberiség a nyugati társadalom életszínvonalával elérte azt a racionális gondolkodás megjelenése óta felmerülő álmot, hogy más Emberektől és a Természet veszélyeitől védve, biztonságban éljen.

Természetes, hogy a nyugati társadalmakon kívül élő Emberek a Nyugat által felkínált „ideális élet" mintája szerint szeretnének élni. Tehát senki sem bírálható, amiért a nyugati életszínvonal vágya irányítja életét, még akkor sem, ha pont ez vezet minket a Föld pusztulása felé! Azonban ennek az évezredek óta tartó törekvésnek és az ennek következtében létrejövő technikai fejlődésnek az eredménye az lett, hogy a szó szoros értelmében a világ urai lettünk. Társadalmunk Természetátalakító képessége olyan erőteljes, hogy szinte teljesen uralni tudjuk a Természetet. Az szintén törvényszerű, hogy ez az „uralkodás" csak korlátozott ideig állhat fenn, de ez most jelen tárgyalási nézőpontunk szempontjából nem fontos (egyébként persze kiemelt jelentőségű, hiszen ez okozhatja kipusztulásunkat). És itt jön be a képbe a társadalom, illetve az emberi frusztrációk kapcsolata. Társadalmunk végtelen mértékű biztonságra törekvésre épül. A biztonságra törekvés ösztöne pedig egy olyan ősi ösztön, mely még állati létünkből származik, és a félelemből táplálkozik. Tulajdonképpen leszögezhető, hogy gondolkodásunk fő használati irányát állati ösztönök szabályozzák. Tehát olyan „modern" társadalomban élünk, amelyet még mindig a Természettől és a konkurens Embertársainktól való félelem mozgat. Ebből fakad az a természetes következmény, hogy a társadalom úgy épül fel, hogy az az Ember mindenek feletti védelmét szolgálja a Természettel és egymással szemben. Uralkodni akarunk a Természeten és kordában akarjuk tartani Embertársainkat, hogy megóvjuk magunkat ősidőkről belénk rögződött félelmeinktől.

Mi volt a kiinduló feltevésünk? Az, hogy az összes környezetkárosítás és békétlenség az Emberiség lelki problémáinak tárgyiasulása. Most már jól látható, hogy ez a feltevés teljes mértékben igaz. Az Ember ösztönös – Természettől és Embertásaitól való – félelme jelen civilizációnk felépítésének alapja. Így a társadalom önmagában is környezetpusztító, hiszen nem együtt élni akar a Természettel, hanem uralni akarja azt. Nem együtt élni akar Embertásaival, hanem tőlük elszigetelve, biztonságban, vagy betegesebb esetben uralkodni akar felettük. Erre rakódik rá az Emberiség nagy részében dúló addikciók okozta extra környezetterhelés. A kettő együttesének következtében fenntarthatatlan módon éljük fel a természeti erőforrásokat, mellyel végleg elveszszük a jóllét esélyét a jövő generációktól, de már a saját közeljövőnket is képesek vagyunk romba dönteni.

A megoldás többrétű. Nyilván nagyon fontos annak érdekében a technikai és tudományos fejlesztés, hogy minél környezetkímélőbben élhessünk. Fontos a szemléletformálás az Emberek életvitelére vonatkozóan. De ez a fejezet arra kíván rámutatni, hogy amíg a probléma gyökerén nem kezdünk el változtatni, addig csak lassíthatjuk az Élet pusztulásának folyamatait, megállítani azonban nem tudjuk! Hiszen azokat a problémákat kell megoldani, melyek a jelenlegi pusztító életvitelünket okozzák. Mik voltak ezek? Az Emberiség lelki problémái és az erre épülő társadalmi berendezkedés. Remélem, most már egyértelmű és igazolt a számodra is, hogy **a leghatékonyabb környezetvédelem a lelki fejlődés, félelmeink, frusztrációink meggyógyítása.** Ami még érdekesebb, hogy ez a gyógyulási folyamat mind a társadalom, mind az egyén szintjén számszerűsíthető. A most következő fejezetekben erre a fontos kérdésre szeretnék rátérni.

2.9. A tested bölcsességét a gondolkodásod takarja el

Évtizedek óta gondolkodtam azon, hogyan lehet az, hogy a kutya, amelyet korán elválasztottak az anyjától és egyedül nőtt fel, pontosan tudja, hogy melyik füvet kell rágnia, ha nem jó a gyomra. Vagy honnan tudja, hogy melyik tócsából ihat és melyikből nem, akkor is, ha szagtalan szennyezők vannak benne. Honnan tudja a ponty a tóban, hogy a polip ízű csali jó számára, miközben soha életében nem kóstolt polipot, illetve miért szereti a kukoricát, amikor az a víz alatt nem terem? A választ a kineziológia tudománya adta meg a számomra.

Hihetetlen érdekes volt, mikor elkezdtem olvasni róla. Ezzel kapcsolatban tiszta szívből ajánlom dr. David R. Hawkins pszichiáter Erő kontra erő című könyvét. A lelki rezgésszintről szóló fejezetek tudományos alapjait ez a könyv adja.

A kineziológia tudománya abból indult el, hogy megfigyelték: a test nem téved és nem is képes hazudni. Ez lehet, hogy elsőre furcsának vagy hihetetlennek tűnik, de tényleg így van. Erre sok ezer vizsgálatot végeztek a 70-es és a 80-as években, a kineziológia hajnalán, és 99,9%-os biztonsággal igazolni tudták a feltevésüket. A kineziológiai mérés az úgynevezett testválaszmódszerrel történik. Ebben a módszerben a test válaszreakciója csak igent vagy nemet tud jelenteni. Szóval a módszer hátránya, hogy csak olyan kérdésekre kaphatjuk meg testünk bölcsességétől a választ, amelyre vagy igent vagy nemet tud „mondani" (D. R. Hawkins, 2004).

Egy kísérletben 5 zárt borítékban egy-egy darab tabletta volt. Ezekből négy mérgező volt, egy pedig nem, egy C-vitamin-tabletta. Hogy a kísérlet teljesen korrekt legyen, annak ellenére, hogy a zárt borítékot nem nyithatták ki a kísérleti alanyok, mindegyik borítékba ugyanolyan méretű, tömegű, formájú és színű tablettát tettek. Megkérték a kísérleti alanyokat, hogy válasszák ki azt a borítékot, amelyben a jó pirula van. Természetesen a statisztikai normák szerint trafáltak bele. Azaz a kísérleti alanyok kb. 20%-a találta el a jó tablettát és 80%-uk a mérgezőt választotta. Egy másik tesztcsoportnál a testük válaszát vizsgálták meg a kineziológusok. A testválasz alapján több mint 99%-uk a jó tablettát választotta ki, ami racionális gondolkodással lehetetlen. Pedig igaz! Ahogy a kutya sem téved abban, hogy a sok fűféle közül melyiket eheti meg, így az ember teste sem téved egy ilyen esetben. A kineziológia ma már bizonyított és elfogadott tudomány. Én magam is tudom használni a gyakorlatban a testválaszmódszert, amire az egész tudomány épül.

A kutya és a hal abban különböznek az Embertől, hogy a racionális gondolkodásuk nem fedi el a testük ösztönszerű érzéseit, sugallatait, mert nem gondolkodnak. A kutya és a hal megérzi, hogy neki mi a jó és mi nem az, és ezt csak nagyon ritkán véti el. Az Ember racionális gondolkodása miatt elvesztette a testével való kommunikációt. Nem képes megfelelő mértékben figyelni a teste jelzéseire. Pedig nagyon sokszor kudarcot vall a racionalitás, és olyankor egy állat jóval bölcsebb, mint az Ember. Fura belegondolni, ugye? Emberi önteltségünk számára elsőre talán még elfogadhatatlan is. Hiszen úgy neveltek minket, hogy a gondolkodás képessége emelt ki minket az állatvilágból. Ez igaz, de a tudásért cserébe elvesztettünk egy csodás képességet. Meggyőződésem, hogy ha fokozódik az Ember lelki fejlődése, akkor a jövő Embere képes lesz kikapcsolni a racionalitását, amikor az szükséges és ezáltal újra használható lesz ez a képesség. De a jelen ettől nagyon messze van. Jelenleg mindent elfed a racionalitásunk.

Fontos kiemelni: a racionalitás nagyon jó dolog! A gond az vele a jelenlegi világunkban, hogy mindenre ezt akarjuk használni. Ha például meg akarok alkotni egy új szoftvert, amely Emberek ezreinek hozza el a jobb életminőséget, akkor a racionalitásom talaján programozok annak érdekében, hogy az jól működjék. Ugyanakkor hány olyan élethelyzet volt már az életedben, amikor a racionális gondolkodásodat nagyon nehezedre esett magadra erőltetni, és az hatalmas belső feszültségeket okozott benned? Vagy amikor a racionális tudásod ellenére a lelki problémáid terén teljesen tanácstalan voltál? Ilyenkor a tested (és lelked) tudná a helyes választ! A belső feszültség abból ered, hogy elnyomtad önmagadban tested-lelked jelzéseit. Amióta figyelek ezekre, sokkal könnyebbé vált az életem. Nemcsak azért, mert mérséklődtek bennem a belső feszültségek, és ezáltal békésebb, boldogabb életet élek, hanem azért is, mert számos esetben az elsőre irracionális butaságnak tűnő döntéseimről mindig beigazolódik, hogy helyesek. Például pár napja reggel volt egy érzésem, hogy 15 perccel előbb kellene elindulnom egy távoli városban lévő tárgyalásra, mint ahogy a menetidőtervező szoftver azt jelezte. Nem értettem, hogy ez mire lenne jó, de hallgattam a megérzésemre és elindultam. Az autópályán kb. egy óra múlva baleset történt, hosszú torlódást okozva. Mindezek ellenére percre pontosan érkeztem a tárgyalásra. Ha racionálisan döntök, akkor elkéstem volna. Ugyanakkor, amikor a megérzésemre hallgattam, még meg sem történt a baleset. Tehát ezt nem lehetett racionális logikával helyesen megoldani. Az intuíció világa már tudományosan is igazolt dolog, melynek számos aspektusát például a kaliforniai HeartMath Intézetben is igazolták.

Szóval nem a racionalitással van a baj, hiszen ennek köszönhetjük technikai

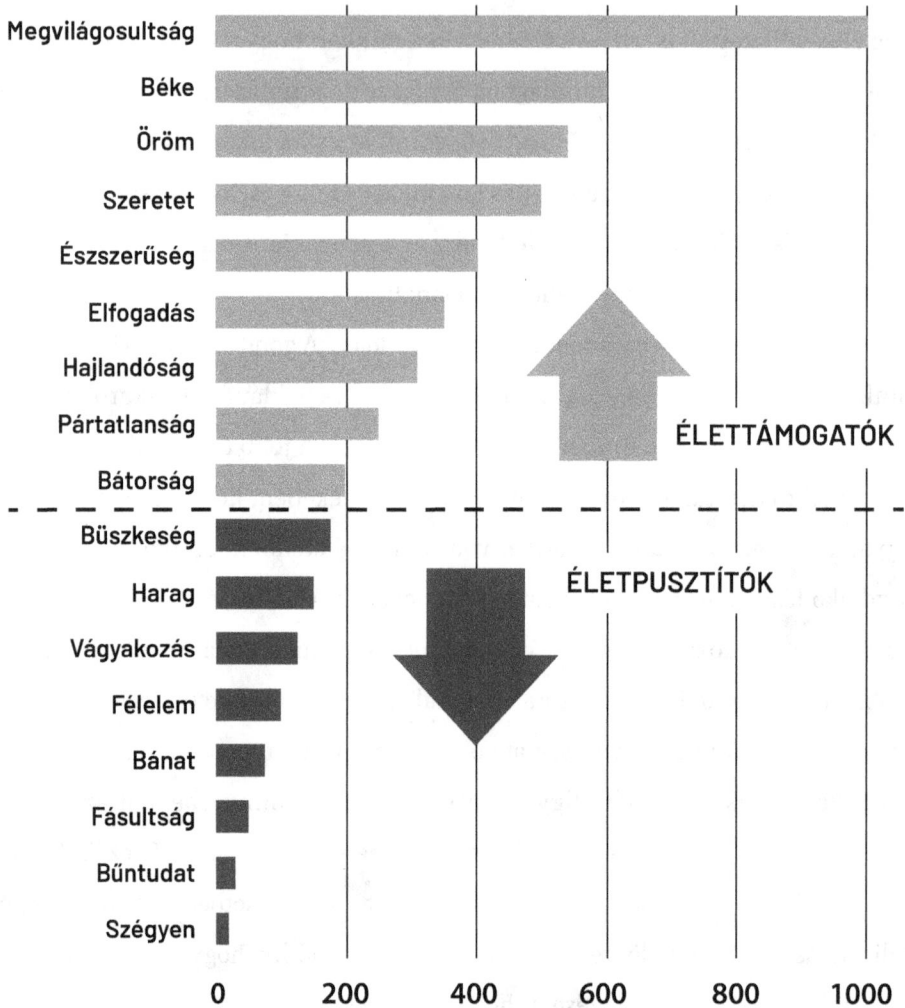

Megvilágosultság					
Béke					
Öröm					
Szeretet					
Észszerűség					
Elfogadás					
Hajlandóság					
Pártatlanság			ÉLETTÁMOGATÓK		
Bátorság					
Büszkeség					
Harag		ÉLETPUSZTÍTÓK			
Vágyakozás					
Félelem					
Bánat					
Fásultság					
Bűntudat					
Szégyen					
0	200	400	600	800	1000

3. ábra: A lélek rezgésszintjei (David R. Hawkins, 2004)

és tudományos fejlődésünket. A gond a helyes arányok elvesztésével van. A nyugati társadalomban a racionalitás Szent Gráljában hiszünk, pedig ez valójában részleges vakságot eredményez. **A jövő társadalmában** ez nem lesz így! **Mindent a helyén fogunk kezelni, a racionalitást is és az intuíciók világát is.** Ez egy békésebb és tisztább világba vezet minket.

Ugyanakkor van egy jó hírem! Igaz, hogy te nem tudod elérni az agyaddal a tested mély, tudatalatti szintű jelzéseit, azonban egy jó kineziológus igen. Egy egyszerű testválaszmódszerrel a kineziológus meg tudja nézni bármely kérdésre adott testválaszodat. Mire jó ez a módszer? Rengeteg mindenre, hiszen a **tested sokkal-sokkal bölcsebb, mint te** (bocs!), és a tested sosem hazudik (még egyszer bocs!). Te viszont, ha másoknak nem is hazudsz, önmagadnak biztosan, de az is lehet, hogy másoknak is. Ezt mindenki magában döntse el.

Sokszor hazudunk önmagunknak azért, mert könnyebb elhinni más igazságát, mint önmagunkba nézni. De sokszor másoknak való megfelelési vágyból is hazudunk önmagunknak. Nagyon ritka az az Ember, aki teljesen őszinte tud maradni önmagával. A testünk viszont pontosan tudja, hogy mi van benne elfojtva.

Szóval akkor mire jó a kineziológus? Mélyebb önismeretre, elfojtott lelki sebek felnyitására és feloldására. A kineziológus annyival tud többet, mint a pszichológus, hogy ő mindig az igazságból dolgozik. Tudniillik egy hagyományos „beszélgetős" pszichoterápiában a páciens gyakran úgy kanyarítja, szépíti a dolgokat, ahogy az kedvezőbb az ő szemszögéből. Például a problémái mögött lehetnek olyan tényezők, amelyeket még saját magának sem mer bevallani, nemhogy a terapeutájának. Ezzel szemben **a kineziológusnak nem lehet hazudni, mert ő a mindig őszinte testválaszból dolgozik.** Ez nagyon fontos a módszer megbízhatósága és a mérhetőség szempontjából!

De mire jó ez az egész a klímaváltozást illetően? Arra, hogy a kineziológia tudománya számszerűsíthetővé teszi minden Ember aktuális boldogságának szintjét, és ez kinyit egy kaput a számunkra, hogy megoldjuk a klímaváltozást!

2.10. A számszerűsíthető boldogság
   – avagy a lélek rezgésszintjei

Az eddigi fejezetekből bizonyára számodra is egyértelművé vált, hogy **amíg az Emberiség ilyen lelki állapotban van, mint manapság, addig nem lehet megállítani a klímaváltozást,** legfeljebb a hatásait mérsékelni és a lefolyását késleltetni. Ugyanez a helyzet a világbéke kérdéskörével is. Ugyanakkor ha olyan

Olvasó vagy, akit nem érdekel a lelkiség, kérlek, akkor is tarts ki, mert a megoldásoknak csak egy kis hányada fog lelkiségről szólni. A klímaváltozás megoldását célzó rendszer minden eleme teljesen racionális, még a lelkiséggel foglalkozók is. Mérnöktudós mivoltom nem engedi meg, hogy tudományosan és racionálisan megalapozatlan dolgokkal keressek megoldást.

Ez a fejezet egy nagyon fontos alapfogalom-csoportot mutat be, alapszinten. Aki ezt megérti és elsajátítja, annak jelentősen megváltozik az Emberekről és az emberi társadalom működéséről alkotott képe. Az így nyert szélesebb látókör annak érdekében fontos, hogy a boldogság felé vezető saját utadon újabb mérföldköveket érj el, ugyanakkor jelentős alapot ad a klímaváltozás elleni harc egyes eszközeinek megértéséhez is.

A most bemutatandó rendszer alapjait dr. David R. Hawkins összegezte az Erő kontra erő című könyvében. Talán nem túlzás azt állítanom, hogy az emberi lélekkel foglalkozó irodalom legjobb művei közé tehető ez a könyv, így minden kedves Olvasónak őszinte szívvel ajánlom. Én egyébként tananyagként tanítanám az általános iskolában és a középiskolákban, ha én dönthetnék a tananyagok összeállításáról, mert ez alapjaiban változtatja meg az Emberek látásmódját.

Tudományosan bizonyított (D. R. Hawkins, 2004), hogy az emberi léleknek van egy bizonyos rezgésszintje. Ez a rezgés hat a környező Emberekre és a saját belső lelkiállapotunk milyenségét is tükrözi. A lélek egyes rezgésszintjeit különböző, definiált szintekhez lehet kötni, melyeket a 3. ábra szemléltet.

Egy átlagember lelke az itt bemutatott 17-féle érzésrendszerből a legtöbbet érezte már. Azonban az összes érzésünk átlagos értéke adja meg lelkünk aktuális rezgésszintjét, amelyet a fenti felsorolás valamely fő érzése jellemez. Azon múlik a lelked rezgésszintje, hogy egy átlagos napon a fent bemutatott 17 lelki rezgésszint közül a lelked hol tartózkodik a legtöbbet. Nyilván mindannyiunk lelkiállapota ingadozó, ami miatt hol lelkesebbek és boldogabbak vagyunk, hol pedig mélyebb lelkiállapotokba süllyedünk. A szégyen szintjétől a büszkeség szintjéig az Emberek olyan negatív lelki energiákat bocsátanak ki magukból, melyek az adott személyt Életpusztítóvá teszik, azaz a környezetében lévő Emberekre és minden más élőlényre is negatív hatással vannak. A bátorságtól a megvilágosultságig jellemző szinteken az Emberi lélek pozitív és Élettámogató energiákat bocsát ki, mellyel környezetére tudományosan igazoltan kedvező összhatást gyakorol. Az, hogy például neked milyen a lelki rezgésszinted, a testválaszmódszerrel kb. 3 perc alatt megmérhető, ha egy jó kineziológusnak adsz erre ennyi időt. Egyébként ember alkotta műveknek is van lelkirezgésszint-értéke. Ezé a könyvé például 703, ami a megvilágosultság alsó határa. Szóval ennek a könyvnek komoly Emberiségre kiható küldetése van. De erre részletesebben visszatérek a Média Etikai Kódex-nél.

Biztos te is tapasztaltad már, hogy egy spirituálisan érett Ember környezetében békésebbnek, vidámabbnak és energikusabbnak érezted magad. És biztos érezted azt is, hogy egy panaszkodó, önsajnálatot árasztó Ember mellett rohamosan csökkentek az energiáid. Őket szokták energiavámpírnak hívni. Ez azért van, mert az emberi lélek energiái hatnak egymásra, és mindig egyensúlyra törekszenek. Szóval két vagy több Ember, ha egymáshoz közel van, akkor úgy is hatnak egymás lelki energiaszintjére, ha nem is kommunikálnak. Például, ha a metrón állsz és senkire sem figyelsz, ez akkor is megtörténik veled.

Ha egy nagyon magas spirituális szinten lévő Ember tart egy előadást, akkor általában magával ragadja a teremben lévő hallgatóságot az a pozitív hangulat, amelyet ő sugároz magából anélkül, hogy ennek a nézők a tudatában lennének. Egy ilyen Ember olyan magas lelki szinten is lehet, hogy akár több 10 000 más Ember negatív lelki energiáját is képes ellensúlyozni. Gondoljunk Buddhára, Jézusra vagy Teréz anyára, hogy micsoda hatást gyakoroltak a környezetükben lévő Emberekre! Az én értelmezésem szerint Buddha és Jézus megvilágosodott Emberek voltak, de ezzel senkinek a hitét nem akarom megsérteni! A vallási magyarázat és az enyém nem üti egymást, hanem inkább kiegészíti, érthetőbbé teszi azt.

Ha ennek a rendszernek a szempontjából vizsgáljuk az életünket, akkor megkapjuk a választ, hogy miért olyan fontos foglalkoznunk a lelkünk fejlődésével.

A saját boldogságunkon túl ezzel mások boldogságára is hatást gyakorlunk anélkül, hogy annak az adott személy akár tudatában lenne. A lelki fejlődés legfontosabb lépcsője az, amikor a büszkeség szintjéről a bátorság szintjére lépünk, mert itt válunk Életpusztítókból Élettámogatókká.

Amikor az Emberiség lelki energiaszintjének átlaga eléri az Élettámogatók szintjét, akkor a Földön mérséklődni fog a környezetpusztítás, a klímaváltozás elleni küzdelem is hatékonnyá válik és elkezd csökkenni a békétlenség is. Ez azért van, mert az Emberek ösztönösen, belső indíttatásból fogják csökkenteni Életpusztító életvitelüket. Ezért növekszik közös gyökéren a személyes boldogságod és a klímaváltozás kérdése.

De néhány sor erejéig térjünk vissza a te életedre. Ha boldogabb életet, békésebb családot vagy odaadóbb barátokat akarsz a környezetedben látni, akkor a lelked fejlesztése által a saját lelked rezgésszintjét kell emelned. Ez a legtöbb, amit tehetsz magadért, a szeretteidért és a világért! Ezért mondják a nagy bölcsek, hogy a boldogság belülről fakad, és nem külső hatások eredménye. Ha pozitív irányba megváltoztatod a lelked rezgésszintjét, akkor békésebb, harmonikusabb, szeretetteljesebb leszel, és nem vonz be a lelked annyi rosszat sem. Egyre minőségibbé válnak az emberi kapcsolataid, és ami még csodálatosabb, hogy egyre kisebbek lesznek az életedben a negatív kilengések. Ugye, megéri? Én már tapasztalatból mondom neked, hogy a válasz „IGEN". Néhány éve még Életpusztító lelki rezgésekkel éltem, tudattalanul. Most pedig már az életigenlés egy magas lelki rezgésszintjén élem az életemet, melyet kineziológus mérése igazol. Ezt nem azért írom, hogy felvágjak vele előtted, hanem azért, mert **ha nekem sikerült, akkor neked is fog**, amennyiben nyitottá válsz rá! A következmények szinte hihetetlenek. Az életem minden területén minőségi változások történtek. Ha egy szóval kellene jellemezni az öt évvel ezelőtti életemet, akkor a „szenvedés" szót választanám. Ha egy szóval kellene jellemezni a mai életemet, akkor a „csoda" szó lenne rá a legalkalmasabb.

Fontos tudnod, hogy minden lelki rezgésszinten másképp látod a világot, más az igazságról alkotott képed. Ha ezt megérted, akkor sokkal empatikusabb tudsz lenni az Emberekkel, hiszen érthetőbbé válik számodra, hogyan lehet az, hogy mások ennyire másképpen gondolkodnak, vélekednek dolgokról, mint te.

Életemben ezen érzelmek felelevenítése és újbóli megélése még közelebb hozott az Emberek megértéséhez. Hány Ember lehet a Földön, aki örökre hasonló szenvedést fojtott el magában, és amelyet így a lelke mélyén cipel, és ennek következtében öntudattalanul játssza őrültebbnél őrültebb játszmáit?! Gyerekkori traumák, a szülők válása vagy elvesztése, testvér megjelenése miatti figyelem elvesztése, a lelkét sárba tipró szülők, nélkülözés, kihasználtság: ilyen és ehhez hasonló mély lelki sebek Emberek milliárdjait terhelik. Ez adta a felismerést, hogy **senki felett nem ítélkezhetünk, mert sosem tudhatjuk, hogy az a másik Ember milyen okból olyan, amilyen.** Ami még érdekesebb és izgalmasabb gondolat, hogy ha én lettem volna annak a másik Embernek az életében, most valószínűleg én is úgy viselkednék, ahogy ő most teszi. Krisztus szavai erre utalnak, amikor azt mondja, hogy bocsáss meg az ellenünk vétkezőknek. Hiszen tudattalanul, sérült lelke elfojtása következtében teszi azt, amit tesz. Azzal, ha visszavágok, csak mélyítem a sebét. Azzal, ha megbocsátok, segítem őt lelke gyógyulásában. Nyilván egy bizonyos lelki rezgésszint alatt nem lehet eleget tenni Krisztus ezen szavainak. Hiszen annyi lelki teher nyomja a vállunkat, hogy nincs erőnk másokkal foglalkozni, és a legkisebb minket érő támadásra nagy ellenállással, hirtelenséggel reagálunk. A rendszeres megbocsátás világa a 200-as Élettámogató lelki szint felett kezdődik.

Az egyes lelki rezgésszintekhez tartozó nézeteket a 3. mellékletben írtam le részletesen, hátha jobban érdekel a téma. Az alábbiakban csak arról írok röviden neked, hogy a klímaváltozás kérdését mennyire másképp látják az egyes lelki rezgésszinten élő Emberek.

Szégyen és bűntudat (értéke 20, illetve 30): A bűntudat és a szégyen szintje a legmélyebb, legfeketébb, legsötétebb érzés, amit Ember átélhet. Ott annyira közel vagy a halál szintjéhez, hogy önmagad értékét nullának tartod. Leggyakrabban ezen a szinten vágyja az egyén őszintén a halált. Önmagunk értéktelenségének érzése sajnos gyakran megvető vagy gyűlölködő reakciókat vált ki a világ felé. Ezen a nyomorúságos életérzésen keresztül nézve gonosznak látjuk a világot, és nagyon sötéten képzeljük el a jövőt. Az ezen a rezgésszinten élők szerint a klímaváltozás biztosan elpusztítja a világot, és ezt az Emberiség meg is érdemli.

Fásultság (értéke 50): A fásultság szintjén élő Embert már semmi sem érdekli és már semmi sem számít neki. Úgy érzi, hogy ez a világ számára már semmi olyat nem adhat, ami értékes lehet. Ezen a szinten teljes a reménytelenség, ebben az állapotban a jövőképünk igen pesszimista, és a világ jövőjét is sötétnek látjuk. A klímaváltozás egyből kipusztulást is jelent az ilyen Ember szemében.

Bánat (értéke 75): A bánat szintjén lelkileg csüggedtek vagyunk, és hajlamosak vagyunk az önsajnálat mély bugyraiban rekedni. Az életünket tragikusnak látjuk és lenézően reagálunk a környezetünk segítő szándékára: „ő úgysem tudja, min megyek keresztül...". Ebben az állapotban nincs erőnk ahhoz, hogy bármit tegyünk a klímaváltozásért, hiszen még saját életünkért sem vagyunk képesek eleget tenni.

Félelem (értéke 100): Az előzőekben volt már szó arról, hogy az egész társadalmi berendezkedésünk és gondolkodási mechanizmusunk legnagyobb része a félelemre épül. Most, hogy látod, ez mennyire Életpusztító érték, bizonyára egyből érthetővé válik számodra, hogy miért nem képzelhető el a klímaváltozás megoldása a lelkünk gyógyítása és a gondolkodási mechanizmusaink megváltoztatása nélkül. Akkor van a lelkünk a félelem szintjén, ha mindennapi gondolataink legnagyobb részét a félelem itatja át. Idetartoznak azok az Emberek is, akiket klímahisztérikusoknak hívunk. Ők rettegnek a klímaváltozás okozta jövőtől vagy az atomkatasztrófától.

Vágyakozás (értéke 125): Mivel ez a rezgésszint már nem olyan alacsony, ezért erőteljessé válik a remény, és lelkünk vágyni kezd a jóra. A vágyakozás erőt ad ahhoz, hogy elinduljunk céljaink felé. Ugyanakkor ez a lelki rezgésszint az addikcióktól burjánzó világ. Az itt élő Emberek mindegyike egy vagy több addikciótól szenved, mely miatt erős Életpusztító rezgésszintről van szó. A klímaváltozás elleni harc ezen a lelki rezgésszinten élők nézőpontjából egy hihetetlenül nagy küzdelem. Ha van is megoldás, az nagyon messzi, nagyon távoli, és óriási erők összpontosítása, illetve az összefogás árán érhető el.

Harag (értéke 150): Ezen a lelki rezgésszinten a fő érzés a gyűlölet, ami átitatja a lelket. Az ezen a rezgésszinten élő Ember mindig keres gyűlöletének, haragjának egy célt (célszemélyt). Gyakran keveredik verekedésekbe, egyéb agresszív jelenetek részese. Ő a szórakozóhelyek állandó kötekedője. Ezen a lelki rezgésszinten van a legtöbb olyan klímaaktivista, aki erőszakkal, veszekedéssel, kemény szavakkal próbál hatni a világra annak érdekében, hogy változzon meg végre. Ezen a lelki rezgésszinten jellemző leginkább az is, hogy a multikat vagy a repülőtársaságokat, esetleg bárki mást okoljanak a klímaváltozásért, és ennek keményen hangot is adnak. Ők a világ békétlenségének fő motorjai, anélkül, hogy tudatában lennének. Mivel nagy arányban vannak jelen a mai populációnkban, ezért olyan nagy a békétlenség.

Büszkeség (értéke 175): Ez a lelki rezgésszint tipikusan az önzés, a kemény ego világa. Mivel a mai világ állandóan azt sugallja felénk, hogy legyünk önzők és csak magunkkal foglalkozzunk, ezért a legtöbb Ember ezen a rezgésszinten él. Mivel ez Életpusztító lelki rezgésszint, ezért ennek a ténynek a közvetett következménye, hogy soha nem látott környezetpusztulás és vészjósló klímaváltozási prognózisok látnak napvilágot. Az önzés erősödése következtében szétesnek a valós közösségek. Mindenki magával foglalkozik, és mindenki azt várja el, hogy ővele foglalkozzanak mások. Így elég esélytelen valós és mély emberi kapcsolatokat építeni. Természetesen mindig a másik fél az oka annak, hogy a kapcsolat zátonyra futott. Ezen a rezgésszinten nem tűnik fel az egyénnek az a tény, hogy minél önzőbbé válik, annál inkább eltávolodik a valós és minőségi emberi kapcsolatoktól, és nem mellesleg annál jobban pusztítja a Föld természeti erőforrásait is. Hiszen az önző Ember behabzsol, megél mindent, amire vágyik! Nincs benne elég önkontroll, és nincs is szüksége erre. Ezen a lelki rezgésszinten minden élmény megélése, minden vágyott cél elérése, az anyagi javak birtoklása a lényeg. A büszkeség rezgésszintjén élő Ember mindent csak önérdekből képes csinálni. Egyetlen motivációja saját maga, illetve saját céljainak elérése. Az Életpusztító energiák gyökere pont abban rejlik, hogy a társadalmi, ökológiai vagy egyéb közérdekeket nem képes maga elé helyezni, és önzősége következtében megfeledkezik élete valós céljairól. Azokkal csak akkor képes azonosulni, ha a személyes céljaival összhangban vannak. Ő mindig abban hisz, ami az önérdekét és az énképét erősíti, és állandóan erről akarja meggyőzni a környezetét. Ezért ragadnak ki az ilyen Emberek előszeretettel olyan érveket, amelyek azt igazolják, hogy a klímaváltozás nem is létezik, vagy nem is olyan nagy gond. Így nem kell szembenézniük a lelkiismeretükkel. Az ilyen Emberek teljes öntudatossággal tudják, hogy a kitűzött céljaikat meg is érdemlik. Mindent megtesznek céljaik elérése érdekében, gyakran még a szabályok kikerülésére is hajlandók. Ezért ha átlépnének egykét határt, akkor megidealizálják maguknak, hogy az miért kivétel, és miért volt helyes. Mint sok más Életpusztító lelki rezgésszint, ez is a félelem mélyen elfojtott gyökeréből táplálkozik, és pont ezért nem lehet hatékony klímavédő az, aki ezen a szinten él. Viszont, ha az egojába beépül a klímatudatosság, a klímavédelem hangos szószólója lehet, és mivel ezek az Emberek gyakran hatalom birtokosai is, másokra is nagy hatást gyakorolhatnak ezen a téren.

Bátorság (értéke 200): A bátorság szintje az, ahol a lélek Élettámogató rezgésszintre emelkedik, így a büszkeségből a bátorság szintjére történő lépéskor az Embernek jelentős minőségi változás jelenik meg az életében. A klímaváltozás megoldása pont ebben rejlik! Minél több Embernek át kell lépnie ezt a határt. Ami jó hír, hogy ez nem kerül pénzbe, ehhez nem kell gazdasági erő! Ehhez csak te kellesz, és a vágy, hogy boldogabb legyél! Ezen a lelki rezgésszinten történik meg először az (az eddig tárgyalt Életpusztító rezgésszintekhez képest), hogy az egyén őszintén szembenéz önmagával. Ez a legfontosabb változás az eddig tárgyalt rezgésszintekhez képest: ő már igazi tükröt mer mutatni önmagának, reálisan kezdi látni a saját hibáit, gyengeségeit, gyarlóságait. Itt kezdünk el szembenézni azzal, hogy mennyire klímagyilkos a saját életünk, és mi mindent kell tennünk azért, hogy ez megváltozzon. Óriási fejlődés, hogy ezen a rezgésszinten az egyén végre teljes felelősséget vállal a tetteiért, és nem mindig mentegeti magát azzal, hogy másokat hibáztat. Itt kerülünk tisztába vele, hogy nem a multik felelnek a klímaváltozásért, hiszen 7,9 milliárd vásárlói döntés tartja őket életben. Szóval, ha én változtatok a saját életemen, azzal gyengítem a rendszert. Ha erről másoknak is mesélek, akkor ezzel tovább gyengítem azt.

Pártatlanság (értéke 250): Ezen a rezgésszinten élő Emberek életében már nem jelenik meg mások megkárosítása, a másokkal szembeni túlzó önérvényesítés. Amikor ide „megérkeztem", hirtelen megváltozott a világról és a jövőről alkotott képem, az Emberekhez való hozzáállásom, és elkezdtem belül valami nagyon mély és megnyugtató békét és harmóniát érezni. Ez a fajta lelki biztonságérzet azelőtt teljesen ismeretlen volt számomra. A jövőképem is átváltott, pesszimistából optimistába. Bárcsak mindenki legalább ezen a szinten élhetne! Ha így lenne, akkor biztos, hogy világbéke lenne a Földön, és nagyon alacsony szintre süllyedne a környezetszennyezés is. Hogy miért? A válasz egyszerű: 7,9 milliárd Ember lelki állapotán múlik mind a kettő, és még nagyon sok minden más is. Remélem, ez a tény már kezd körvonalazódni előtted is. Ezen a rezgésszinten a lelkünk fő fejlődési folyamata a felszabadulás. Itt válunk meg végleg lelki sárkányainktól, az addikcióktól, melyek eddig lefelé húztak minket. Ez egy olyan mértékű felszabadulást okoz, amely hirtelen rengeteg Élettámogató és önzetlen energiát szabadít fel bennünk. Ennek a könyvnek az írása is Élettámogató és önzetlen, mégis nagyon jólesik, mert ez a sok pozitív energia ki akar törni belőlem, és tenni akar azért, hogy jobb legyen ez a világ. A pártatlanság szintjén lévő vezető hisz a kölcsönös függés sikerében, és ezáltal nagyobb sikereket is ér el. (A kölcsönös függés egy fontos alapja a klímaváltozás megoldásának, így erre a könyvben külön fejezetet szántam.) Hiszen az a magas szintű csapatmunka irányításának alapja, hogy megbízom csapattársam döntésében. Ez a siker természetesen nem profitban mérendő, hanem az általa irányított csapat társadalmi hasznosságában, vagy a csapat tagjainak lelki és szakmai fejlődésében. Ezen a rezgésszinten az egyén bízni kezd az Emberek jóságában és a pozitív jövőben is. Ez is újdonság, mert az eddig tárgyalt rezgésszinteken sem a jövőbe vetett erős bizalom, sem az emberi jóságba vetett hit nem volt jellemző. Ezen a lelki rezgésszinten jelenik meg az a hit, miszerint a klímaváltozásból is lesz kiút. Elkezdünk hinni az Emberiség összefogásának és kreativitásának erejében. Ez egy csodálatos lelki rezgésszint. A ma élő Emberek többsége sajnos soha életében nem jut el ide. Hogy miért nem? A válasz nagyon egyszerű. Azért, mert a legtöbb Ember nem a lelki fejlődésével, hanem más külsőségekkel tölti el életét. A pénz, a karrier vagy a szebb külső hajszolása nem rossz dolog, de semmiképpen nem vezet a boldogsághoz. Pedig ez az állapot már tényleg a boldogság szigetére lépett Ember lelki rezgésszintje. Mivel én már jó néhány éve beléptem ide, tudom, hogy ez milyen jó. Nagyon-nagyon szeretném, hogy te is megtapasztald ezt, ha még tartósan nem jártál itt, mert a saját boldogságodon túl ezzel tudsz a legtöbbet tenni a Föld jövőjéért is!

Hajlandóság (értéke 310): A hajlandóság rezgésszintjén élő Ember legfőképpen abban tér el az eddig tárgyalt rezgésszintektől, hogy alapvetően optimista. Az ilyen Embert már nagyon nehéz kibillenteni pozitív hangulatú látásmódjából. Itt ösztönössé válik, hogy a pohár teli felét nézzük, és ha valami rossz történik, abból is általában a pozitív következtetést vonjuk le. Az egyénben ezen a szinten már kifejezett a szándék arra, hogy a spirituális világban tovább fejlődjék. Ezen a szinten már tudatosan akarunk szakítani mindennemű negatív rezgésszintet okozó belső lelki folyamatunkkal. Itt már egyértelművé válik számunkra, hogy a boldogság belülről fakad, és szinte teljesen független a külső behatásoktól. Ezen a rezgésszinten a jövőképünk reményteli és optimista. Itt mindig a megoldáskeresés és az Életbe vetett bizalom jellemzi az egyén jövővel szembeni látásmódját. A klímavédelem problematikáját komolyan vevő Emberek ezen a lelki rezgésszinten minden erejükből aktívan próbálnak tenni a klímaváltozás ellen. Én az életvitelemmel, a családom életének alakításával, egyetemi oktatással, a környezettudatosság cégjeim projektjeibe való beépítésével, példamutatással, blogírással és jelen könyv írásával is teszek azért, hogy jó irányba alakuljon a közös jövőnk. Még van számos más ötletem is. Bízom benne, hogy lesz erőm azokat is véghezvinni.

Elfogadás (értéke 350): Az elfogadás lelki rezgésszintje egy igazán csodálatos és boldog világ. Önmagunk elfogadása a környezetünk elfogadását hozza el. A környezetünkben lévő Emberekkel elnézőek leszünk, és a világot is elfogadjuk olyannak, amilyen. Természetesen ez nem jelenti azt, hogy nem akarunk javítani a környezetünkön. Inkább azt jelenti, hogy a felesleges ellenállás hiányából felszabaduló energiákat ténylegesen a világ pozitív irányú megváltoztatására tudjuk fordítani. Sokan kérdezik tőlem is: „Ennyi teendőd mellett honnan van energiád erre a könyvre?" A válasz egyszerű: azok az energiák, amelyeket régebben az önmagammal és a világgal való küzdelemre fordítottam, mind felszabadultak. Ezen a rezgésszinten azonban a harmónia az életvitelünket átitató életfelfogás, így megszűnnek ezek a belső küzdelmek, az elfogadás mellett a fő érzelem a megbocsátás. Megbocsátjuk magunknak eddigi életünk bűneit, rossz tetteit, és mindent megteszünk, hogy a jövőben jóvá tegyük azokat. Ezen a rezgésszinten döbbenünk rá igazán, hogy mennyi rosszat tettünk eddigi életünk során. A büszkeség (vagy más Életpusztító) rezgésszinten ezt észre sem vesszük. Tudattalanul pusztítjuk környezetünket, és mindezt úgy, hogy meg vagyunk győződve személyes igazságunkról. Azokon a rezgésszinteken az egonk elpalástolja előlünk rossz cselekedeteink hatásait, és megidealizálja, hogy miért helyes az, amit tettünk. Az elfogadás rezgésszintjén már teljes őszinteséggel érezzük, látjuk, hogy mennyi rosszat cselekedtünk és cselekszünk. Itt már teljes mértékben vállaljuk tetteink következményeit, és mindent megteszünk, ami csak tőlünk telik, hogy jóvá változtassuk azokat. Ha az Emberek 20%-a eljutna erre a rezgésszintre, akkor világbéke lenne a Földön, és a környezetszennyezés olyan mértékűre csökkenne, hogy megállna a Természetpusztulás, és a Természet globálisan regenerálódni kezdene. Mivel megjártam már ezt az utat, tudom, hogy lehetséges! Te is ráléphetsz erre az útra, és célba is érhetsz!

Észszerűség (értéke 400): A fő érzelem ezen a szinten a megértés. Mivel ezen a rezgésszinten el tudunk vonatkoztatni a saját problémáinktól, saját nézőpontjainktól, ezért képesek vagyunk mások teljes megértésére. Hasonló módon következik az is, hogy ezen a rezgésszinten élő Emberek a világ mások által megérthetetlennek tűnő folyamatait is képesek feltárni. Nem véletlenül él ezen a rezgésszinten a legtöbb Nobel-díjas kutató, feltaláló, illetve híres gondolkodók, filozófusok. Az ilyen Emberek életfelfogása a jelentőség. Úgy érzik, hogy képességeiket azért kapták, hogy jelentőségteljes eredményekkel, példamutatással ismertessék meg a helyes utat a társadalommal. Az egyén ezen a szinten a klímaváltozásra és a békétlenségre mint megoldandó problémára tekint, és annyira bízik az emberi tudásban, illetve kreativitásban, hogy a megoldás is előbb-utóbb napvilágra kerül.

Szeretet (értéke 500): Ezen a rezgésszinten az Ember megérti, hogy az önzetlen szeretet mindenen áthatol, az az Univerzum legfőbb ereje. Ez a „megértés" úgy zajlik le az egyénben, hogy mindenhol és mindenben teljes átéléssel érzi a szeretet jelenlétét. Aki eléri ezt a szintet, képes az egész Univerzum „szeretetsugárzását" érezni. Nincs szüksége arra, hogy egyes egyénektől szeretet-visszacsatolásokat kapjon ahhoz, hogy érezze saját szerethetőségét. Ezen a rezgésszinten élt például Teréz anya is (D. R. Hawkins, 2004). Az ilyen Emberek olyan szintű szeretetet sugároznak ki magukból, mely átragad a környezetükre, a közelségükben bennünk is csodálatos érzések indukálódnak. Az egész személyt átitatja a harmónia, amelyet ösztönösen érzel, ha a közelébe kerülsz. Egyre többször jelenik meg náluk az összes élővel való egység érzete. Emiatt az ilyen Ember még a légynek sem tud ártani. Ők végtelenül tisztelnek és szeretnek minden élőt. Bár ettől még nagyon messze van az átlagember, de amikor a távoli jövőben ezen a szinten lesz, az Emberiség teljes világbékében fog élni, és tökéletes harmóniában a Természettel. Nem lesz önzés, agresszió, környezetpusztítás. Ez a könyv azért is jött létre, hogy rádöbbenjünk arra: nemcsak önmagunk, hanem a világ sorsa szempontjából is a lélekfejlődés útja a legfontosabb. Az ilyen Emberek köré hamar követők gyűlnek, akik – amennyiben nyitottak rá – messze viszik a hírét. Bár, mivel a szerénység alapvető jellemző ezen a szinten, meggyőződésem, hogy a társadalomban sok Ember él ezen a rezgésszinten, elvonultan, anélkül, hogy tudatában lennénk annak, micsoda erőt sugároznak, amellyel drasztikusan lassítják a Föld pusztulását. Persze ezen Emberek jó része mindezt önzetlenül és tudattalanul teszi, hiszen nincsenek birtokában az itt leírt kineziológia tudományos felfedezéseinek.

Öröm és béke (értéke 540 és 600): Az öröm rezgésszintjén élő Ember átéli saját maga teljességének érzését. Ami azt jelenti, hogy annyira tökéletesen elfogadta önmagát, hogy nem talál semmi olyat saját magában, ami nem szerethető. Ugyanakkor a belső lelki attitűd itt is kisugárzik. Hiszen az ilyen Ember az Élet teljességét éli meg. A béke rezgésszintje még ehhez képest is egy ugrást jelent, hiszen ott az egyén kívül és belül az Élet tökéletességének csodáját éli meg. Mind az önelfogadás, mind a világ elfogadása tekintetében jut el erre a szintre. Az ezeken a rezgésszinteken levő Emberek több százezer Életpusztító rezgésszinten élő Ember negatív energiáját képesek semlegesíteni. Ha egy városban él egy ilyen Ember, akkor az ott élők békésebbek, anélkül, hogy tudatában lennének, hogy ez azért van, mert a közelben él egy ilyen személy. Ezekben a városokban kevesebb a baleset és a bűncselekmény is. Az öröm rezgésszintjén élő Embert a derű érzése itatja át.

A béke rezgésszintjén levő Ember az áldottság érzésében él. Önmagát és a világot áldottnak éli meg, és ebben a lelki biztonságban megtapasztalt óriási béke a lelke erős alapja. Ezért van az, hogy ezeken a szinteken már nem létezik idegeskedés, nincs stressz, nincs jelen félelem és a lelki fájdalom egyéb formája sem. Életfelfogásuk tekintetében a végtelen jóindulat és az Élet teljességének megélése jellemzi ezeket az Embereket. Ők minden tettüket az Élet szolgálatába állítják, és így nagyon sokat tesznek az Emberiség és a földi Élet megmentéséért. Azonban végtelenül szerények, így a legtöbb esetben erről nem is tudunk.

Megvilágosultság (értéke 700–1000): Eljutottunk a lelki rezgésszintek típusait tárgyaló írássorozat utolsó részéhez és egyben az emberi lét legmagasabb fokához. Ezen a rezgésszinten minden tökéletessé válik. A tudat fénylő csodának látja az Életet és az őt befoglaló világot. A lélek ezen a szinten tökéletesen tiszta, a tudat nem fűz semmihez gondolatot, érzelmet, jelzőt. A színtiszta lét érzésében él, akinek a lelke itt jár. Csak vagy, egy tökéletes rendszer részeként, amelyet Életnek hívunk, és amelyben egységet élsz meg minden mással. Ez egy annyira felemelő és tökéletes érzés, melyre nagyon nehéz szót találni. A béke, az öröm, az önzetlen szeretet együtteséből gyúródó harmónia szinte túlcsordul. Hihetetlenül ritka, több százmillió vagy akár milliárd Ember közül egy tartózkodik tartósan ezen a szinten. Ezen a rezgésszinten maga a létezés válik az Élet értelmévé. A létezés önmaga a cél.

Azok az Emberek, akik a múltban ezen a rezgésszinten éltek, óriási hatást gyakoroltak a világra. Egy ilyen Ember lelki rezgésszintje több millió Ember Életpusztító rezgésszintjét képes kompenzálni, semlegesíteni. Ezen a rezgésszinten hétköznapivá válnak a csodák, hiszen itt már olyan energiaszinten van a lélek, ami logikus gondolkodással lehetetlennek tűnő dolgokra teszi képessé az egyént. Ezen a rezgésszinten éltek a múltban a nagy világvallások alapítói és világmegváltó bölcsek, mint Jézus, Buddha, Krisna, Lao Ce stb. Ők azok, akiknek mondatai fennmaradnak, amíg világ a világ, és hatni fognak az Emberiségre (D. R. Hawkins, 2004). Ha élne kb. 10 000 ilyen Ember jelenleg a Földön, ők az egész Emberiség helyett megoldanák a klímaváltozás és a békétlenség problémáját.

Most, hogy már látod a lelki rezgésszintek fejlődési lépcsőit, számodra is érthetővé vált, hogy melyik úton vezet az evolúciónk. Ma már tudom, hogy az emberi evolúció célja az, hogy lelki tudatosságunkat fejlesszük. Ez az egyetlen út, mely az Emberiséget a világbéke és a Természettel való harmónia világába kalauzolja. Más esetben kipusztulunk, ez csak idő kérdése. Ahogy generációról generációra haladva egyre tudatosabban élünk, az átlagember fokozatosan mind magasabb lelki rezgésszintekre emelkedik, és egyre gyakrabban fognak megvilágosodott Emberek megjelenni a Földön. Mindeközben az Emberiség átlagos lelki rezgésszintje egyre magasabb lesz, csökken a környezetszennyezés, növekszik a világbéke, az egyén átlagos boldogsága. Ha belegondolsz, akkor az őskortól mostanáig is ez történt. Erről szól a következő fejezet.[4]

2.11. Csoportdinamika és néhány következtetés

A lelki rezgésszint egy speciális energiatípus. Ez az energiatípus a testen kívül is érzékelhető. A testtől távolodva ugyan mérséklődik az ereje, de az egyénen és a környezetében lévő más Embereken múlik, hogy milyen messze hat.

Ez az energiatípus alkotta rendszer is úgy működik, mint minden energiarendszer az Univerzumban: egyensúlyi állapotra törekszik. Gondolj bele: a tűz előbb-utóbb elalszik, a szél elcsendesül, minden víz a tenger felé folyik. Ezek mindegyike az egyensúlyi állapotra való törekvés egy-egy természeti megnyilvánulása. Ahhoz,

---

4 Ha szeretnél a lelki rezgésszintekről bővebben olvasni, akkor ajánlom figyelmedbe a 3. számú mellékletet.

hogy megértsd, hogyan működik a lélek rezgésszintjének energiarendszere, először induljunk ki egy egyszerű példából. Csak ketten vagytok egy téren, senki más. A te lelki rezgésszinted 270, míg a barátodé, akivel találkoztál, 30. A téren beszélgettek. Mi lesz a következmény? A két Ember lelki rezgésszintje hat egymásra, és az így kialakult energiarendszer egyensúlyra törekszik. Azaz a beszélgetés kezdetén a te lelki energiaszinted elkezd süllyedni, míg az övé emelkedni. Ha lineáris lenne a kapcsolati függvény, akkor a (270+30)/2=150-es értékig csökkenne a te lelki rezgésszinted, míg az övé is eddig a szintig emelkedne. (A kapcsolati függvény egyébként logaritmikus, de ilyen „durvaságokkal" nem akarok senkit elrémiszteni.) Így maradjunk abban, hogy közelítőleg 150-es értéken áll be az egyensúly (a valóságban ennél jóval magasabban). Ez nem tudatosan történik, ez egy természetesen működő automatizmus abban az esetben, ha a két Ember közül egyik sem tudja ezt befolyásolni. Ők csak a következőket érzik: a 30-as lelki rezgésszinttel érkező, akit bűntudat gyötör, alig él, egyre energikusabbnak érzi magát, és egyre lelkesebben lovalja bele magát a beszélgetésbe. Hiszen a lelki energiaszintje emelkedni kezd a hatásodra. A te lelki energiaszinted viszont elkezd csökkenni, amikor 200 alá esik a szinted először nyugtalanabb, majd távolságtartó leszel, hiszen már a büszkeség lelki rezgésszintjén jársz. Aztán amikor egyszerre éritek el a harag lelki rezgésszintjét (150-es egyensúlyi helyzet), kirobban a két fél között a veszekedés és mind a ketten távoztok a térről. A barátod visszaesik a bűntudat lelki rezgésszintjére, és még nagyobb bűntudata lesz, amiért veszekedést okozott. Önmagát okolja és ezért gyűlöli önmagát. Így még mélyebbre süllyed jelen állapotába, elkönyveli, hogy milyen rossz ez a világ. Így a tévhite önigazolást is nyer. Te, kilépve a veszekedésből, először értetlenül állsz a helyzettel szemben: hogy tudtál egy ilyen butaságon ekkorát veszekedni, mikor te alapvetően egy nagyon békés Ember vagy?! Azt meg végképp nem érted, hogy miért érezted magad úgy, mint akinek kiszippantották az életerejét. Szép lassan visszatér a lelki nyugalmad, és megfogadod, hogy ha legközelebb találkozol ezzel az Emberrel, elnézést kérsz tőle a viselkedésedért, és megpróbálod tisztázni vele a problémátokat. Hiszen a pártatlanság lelki rezgésszintjén vagy, ami már a kellően reális életfelfogás szintje.

Most már biztosan érted, hogy működnek az energiavámpírok, ugye? Ők nem tudatosan szívják el az energiádat, hanem az alacsony lelki rezgésszintjük következménye ez. Mivel ők jobban érzik magukat egy magasabb lelki rezgésszintű Ember mellett, szeretnek ilyenekkel találkozni. Ezzel szemben akinek leesik az energiaszintje, inkább kerülni akarja őket.

Képzeld el, hogy minden Ember lelki energiája így hat a körülötte lévőkre, függetlenül attól, hogy beszélgetnek-e, avagy sem. Ha például két Ember egy zajos buszon vitázni kezd, és bár te nem érted, hogy miről beszélnek, sőt azt sem tudod, hogy vitáznak, mégis elkezd emelkedni benned a feszültség. A lelki rezgésszinted süllyed a harag rezgésszintje felé.

Vannak persze pozitívabb példák is. Velem is többször volt olyan, hogy valakivel beszélgetve lelkesebbnek és kiegyensúlyozottabbnak éreztem magamat. Olyan is előfordult, hogy az előadásaimon minden hallgatót magával ragadott a mondandóm, és szinte észre sem vették az idő múlását. Egyszer egy zen mesterrel meditálhattam együtt, akkor éltem meg eddigi életem legmélyebb meditációs élményét, ami nem véletlen, hiszen az ő magas lelki rezgésszintje engem is olyan magasra emelt, ahol nagyon ritkán jártam eddigi életemben. **Ebben rejlik a csoportos meditáció és a közösségi lét ereje is. A közösségi lét pedig a klímaváltozás megállításának is egy nagyon fontos eszköze!**

Szóval, függetlenül attól, hogy a környezetedben lévő Emberekkel beszélsz-e éppen vagy sem, hatással vannak a lelki rezgésszintedre, és te is az övékre. Az izgalmas az, hogy az extrém magas és az extrém alacsony lelki rezgésszintű Emberek nagyon-nagyon sok egyén lelki energiaszintjét tudják kompenzálni. Ezért tudott Jézus, Buddha vagy Teréz anya annyi Emberre pozitívan hatni, és ugyanezért hatott Hitler vagy Sztálin rengeteg Emberre negatívan. Ezek a szélsőségesen mély vagy magas lelki rezgésszinten lévő személyek több százezer vagy millió Ember lelki energiáját képesek lecsökkenteni vagy emelni. Ez a logaritmikus függvénykapcsolat miatt van. Ha például elérsz egy kb. 350-es lelki rezgésszintet, akkor már kb.

10 000 büszkeség lelki rezgésszintjén lévő egyén negatív energiáját tudod semlegesíteni. Ezért volt túlzottan leegyszerűsített példa az előbb a barátoddal kettesben, a téren történt esemény. Hiszen az egyensúlyi érték valójában nem 150 lesz.

Most jön ennek az egésznek a legérdekesebb része. **Ha lelki rezgésszintedet emeled, azzal tehetsz a legtöbbet saját boldogságodért, illetve a klíma védelméért is. De, ami még érdekesebb, hogy ezzel tehetsz legtöbbet Embertársaidért is.** Hiszen, ha magas a lelki rezgésszinted és egy panelházban laksz, akkor a többi lakó nem tudja, miért érzi magát békésebbnek, amikor hazaérsz. Azt hiszik, hogy az otthon melege, miközben a te lelki energiáid okozzák két emelettel lejjebbről. Így, ha magas a lelki rezgésszinted, akkor akármerre jársz-kelsz, mindenhol emelsz az átlagos lelki rezgésszinten, és ezzel úgy segítesz Embertársaidon, hogy ők azt nem is tudják. Ez így van a családoddal is, hazaérsz és békét, harmóniát hozol magaddal. Szóval hihetetlen, milyen csodálatos hatással lesz saját és szeretteid életére ez az egész. És mindezt önzetlenül teszed. Nem kell tudniuk, hogy ez így van. Egyszerűen csak megtörténik, nap mint nap... Ez az igazi Ember- és klímavédelem... Szóval erre gondolok, amikor azt mondom: **légy boldogabb, emeld a rezgésszintedet és mentsd meg ezzel a világot!**

Gondolom, hogy felmerült benned mostanra a kérdés: hogyan tudom a lelki rezgésszintemet emelni? Sajnos jelen könyv kereteibe ez nem fér bele. De már írom azt a könyvet, ami elvezet téged ezen az úton. Remélem, majd annak megjelenésekor is megtisztelsz a figyelmeddel! Addig is ezzel kapcsolatban több ötletet adhatok neked! Olvasd el David R. Hawkins Erő kontra erő című könyvét. Ugyanakkor jelen könyv 3. mellékletében a lelki rezgésszintek bővebb bemutatását találod.

2.12. Az eddig figyelmen kívül hagyott evolúció

A lelki rezgésszintek nemcsak az egyén szintjén értelmezhetők, ahogy azt eddig tárgyaltuk. Amennyiben a napjainkban élő Emberiség átlagos lelki rezgésszintjét nézzük, megkapjuk, hogy az Emberiség aktuálisan milyen lelki rezgésszinten él. Jelenleg ez az érték egyébként 180–190 körül van, amelyet David R. Hawkins állapított meg. Ami azt jelenti, hogy az Emberiség eddigi történelme legnagyobb változásának küszöbén áll! No de ne ugorjunk előre... Nézzük meg ezt a folyamatot az emberi történelem szemszögéből.

Az őskorban az Emberiség félt a Természet erőitől, hiszen a gondolkodása már megértésre késztette, de tudása még nem volt elegendő ahhoz, hogy eljuthasson a megértésekig. Ez belső félelmet generált a Természet megértésének hiánya miatt, mely lelkünk egyik legmélyebb gyökere. Ezzel válik érthetővé a Biblia gyönyörű motívuma, hogy amikor Ádám és Éva elvette a tudás almáját, kikerült a paradicsomból. Amíg állatként éltünk és csak ösztöneink voltak, addig nem féltünk a Természettől (legfeljebb annak egyes közvetlen hatásaitól), hanem ösztönösen alkalmazkodtunk hozzá, annak részesei voltunk. Az egységélmény az állatok világában alapérzet. Az állandó félelem világába süllyedtünk azzal, hogy az evolúció révén megkaptuk a gondolkodás lehetőségét. Ez nagy ajándék az Élettől, de a mai napig nem tanultuk meg helyesen használni. Szóval akkoriban 100-as lelki rezgésszint környékén lehetett az Emberiség átlaga.

Az ókori fejlett civilizációk elkezdtek kiemelkedni a félelem rezgésszintjéből, sőt az ókori görög demokrácia egyes városállamainak békebeli időszakai valószínűleg kiugróan magasra, a bátorság lelki rezgésszintjére nőttek, melynek értéke 200. Ugyanakkor a híres spártaiak a harag rezgésszintjéig (150) jutottak fejlődésük során. De ez nem jelentette az akkori emberi világ átlagát, az ennél jóval lejjebb lehetett.

A sötét középkor Európájában sajnos erős visszaesés jelentkezett. A keresztény egyház és a vele karöltve működő feudális hatalmak a félelem eszközével tartották sakkban az Emberiséget. Az isteni haragtól és a pokolra jutástól való félelem uralta a világ „fejlett" részét, melynek révén az Emberiség a sötét középkorba zuhant. Nem véletlen, hogy ez volt az az időszak, amikor elpusztítottuk a hozzánk képest kimagasló lelki rezgésszinten élő dél-amerikai kultúrákat. Ezek közül az inkák valahol a bátorság lelki rezgésszintjén élhettek. Békés, Élettámogató világukat a félelem rezgésszintjén élő agresszív európai „kultúra" szó szerint kipusztította. Ezzel hatalmas veszteség érte a világot[5]. Az észak-amerikai indiánok és a japán szamuráj kultúrában élők is magasabb rezgésszinten éltek, mint mi, európaiak, ők a harag szintjén léteztek. Ami bár még Életpusztító, de már jóval magasabb értékű, mint a félelem szintje. A világátlag valahol a 110-es érték környékére süllyedhetett vissza, „hála" a fehér Ember borzalmas tetteinek.

A világ „fejlett" része az ipari forradalom és a felvilágosodás révén a vágyakozás lelki rezgésszintjére lépett (125-ös érték), mely hatalmas motorja volt a tudományos és technikai fejlődésnek. Ugyanakkor az elnyomás és a nyugati „civilizáció" torzítása révén a gyarmatokon a nálunk jóval magasabb rezgésszinten élő keleti (buddhista és egyéb) kultúrák a mi szintünkre kezdtek süllyedni. A világ Életpusztító folyamatait az indián és a keleti kultúrák fékezték, azonban az indián kultúrák teljes elpusztításával és a keleti kultúrák elfertőzésével a világ átlagos lelki rezgésszintjét a saját alacsonyabb, európai lelki rezgésszintünkre húztuk le. Nem véletlen, hogy ösztönösen nem szeretik a fehér embert a világ sok más táján. Sajnos lelki síkról nézve eddig csak rosszat tettünk a világgal. Itt az ideje jóvá tennünk! **Éppen ezért kell a nyugati gazdaságoknak jóval nagyobb felelősséget vállalniuk a klímaváltozás elleni harcban.** A mi szűklátókörűségünk és lelki síkot illetően primitív fejlődési utunk juttatta ide a világot. Nyilván ehhez elég bátorság kell, hogy ezzel szembe merjünk nézni, fel merjük vállalni, és nekiálljunk jóvá tenni tetteink következményeit. Nem véletlenül a bátorság az első Élettámogató lelki rezgésszint...

A 20. század elejére az egész világ a vágyakozás lelki rezgésszintjéről a harag lelki rezgésszintjét vette fel (150-es érték). Az addig még kitartó keleti kultúrák ide süllyedtek, mi európaiak viszont emelkedtünk. Az egyes nemzeteknél annyira eluralkodott a vágyakozás, hogy a nemzeti érdekek már egymásnak

---

5   Persze ott sem volt minden „fenékig tejföl", gondoljunk például az emberáldozatokra.

feszültek. Nem lehetett elkerülni, hogy mindenütt elterjedjen a harag, és végül világszinten robbanjon ki. Akármennyire tűnt ez pusztán egy hatalmas világégésnek, az Emberiség lelki rezgésszintjének fejlődése tekintetében elengedhetetlen lépcső is volt.

A világháborúkban a harag energiái felmorzsolódtak, és az Emberiség nyugati fele az 1960-as évekre a büszkeség lelki rezgésszintjére ért (175). Eközben a nyugati civilizáció teljesen megfertőzte a világ összes többi kultúráját. A kapitalizmus és a tárgyi javaktól való függés globális kulturális berendezkedéssé vált, melynek utolsó nagy gátját, a szocializmust is felemésztette a fejlődés.

Ugyanakkor a nyugati világ a büszkeség lelki rezgésszintre történő emelkedése a világ többi részét a vágyakozás és a harag lelki rezgésszintjére süllyesztette. A szegényebb országokban élő Emberek azért a jólétért sóvárognak, amit a globális médián keresztül látnak. Egyes országokban annyira túlcsordul ez a sóvárgás, hogy háborúk, illetve népvándorlás indult meg, mely folyamatokat ma is tapasztaljuk. És az sem véletlen, hogy az iszlám szélsőségesek a harag rezgésszintjén élve pont az európai civilizációt tartják fő ellenségüknek. Ezt is saját magunknak köszönhetjük, ez is történelmi tetteink következménye, és az Emberiség lelki fejlődési folyamatainak elengedhetetlen állomása.

A világ jelenlegi átlagos lelki rezgésszintje 180–190 körül mozog. Az Emberiség hatalmas fejlődésen ment keresztül, ugyanakkor a mai Emberiség zöme még mindig Életpusztító lelki rezgésszinten él. **A 200-as érték a bátorság szintje. Ez az a küszöb, amelyen átlépve az Emberiség elindul egy soha nem látott mértékű boldogság és világbéke irányába.** Azonban korántsem biztos, hogy átlépjük ezt a küszöböt. A globális klímaváltozás és a hatalmas társadalmi feszültségek – amelyet pont az Emberiség Életpusztító rezgésszintje okoz – lehet, hogy előbb pusztítanak ki minket, mint ahogy erre az ugrásra képesek volnánk. Nagyon vékony az az ösvény, melyen átlépve újabb fejlettségi szintre emelkedhetünk. Ha kipusztulunk, akkor évmilliók múlva lép majd elő olyan faj, amelyik az Élet ezen fejlődési szintjére eljuthat, és talán bölcsebb lesz nálunk. Ha nem pusztulunk ki, akkor mi leszünk azok. Nagy a tétje, hogy rátalálunk-e erre az ösvényre.

A probléma az, hogy a nyugati civilizációs minták elvakították az Emberiséget, és az anyagi javak csillogása elhomályosította a saját lelkével való kapcsolatát. Erre hívta fel a figyelmet a pápa is a klímaváltozás kapcsán írt felhívásával (Ferenc pápa, 2015).

Ezt **a globális vakságot kell megszüntetnünk úgy, hogy a lelkiismeretünket és a lelki fejlődésünket életünk központi részévé tesszük, vagyis inkább újra felfedezzük.** A módja egyszerű. Az egyéntől a közösségekig erre kell felhívni az Emberek figyelmét! A nagy egyházak képviselőinek és a világ spirituális vezetőinek soha nem látott fontosságú feladata az, hogy segítsék ebbe az irányba terelődni az Embereket. Bízom benne, hogy sikerül! **Ez a túlélésünk kulcsa.**

Az előzőekben már utaltam az evolúció új szintjére. Mostanra már jóval komplexebben látod ezt a kérdést, hiszen már rendelkezel a lelki rezgésszintekkel kapcsolatos alapvető tudással. Ha életünk fő céljává a lelki fejlődést tesszük, akkor drasztikusan csökkenni fog a környezetszennyezés mértéke, valamint az Emberek közötti ellenségeskedés, és nő az Emberek átlagos boldogsága. Ha ebbe az irányba fejlődünk, akkor az Ember lesz az első faj a földi evolúció történetében, amelyik képes lesz arra, hogy saját belátásából eredően egyensúlyba kerüljön a Természettel, és ezzel megóvja önmagát a kipusztulástól.

Gondolj bele, kérlek, hogy **ha az Emberiség átlagos lelki rezgésszintje mindössze 10%-ot emelkedik, akkor ezzel megmenekültünk a klímaváltozás félelmetes hatásaitól és a III. világháború kitörési esélye is a 0-hoz fog közelíteni!** Szóval hihetetlenül sokat tehetsz azzal, ha emeled a lelki rezgésszintedet!

Gondolj bele abba is, kérlek, hogy ha 350-es értékre emelkedsz, **akkor akár 10 000, a büszkeség lelki rezgésszintjén élő Ember Életpusztító energiáit leszel képes kompenzálni.** Szóval te **magad egyedül is hatalmasat tehetsz azért,** hogy jobb legyen ez a világ! A jóság ennyire hatalmas erő. Most, hogy ez a tudás a birtokodban van: ugye, mennyire helytelen az a kifogás, hogy én túl gyenge és pici vagyok ahhoz, hogy bármit is tegyek a világért?! Pedig hány Ember szájából hallani ilyeneket, amikor a klímaváltozás elleni harcról van szó!

Ez a fejlődési folyamat tulajdonképpen már az Emberi lét kezdete óta tart (tehát nem is új). A Darwin-féle evolúciós elmélet szuper, csak nem teljes. A fajok egy bizonyos fejlődési szintjénél megjelenik az agyukban a racionális kéreg, ahogy az az Embernél is bekövetkezett. Innen indulva a hagyományos genetikai alapú fejlődés mellett az evolúció iránya kiegészül a lelki fejlődéssel, ami a lelki rezgésszint tudatos vagy tudattalan emelkedését jelenti. Mivel agyunk fejlődése hozta ennek a fejlődési lehetőségét, ez a genetikai alapú evolúcióval is magyarázható.

Ugyanakkor ezzel az elvvel ki kell egészíteni a Darwin-féle evolúciós elméletet, így teljesebbé válik számunkra az összkép. Amit kiemelten fontos itt rögzíteni, hogy ezzel a kiegészítéssel **az Ember** lehet az első faj, amely képes nemcsak saját igényeinek a környezetéhez igazított tudatos mérséklésére, de **le tud szokni a tudattalan fajokra jellemző félelemalapú evolúciós működésről.** Ezzel a félelemalapú társadalmi berendezkedéseink tudatossági alapját mutattam be, ami kiemelten fontos a megoldás szempontjából.

A Darwin-féle evolúciós elmélet másik fontos kiterjesztéséről már több ökológus beszélt, miszerint az evolúció fő motorja nem a versengés, hanem az együttműködés. A már hivatkozott Bruce Lipton is emellett érvel. Ez az ökológia tudományában is egyre inkább teret nyerő szemlélet is visszavezet minket a Természet és az emberi különbözőség tiszteletéhez. **Az együttműködés lehet az egyetlen hosszú távú túlélési és fejlődési stratégia,** melyre jelen könyv megoldásrendszere épül.

A klímaváltozás szempontjából kiemelten fontos, hogy a Földön élő Emberiség átlagos lelki rezgésszintje valahol a 180–190-es érték körül mozog. Ez a lelki rezgésszint még Életpusztító, azaz az Emberiség Életpusztító lelki energiákat bocsát ki magából. Így nem véletlen, hogy soha nem látott környezetpusztulás tapasztalható körülöttünk! Bár közel járunk az Élettámogató lelki rezgésszint küszöbéhez (200-as érték), mégis óriási a környezetpusztítás, melynek oka, hogy hihetetlenül megnőtt az emberi népesség a Földön, továbbá az eszközeink hatékonysága is félelmetes szintet öltött. E két tényező miatt gyorsult fel a környezetpusztítás olyan mértékben, amelyet a dinoszauruszok kipusztulása óta még nem látott az Élet a Földön. Azonban jó hír, hogy egy hajszálra van az Emberiség az Élettámogató lelki rezgésszint határától, melynek értéke 200. Ha az Emberiség mindössze 10–20 pontot ugrana, akkor először lelassulna, majd megállna a környezet további pusztítása és megfordulnának a világon a tendenciák. Ha ezt elérjük, akkor a globális felmelegedés lassul, a természeti területek fogyása mérséklődik, továbbá dominánssá válnak az Élettámogató folyamatok a világban. Ehhez nem kell más, csak annyi, hogy az Emberek jobban fókuszáljanak a lelki fejlődésükre, mint eddig. A lélekfejlesztő–gyógyító módszerek tárháza hihetetlen sokszínű. Ami a legjobb hír, hogy ehhez nem kell pénz, csak szemléletváltás.

A 200-as lelki rezgésszint a bátorság lelki rezgésszintje. Az egyén szintjén a bátorság rezgésszintjére történő kilépés azt jelenti, hogy szembenéz valódi önmagával, szembenéz tetteinek valódi következményeivel és nem menekül el az ego „védelmi vonala" mögé. Az egész Emberiség feladata ez! Szembe kell néznünk önmagunkkal, helytelen életvitelünkkel, helytelen gazdasági és társadalmi rendszereinkkel, és azok káros következményeivel. A bátorság lelki rezgésszintje azt is jelenti, hogy nem csak szembenézünk, de elég bátrak is vagyunk ahhoz, hogy rádöbbenve valódi gyarlóságunkra, hibáinkra, vétkeinkre, nekiálljunk tudatosan jóvá tenni azokat.

A jó hírem az, hogy hihetetlen sok Ember áll a bátorság rezgésszintjének küszöbén! A tartósan a büszkeség rezgésszintjén élő Emberek már jó ideje érzik legbelül, hogy valami nincs rendben. Az életük így nem az igazi. Én már túl vagyok ezen, de pontosan emlékszem, hogy mennyire szenvedtem annak idején, mielőtt átléptem volna ezt a varázslatos határvonalat. Hiába próbálta megmagyarázni az egom, hogy milyen klassz ez így, valahogy mégis kényelmetlenül éreztem magamat, mint a „hal a szatyorban". Izegtem-mozogtam, de valahogy mégsem volt jó. Ez a rengeteg büszkeség lelki rezgésszintjén élő Ember, ha felébred, néhány év leforgása alatt az Emberiség átugorhatja ezt a láthatatlan, de annál markánsabb határvonalat, és a 200-as átlagérték fölé emelkedik. De ez nem jelenti azt, hogy csak azoknak kell lelkileg fejlődniük, akik a büszkeség lelki rezgésszintjén élnek! Hiszen az Emberiség átlagértékéről beszélünk. Aki alacsonyabb vagy magasabb rezgésszinten él, annak is fejlődnie kell, hogy feljebb húzza a világátlagot. **Az egyén morális kötelessége az, hogy saját lelkiismeretét és saját lelki fejlődését tegye élete legfontosabb középpontjává! Ezzel menti meg leghatékonyabban a Földet, és ezzel növeli legnagyobb mértékben a személyes boldogságát is!**

2.13. Racionalitás kontra szívkoherens objektivitás – avagy a túlzott racionális szemlélet

Már többször utaltam rá, hogy a világ megváltoztatásához új gondolkodási mechanizmusokra van szükségünk, vagy elfeledett gondolkodási mintákat szükséges újraélesztenünk. Napjainkban a személyes boldogság egyik legnagyobb akadálya a túlzó materiális szemlélet. Már csak az létezik a világban, amit racionálisan bizonyítani tudunk. Ezt hitetjük el önmagunkkal és Embertársainkkal is. A szeretet, az intuíció, a megérzések például elég nehezen magyarázhatók racionálisan, mégis léteznek, bár igaz, ma már a tudomány is elég jól le tudja ezeket is írni. Mióta tudjuk, hogy az anyag is energia és négynél jóval több dimenzió létezik, egyre jobban egy irányba mutat a tudomány és a racionalitás. Sőt, egyre több olyan terület van, amelynél már össze is kapcsolódott a tudomány és a spiritualitás. Hihetetlenül izgalmas tudományos felfedezéseket olvashatunk szinte minden nap az intuíció, az érzelmek, a meditáció vagy a halál utáni Élet kérdéseiről. Egyszóval egy nagyon gyorsan változó világban élünk, ahol sorra dőlnek le a régi túlracionalizált falak. A változás elkezdődött. **A jövő társadalmában a racionalitás és a lelkiség kéz a kézben járó gondolkodási mechanizmusok lesznek, és az Ember mindig képes lesz aktiválni a megfelelőt.**

Az Ember alapvetően úgy gondolkodik, hogy csak akkor hisz valaminek a létezésében, ha tapasztalta, vagy ha olyan Embertől hallotta, akinek az elmondása számára hiteles. Fontos, hogy szűklátókörűségünk mögül kibújva **elhiggyük: nem csak az létezik, amit mi megtapasztaltunk.** Attól, hogy nem tapasztaltam személyesen valamit, még korántsem biztos, hogy az nem létezik! Tudom, hogy ez a hozzáállás sokkal nehezebb, hiszen ellentmond az agyunk ösztönös biztonságra törekvési elvének. Ez a komfortzónánkból való kilépést jelenti. De lássuk be, a boldogság a legtöbb Embernél pont a komfortzónáján kívül van! Mennyivel könnyebb úgy élni, hogy csökönyösen ragaszkodunk ahhoz, hogy csak az létezik, amit már megtapasztaltunk!? Ez a szűklátókörűség is a mélyen bennünk élő félelmünkből táplálkozik. De gondolj bele, kérlek, hogy az Univerzum kiterjedéséhez képest milyen parányi a személyes tapasztalataink, ismereteink mértéke.

De térjünk vissza a materiális szemléletre. Ennek a legnagyobb hátránya az, hogy a nevelésben és az oktatásban teljesen elfordultunk a lelki kérdésektől. A ma Embere, bár sokkal többet tud a világ fizikai tényeiről, mint eddig előtte bármely generáció, mégis az érzelmi-lelki ismeret terén még sosem volt ennyire vak. Racionális gondolkodásunkba görcsösen kapaszkodva próbálunk megoldást keresni a lelki problémáinkra, melyből kapcsolati válságok, rengeteg válás, társadalmi feszültségek és a tömeges szeretethiányos gyerekek jelenléte jelzi, hogy valami nem stimmel. Pedig már te is érted, hogy **ez a legnagyobb környezetszennyezés.** A racionális gondolkodás és a lelkünk között gyakori a belső feszültség. Ne is beszéljünk arról, hogy lelki szinten még sosem volt ennyire magányos az Emberiség, mint a napjainkban. A racionális gondolkodásba vetett feltétel nélküli hit egyszerűen mindazokra vakká tesz minket, amiket egyszerűen meg lehetne oldani a megérzéseink, az érzelmeink, a lelkünk szintjén.

Mérnökként engem a racionális gondolkodás teljes fennhatóságára tanítottak az egyetemen, így mindennapjaimban nagy tisztelője és művelője vagyok a racionális gondolkodásnak és a materiális szemléletnek. Ezekre épül az egész szakmám, és ez itatja át a műszaki fejlődés minden ágát. Szóval fontos megértened, hogy nem ez ellen beszélek! Arra kérlek, hogy **találd meg az egyensúlyt a racionalitás és a lelkiség között!** Nyílj ki az irracionális világ felé, mert az a racionális világnál jóval hatalmasabb. Mára már pontosan látom, hogy a racionalitás csak mennyire szűk és részleges képességekre ad módot, és azt is pontosan látom, hogy **a racionális és materiális szemlélet kizárólagosságával nem lehet megtalálni a boldogságot!**

Amikor a lelkiség és a racionalitás egyensúlyt talál bennünk, az egy sokkal érdekesebb életforma, mint ha valaki túlzottan racionális vagy túlzottan spirituális. Ez a szívkoherens objektivitás világa. Ezzel kapcsolatos élményeimet fogom most leírni neked, hátha ezzel is segítek új, hatékonyabb gondolkodási minták felé fordulni.

Hosszú évtizedeken át a túlzott racionalitás világában éltem, ami az egyik oka volt annak, hogy alacsony lelki rezgésszinteken próbáltam jobbá tenni az életemet. A lelki rezgésszint-emelkedés hatására sok izgalmas kapu nyílt meg előttem. Az egyik ilyen áttörő élményem az volt, amikor egy reggel ránéztem egy rokkant Emberre, és gyönyörűnek láttam őt. Azelőtt csak a test racionális megnyilvánulását voltam képes látni és mindenkit könyörtelenül megítéltem a külsője alapján. Kritikus voltam az Emberekkel és persze önmagammal is. Kb. 45 éves koromig szinte teljesen e nélkül éltem az életemet. Félelmetes, hogy milyen vak és beszűkült voltam. Az még aggasztóbb, hogy pont az ellentétjét gondoltam magamról. Hittem és tudtam, hogy objektív vagyok.

Azóta mindennap látom a racionális világ korlátosságát. Hihetetlen, nap mint nap milyen szűk látókörű módon döntenek az Emberek, azzal a meggyőződéssel és önhittséggel, hogy a lehető leghelyesebb döntéseket hozzák. Miközben valójában vakon és önként szaladnak bele a boldogtalanságukba. Azt is végignéztem az elmúlt hónapokban, hogy a racionalitás világa mennyire képtelen megmenteni egy rákos beteg Ember életét. Mennyire gyenge ez a világ, menyire béna, ha nem matematikailag egzakt módon leírható dolgokról van szó. Pedig a rák nem más, mint a lelkünkben felhalmozódó szégyen, bűntudat, szeretet- és önelfogadáshiány, ami a sok év alatt annyi negatív energiát sugárzott, hogy a test egyes szervei önpusztító hadjáratba kezdenek. A sejtek feladják annak hitét, hogy egy egységet képeznek a testtel, és elkülönülnek. Ugyanaz történik a rákos testben, mint a mai társadalomban. Nem véletlen a párhuzam. Az elkülönülés, a polarizáció okozza a szétesés felé vezető út egyre szélesebbé válását. Az egyik nap elnéztem az utcán egy anorexiás lányt, aki előttem sétált. Elképesztő volt beleélni magamat a lelkébe. Ő annyira nem tudja magát elfogadni, hogy ennyire csontsoványra zsugorítja, fogyasztja el a testét. Így vagy úgy lélekben szép lassan felemészti az önelfogadáshiány. A rák ugyanilyen, csak még az anorexiánál is alattomosabb. Mert a sok év alatt elfojtott érzelmek gyakran már olyan mélyen vannak, hogy a beteg Ember már nincs is tudatában ezeknek. Nem mer, nem tud már benézni oda, ami az önvédelemből kialakított vastag páncél alatt van a lelkében. De az ok ugyanaz: szeretethiány, önelfogadáshiány, az egység érzésének teljes hiánya.

Amikor végignézek egy mosolygós, kedves és nagyon kövér Emberen, hasonlót látok. Neki annyira érzékeny a lelke, hogy a teste szó szerint vastag réteget növeszt, hogy megvédje magát. A lelki fájdalom elleni önvédelem az állandó mosolygás is. A test nemcsak elfogyni képes az önelfogadás hiánya miatt, hanem megtöbbszörözni is a tömegét. A testi tágulás és a zsugorodás okai, gyökerei azonosak. De hogy kapcsolódik ez a száraz, rideg racionalitás világához? Mielőtt továbblépünk ebben az írásban, kérlek, gondolj bele, hogy életedben hányszor esett nehezedre az eszedre hallgatni, hányszor kellett szó szerint megerőszakolnod a lelkedet, hogy az eszedre hallgass? Ugye, milyen nehéz volt?

Szeretném egy példával érzékeltetni számodra a száraz racionalitás gyenge pontját. Az 1970-es években, a környezetvédelem hajnalán sokat vizsgálták az erősáramú kábelek körül kialakuló elektrosztatikus tér Természetre gyakorolt hatásait. Akkoriban már kezdtek rádöbbenni, hogy számos rákos megbetegedés és egyéb súlyos elváltozás okozója is lehet az ilyen tartós terhelés. Többek között ma már ezért alakítanak ki az ilyen kábelek körül megfelelő védőtávolságokat. Akkoriban egy híres amerikai egyetem a növényekre gyakorolt hatást vizsgálta, és megfigyelték, hogy a kukorica, a búza és egyéb haszonnövények jobban nőnek az erősáramú légkábelek alatt, mint máshol. Így hát levonták azt a logikus következtetést, hogy a növényekre nemhogy károsan hatnak az ilyen elektromosáram keltette mezők, hanem még stimulálják is őket. Ezt a tudományosan elfogadott és széles körben publikált „nagy" eredményt egyszer elolvasta egy parasztember, és jóízűt nevetett rajta. Hiszen a kukorica és a búza azért nő jobban a kábelek alatt, mert a rászálló madarak ott sok ürüléket pottyantanak, így ott jobban van trágyázva a talaj. Szóval a tudományos tézis hamar megbukott.

Mi a következtetés ebből a példából? A racionalitás vaksága abban rejlik, hogy a rendelkezésünkre álló információk alapján kikövetkeztetjük a leglogikusabbnak tűnő megállapítást. Ha a rendelkezésünkre álló információk alapján valami logikus, akkor annak igaznak is kell lennie. Ebben hiszünk, ezért így építjük fel az egész társadalmi rendszerünket, erről teljesen meg is vagyunk győződve. Hányszor estünk már pofára a saját életünkben azért, mert bizonyos információk hiányában helytelen következtetéseket vontunk le?

De ki képes minden információ birtokában lenni? Egyáltalán mennyit ismerünk a világból? Megfordítva is feltehetném a kérdést: mennyi mindent nem tudunk, és mennyi mindent nem ismerünk? Szóval a tisztán racionális döntések nagy hányada csak téves lehet!

Tudom, hogy most mit gondolsz! Azt, hogy ez butaság. Pedig gondolj bele, kérlek! Csak ott lehet helyes a racionális döntés, ahol az összes tényező racionális és ismert. Például egy autó fejlesztése ilyen. Ugyanakkor a racionálisan felépített társadalmunk és a racionalitásra épülő tudomány eredménye az, hogy egy hihetetlen tempóban pusztuló világban élünk. Ebben a „csodás" racionális világban még sosem élt annyi boldogtalan Ember, mint most. Ha olyan szuper lenne ez a mindenható racionalitás, akkor biztos idejutottunk volna? Hogy lehet, hogy a hihetetlen profin felépített racionális világunk ezekre a komoly problémákra nem ad megoldást? Hogy lehet, hogy ez a Szent Grálnak tekintett racionalitás ezt az egészet nem jelezte előre? A racionalitás révén egyre nő a kényelmünk, a technikai színvonalunk, de ezért óriási árat fizetünk: a világ elpusztítását és boldogtalanságunk fokozódását. Amikor elkezdtem szívvel látni, akkor döbbentem rá, hogy mennyire más így élni. Azóta számtalanszor felismertem, hogy tisztán racionális döntéseim mennyire ügyetlenek és mennyire szűk látókörűek. Az Ember hihetetlenül beszűkül a racionalitásba vetett hite által. Ennek az az oka, hogy amikor teljesen racionálissá válunk, elzárjuk magunkat a szívünktől és az Univerzumtól egyaránt[6]. Magyarul a megérzéseink, az elménk bölcsessége, a kreativitásunk és az érzelmeink mind háttérbe szorulnak, elfojtjuk őket és így szinte teljesen csőlátókká válunk. Meg vagyunk győződve arról, hogy helyesen döntünk. Pedig valójában szinte csak a szerencsénken múlik, hogy jól döntöttünk-e... Ha színtiszta racionális kérdésről van szó, mint például egy matematikai egyenlet megoldása, továbbá az egyenlet megoldásához szükséges összes tudás és alapinformáció hiánytalan birtokában vagyunk, akkor a száraz racionalitásunk sikerre visz minket. Sőt ilyen esetekben a helyes döntés, hogy ebben bízunk. De ha egy Ember testi-lelki egészsége vagy emberi kapcsolataink a tét, akkor már a szerencse kérdése, hogy a száraz racionalitás jó irányba visz-e minket. Egy ilyen komplex és matematikailag le nem írható problémacsoportnál mennyi az esélyed arra, hogy minden információ és tudás birtokában vagy a helyes döntéshez?

De mi a megoldás? Egy fordított látásmód mindent a helyére tesz! Ha megnyílik a szívünk, akkor a szív átveszi a racionális gondolkodás irányítását. Ez nem jelenti azt, hogy onnan kezdve nem gondolkodunk racionálisan, sőt! Ez azt jelenti, hogy az érzelmeink, intuícióink, kreativitásunk megnyílnak és a gondolkodásunk részévé válnak. Racionális gondolkodásunk kitágul, sokkal objektívebbé válunk. Ezt nevezem szívkoherens objektivitásnak. Ez viszont nem jelenti azt, hogy az érzelmeink, amikor a gondolkodásunk felett uralkodni kezdenek, az lenne a helyes. Azzal átesnénk a ló túloldalára.

---

6   Az Univerzum szó helyére Isten, Mindenható vagy bármely más hitrendszeredhez illeszkedő kifejezés tehető.

Nem véletlen, hogy az észszerűség lelki rezgésszintje a 400-as értéken rezeg, ahol a valódi objektivitás lakozik. Ez messze van a száraz racionalitás világától. Ez a lelki rezgésszint az elfogadás rezgésszintje felett és a szeretet rezgésszintje alatt van. Itt már nyitott a szív, és támogatja a gondolkodást. Einstein is ezen a lelki rezgésszinten élt. Ha elolvasod azokat az írásait, amelyek nem a fizikáról szólnak, akkor hamar kiderül a számodra, hogy egy végtelenül emberszerető és nyíltszívű egyén volt. A legtöbb Nobel-díjas kutatóból sugárzó Élettisztelet is ezt jelzi, erre utal.

A tisztán racionális Ember szűk látómezejéből a szív segítségével lehet eljutni a valódi objektivitás szintjére. Tudom, hogy ez meglepő egy racionális Ember számára, ugyanakkor egy szívből élő Ember nem érti, hogy erről miért kell egyáltalán írni. Számára ez annyira egyértelmű. De mióta ezt napról napra megélem, megdöbbentően letisztult előttem a világ. Még megdöbbentőbb élmény a környezetemben a sok téves, tisztán a racionálisan hozott emberi döntés pusztító és boldogtalanságot generáló végtelen sorozatát látni. Az Emberek naponta teszik tönkre a saját és környezetük életét azzal, hogy nem hagyják, hogy a szívük beleszóljon a döntéseikbe. Sajnos én is gyakran visszaesem a régi „üzemmódba". De a változás elindult bennem, és csodálatos így élni...

Ha azok a kutatók, akik azt a bizonyos tézist felállították, miszerint az elektromos mező stimulálja a növényeket, szívvel is láttak volna, akkor nem merték volna publikálni az eredményeiket. Érezték volna, hogy valami nem helyes. Ez tovább lendítette volna a gondolkodásukat, és a kreativitásuk elvitte volna őket a madártárgya rejtélyéig. Ehelyett a száraz, beszűkült racionalitásukkal számolták ki az eredményüket. Ez a különbség a száraz racionalitás és a szívkoherens objektivitás között.

Nem állítom azt, hogy mind hibásak a tisztán racionális döntések! Azt állítom, hogy a tisztán racionális döntések helyessége gyakran puszta szerencse kérdése. Nyilván vannak olyan területek, ahol nem tudnak tévedni a tisztán racionális döntések. Egy meg egy az kettő, vagy egy régóta bevált mérnöki eljárás újbóli alkalmazása is általában helyes racionális döntés. De az Élet által elénk táruló döntések legnagyobb része nem fizikai, matematikai vagy műszaki kérdés. Életünk döntéseinek több mint a felét nem lehet tisztán racionális alapon meghozni. Ezekhez kell a lelkünk, a szívünk, a kreativitásunk, a megérzéseink, a lelkiismeretünk, a bölcsességünk, és aki nem vágta el magát az Univerzumtól, annak az onnan érkező sugallatok is. Ezektől nyílik ki az érzékelés, és lesz tágabb a világ. Ezektől lesz a döntésünk helyesebb, mint a szimpla racionalitás által meghozott döntéseink.

Ha a racionalitás akkora bajnok lenne, akkor nem juttattuk volna el a Földet a kipusztulás határára. Gondolj bele, kérlek, hogy ha buddhista spirituális vezetők irányítanák a társadalmat, annak a hitrendszernek a szabályai szerint, akkor mennyivel több egészséges lélek és mennyivel több természetes környezet lenne most a Földön! Ők nem értik, hogy mi hogyan lehetünk ilyen vakok, buták, beszűkültek. Mi meg nem értjük, hogy ők miről beszélnek. Túlracionalizált gőgünk mögül azt gondoljuk, hogy elment az eszük. Én megértettem, hogy ők miről beszélnek! Ehhez nem kell buddhistának lenni. Ugyanakkor azt is látom, hogy mi miért élünk így, ahogy. De rossz hírem van! Rosszul, helytelenül élünk! Rosszul, helytelenül gondolkodunk! Ha nem hiszed, kérlek, nézz körül a környezetedben! Mennyi egészséges lelkű Embert ismersz? Mennyi egészséges ökoszisztéma létezik a környezetedben? A Föld élővilágának legnagyobb hányada beteg és szenved! És mi még mindig a racionális gondolatainkba kapaszkodva tudjuk-hisszük, hogy helyes, amerre haladunk, és építjük tovább ezt a rossz alapokon növekvő társadalmi-rendszert.

Amikor a szívünk lágyan, szolidan irányt ad a gondolkodásunknak, akkor **a lélek és az agy párhuzamba állnak és megszületik a valódi objektivitás, a bölcsességgel átitatott gondolkodás.** Ekkor megszűnik a boldogtalanság, az Élet pusztítása. Itt az idő felébrednie az Emberiségnek, és rájönnie, hogy a téves ösvény után irányt kell váltani! A száraz és tiszta racionalitás hitrendszere helyett újra a lelki fejlődést kell életünk legfontosabb céljává tennünk. **Lelki rezgésszintünk tudatos emelésével egyre közelebb kerülünk a szívkoherens**

objektivitásvilághoz, ezzel párhuzamosan, fokozatosan nő a boldogságunk és csökken a környezetünk pusztítása. Ha így teszel, ígérem, hogy évről évre egyre boldogabb és egészségesebb leszel! Ami még fontosabb, hogy egyre inkább gyógyítóan fogsz hatni a körülötted élőkre is! Ugye, megéri a fáradságot és a kitartást?

2.14. Mi a boldogság? Lehet-e a boldogságot tudatosan keresni?

Ezek a kérdések igazán mélyenszántók, és minden Embert érdekel a válasz. Ugyanakkor már tudjuk, hogy a személyes boldogságkeresésünk sikere az egyik leghatékonyabb klíma- és környezetvédelem is. Azonban napjainkban eltorzult a boldogságkép, ezért itt és most fontos helyre tennünk ezt a kérdést, hogy a könyv további részében ugyanazt értsük boldogság alatt. Hiszen a nyugati civilizáció termékeként divatossá vált boldogságkép Életpusztító.

Először térjünk rá a második kérdésre: lehet-e tudatosan keresni a boldogságot? A válasz egyértelműen igen. A lelki rezgésszintekről szóló fejezetekből már láttad, hogy különböző lelki rezgésszinteken mások a vágyott dolgok. Minél magasabb lelki rezgésszintre kerülünk, annál kevésbé ön- és környezetpusztító, és annál inkább ön- és környezettámogató dolgok a vágyott célok. Amikor még mély lelki szinteken voltam, elég sok önpusztító tevékenységet folytattam, ami persze a környezetemre is károsan hatott. Legfőképpen idetartoznak az addikciók, a játszmák[7]. (Alacsony lelki rezgésszinten például vágyott alkoholistának, evésfüggőnek, extrém sportolónak vagy pornófüggőnek lenni, és a felsorolást még nagyon sokáig lehetne folytatni.) Alacsony lelki rezgésszinten vágyott lehet a végtelen nagy hatalom, a pénz iránt sóvárogni, vagy bezárni magunkat az önzés börtönébe. Alacsonyabb lelki rezgésszinten dívik a hedonizmus. Magasabb lelki rezgésszinteken árad belőlünk a vágy, hogy segítsünk másokon, a környezetünkön, vagy hogy

---

7   A játszmákkal kapcsolatban ajánlom neked a 2. számú mellékletet, illetve *Eric Berne Játszmák című* könyvét.

szeressük önmagunkat.

Csupa olyan tevékenységet szeretnénk csinálni, ami épít minket vagy a környezetünket, és egyre inkább zavar, ha Életpusztító dolgokat csinálunk vagy látunk. A kérdésre így már talán számodra is egyértelművé válik a válasz. **Nem a boldogságot kell tudatosan keresni, hanem a lelked rezgésszintjének emelkedését! Ez hozza az egyre tartósabb boldogságot.** Emiatt mondják a spirituális vezetők, hogy a boldogság nem a tárgyak és a szolgáltatások hajszolásából, hanem belülről fakad.

Hogy ezt hogyan teheted meg, sajnos nem fért bele ennek a könyvnek a terjedelmébe. De a következő kötet erről fog szólni. Annyi azonban egyértelmű, hogy ehhez kell a folyamatos lelki önfejlesztés! Ez ugyanolyan fontos, mint hogy testünket mindennap tartsuk karban, vagy hogy folyamatosan fejlesszük a tudásunkat. Ha nem jártunk volna iskolába, akkor „tuskók" lennénk, szebb szóval agyilag kimunkálatlanok. Ha mindennap nem edzenénk a testünket, akkor alkattól függően vagy soványak lennénk vagy elhízottak. Ha nem fejlesztjük a lelkünket mindennap, akkor egy adott lelki rezgésszinten maradunk, és így konzerváljuk a boldogsághoz és a világhoz való viszonyunkat is. Ezért nem értik sokan, hogy folyamatosan keresik a boldogságot, de miért nem találják meg tartósan?!

Most már rátérhetünk a fejezet címében lévő első kérdésre: mi a boldogság? A boldogság tehát a különböző lelki rezgésszintenként eltérő. Ezáltal mindenkinek mást jelent. Egy biztos: **a boldogságról alkotott képed folyamatosan változik, ahogy lelkileg fejlődsz** (vagy visszafejlődsz). Például míg önpusztítóbb lelki rezgésszinten éltem, mindig kellett valami pörgés, zizegés az életemben, és időnként vágytam arra, hogy csináljak valamit, ami rossz, vagy ami nem helyes, valamit, ami „polgárpukkasztó". Akkor ezek okoztak örömet. Ma a belső béke okoz örömet, és ha önzetlen lehetek. A boldogságról alkotott képem változott meg, ahogy a lelki rezgésszintem emelkedett. Amit régen a boldogságról gondoltam, nem volt helyes, pedig akkor meg voltam győződve róla, hogy jól gondolom. Nyilván azon a rezgésszinten ez úgy volt jó. Az akkori cselekedeteim sok szenvedést és közvetve sok környezetpusztítást okoztak, melyekből tanulva egyre magasabb szintre léptem. Ma már hálás vagyok ezekért a szenvedésekért, mert ezek késztettek a változtatásra.

És végül egy gondolat: a boldogság vajon egyenlő-e a boldogságérzéssel? Erre egyértelműen nem a válaszom. Az addikciók (pl. vásárlásfüggés) rövid távú boldogságérzést hoznak, azonban utána megmarad lelkünk tátongó üressége, mely elől újabb és újabb rövid távú boldogságérzés-hajszolásba megyünk bele. Ez egy tudattalan lét, mely lelkileg egyre mélyebbre és egyre boldogtalanabb Élet felé visz minket. Erre (is) van az a mondás, hogy „a pokolba vezető út mindig jó szándékkal van kikövezve". Tudattalanul és jó szándékkal hajszoljuk ezeket az örömérzésmorzsákat. A boldogság akkor egyenlő a boldogságérzéssel, ha az nem csak rövid távú, nincs utána üresség, hanem lelkünket építő eredménye van... Az ilyen boldogság az, ami az életedet Élettámogatóvá teszi, és ami által ösztönösen rengeteget fogsz tenni az Emberiség közös jövőjéért! Nem mellesleg csodaként fogod megélni minden átlagos napodat! Szóval, kérlek, lépj be a világmegmentők csapatába azzal, hogy a lelked fejlesztésére fordítod energiáid egy részét! Jelen sorokkal eljutottunk a könyv azon részére, mely az összes fontos olyan alapfogalmat és elvi kérdést tárgyalta, mely ahhoz kellett, hogy egy nyelvet beszéljünk.

Bár az eddigiekben is voltak már a klímaváltozás megoldására utaló következtetések, de a következő fejezetekben már célirányosan a megoldásrendszer ismertetésére fókuszál a könyv.

3. FEJEZET

A megoldás: a változás 6 Programja

A klímaváltozást az Emberiség eddigi történelme legnagyobb kihívásának tartom. Ez egy olyan kihívás, melybe vagy belepusztul az Emberiség, vagy egy hosszú, békés, fejlett jövőbe emel minket. Én az utóbbiban hiszek! Mindenki a politikusoktól, a tudósoktól és az államtól várja a megoldást. Pedig ha eddig eljutottál ebben a könyvben, akkor már te is tisztán látod, hogy a klímaváltozást kb. 8 milliárd egyén apró döntései okozzák, és így 8 milliárd egyén picinynek tűnő hozzáadott tevékenységével lehet megszüntetni azt! Mostanra már az is egyértelművé vált a számodra, hogy a klímaváltozás elleni harc kéz a kézben jár az Emberiség átlagos boldogságának növekedésével. Ugyanakkor nem ez az egyetlen feladatunk!

A klímaváltozás okai az egész társadalomban keresendők, emiatt a probléma komplex és sokrétű. Ennek az összetett problémának a megoldására kialakítottam egy egyszerű szabályrendszert, amelyet a Változás 6 Programjának neveztem el. A 6 Program segítségével az Emberiség eléri a karbonsemleges állapotot! Azonban ezáltal nemcsak karbonmérlegünk lesz semleges, hanem minden más téren harmóniába kerülünk a Természettel. Ezen túlmenően az egyén szintjén az Emberek jó része nagyobb harmóniába kerül önmagával és Embertársaival is, mint eddig valaha a történelem során. **Itt állunk az évezredek óta vágyott világbéke küszöbén.**

Az Emberiség tevékenységének karbonsemlegességét, és ezzel egyidejűleg a Természettel, illetve a társaival való harmóniáját az alábbi 6 programmal lehet elérni:

- a Változás Első Programja: Revitalizációs Program
- a Változás Második Programja: Agglomerációs Program
- a Változás Harmadik Programja: Népesség Program
- a Változás Negyedik Programja: Boldogság Program
- a Változás Ötödik Programja: Társadalom Program

- a Változás Hatodik Programja: Gazdasági Program

Minden egyes program körülbelül azonos mértékben javítja az Emberiség kapcsolatát a Természettel, egymással és önmagával. Természetesen ez nem pontos számítási eredmény, hanem egy egyszerű, nagyságrendi, „mérnöki" becslésnek megfelelő elképzelés, ami érzékelteti a programok jelentőségét. A Változás 6 Programja tulajdonképpen arra hívja fel a figyelmet, hogy melyik az a 6 fő terület, ahol átalakulások szükségesek, és meg is adja a szükséges átalakulások helyes irányait, megoldási módjait. Természetesen ahogy a könyv elején írtam, ez csak egy keretrendszer, aminek az az előnye, hogy bármely országban, régióban jól adaptálható a helyi környezeti, kulturális és társadalmi berendezkedéshez. A rendszerben az a nagyszerű, hogy alulról jövő kezdeményezésként teljesen demokratikusan felépíthető, de politikai irányítás mellett is megvalósítható. A rendszer másik előnye, hogy a hatalom és a vagyon jelenlegi birtokosai számára is ad átállási lehetőséget. Ez azért fontos, mert ha ez nem lenne így, akkor csak forradalommal lehetne elindítani a változást.

Az egyén szerepére részleteiben egy külön, önálló fejezetben fogok kitérni a 6 Program ismertetése után, ahol azt fogjuk elemezni, hogy te mindezért mit tehetsz a saját életedben, és számos gyakorlati praktikát is a kezedbe adok. Egyébként készül egy külön anyag is a gyakorlati lehetőségekről, illetve ezzel kapcsolatban folyamatosan bővülő információkat találsz a blogunkon és a weboldalunkon.

Fontos kiemelni, hogy a Változás 6 Programja egymás utáni tárgyalása csak a könnyebb megértést segíti. A valóságban a 6 Programot párhuzamosan kell megvalósítani, mert egymást segítik, erősítik.

Jó érzés belegondolni, hogy ezeknek a programoknak bizonyos csírái, kezdeményezései szinte ösztönösen már megjelentek a társadalomban. Ez jól mutatja, hogy a tendenciák szintjén gondolkozva elindult a változás, csak nagyon az elején járunk még, ezért a legtöbbünknek ez még nem tűnt fel. Akkor fogjunk is bele! Kérlek, tarts velem ezen az izgalmas úton, és ismerd meg az Emberiséget megmentő 6 Programot...

4. FEJEZET

A változás első programja: Revitalizációs Program

4.1. Tényleg az egész Föld az Emberé?

Az egyik fő klímavédelmi probléma az emberi hozzáállásban rejlik. **Az Emberiség azt hiszi, hogy a Föld az övé.** Nézd meg a műholdfelvételeket! Minden fel van parcellázva. Minden területet valamely Ember, állam, államközösség vagy szervezet birtokol. De a Föld csak részben lehet a miénk! Hiszen ha a Természetnek nem adunk megfelelő mértékű szabadságot, akkor vele együtt önmagunkat is kipusztítjuk.

Ez olyasmi nagyban, mint a középkorban kisebb léptékben volt a jó király és a rossz király esete. A rossz királyok a fényűzésük érdekében a végletekig kiszipolyozták a jobbágyságot és a kisnemességet. Ennek következtében legyengült az ország. A történelemben ezeknek a történeteknek a vége vagy forradalom lett, és a királyt elűzték vagy a gyenge országot idegen hatalom foglalta el. A jó királyok is raktak terheket a jobbágyságra és egyéb alattvalóikra, de a keménykezű irányítás sosem volt több, mint amennyit a rendszer elbírt. Ezeket a királyokat igazságosságuk miatt általában szerették. Az igazságosság és az egyenes, de szigorú szabályok voltak az erős királyságok alapjai. Az Emberek a Föld királyai lettek. Hatalmunk a Föld felett szinte korlátlan, de ha így folytatjuk, ez csak átmeneti lehet. Azonban ha ez úgy elvakít minket, ahogyan eddig történt, akkor rossz királyok vagyunk. Elgyengítjük azt, ami eltart minket, melynek következménye egy olyan „forradalom" lesz, amely végleg eltörli az Embert a Föld színéről. Ez a „forradalom" már elkezdődött, melynek jeleiről nap mint nap hallhatsz a hírekben és jelen könyv elején is olvashattál.

A jó király-elv megvalósítását a Revitalizációs Program adja, ahol annyi szabad életteret adunk a Természetnek, amennyi ahhoz kell, hogy az stabilan eltartson minket. Tehát nem uralkodhatunk korlátlanul a Föld felett, és nem birtokolhatjuk azt kedvünkre! **Korlátot kell szabni a hatalomvágyunknak és a telhetetlenségünknek!**

4.2. A természetes területek védelme

David Attenborough „Élet a Földön" című klímaváltozással kapcsolatos filmjében[1] egyértelműen utal arra, hogy a klímaváltozás annál nagyobb mértékű, minél jobban csökken a természetes területek aránya a Földön, és minél inkább mérséklődik a biodiverzitás. Ami egyértelmű, hiszen az elpusztult biomassza bomlásából előbb-utóbb szén-dioxid kerül ki a légkörbe. A film azt is gyönyörűen bemutatja, hogy az 1950-es évek óta elpusztítottuk a természetes ökoszisztémák közel 2/3-át. A kutatási modellek azt is igazolták, hogy ha életvitelünk a jelenlegi tendenciák szerint folytatódik és a lakosság is ilyen tempóban nő, akkor 2050-re 15% köré csökken a szárazföldi természetes területek aránya a Földön. Nyilván már a jelenlegi pusztítás mértéke is azt sejteti, hogy a Föld ökológiai rendszerei a végső összeomlás küszöbén állnak. De az biztos, hogy 2050-ben ez már visszafordíthatatlan lesz, ha nem teszünk valamit azonnal!

Emiatt a jövőben az értékes természeti területeket nem csak a ritka fajok vagy egyéb különleges életterek megítélése szempontjából kell védettnek minősíteni, hanem minden olyan területet, amely globális, kontinentális vagy regionális szinten a klímarendszerben vagy a biodiverzitás megőrzésében szereppel bír, meg kell óvni! Ez a definíció a mai helyzetben egyet jelent. **Minden olyan területet, amely még természetközeli állapotban maradt, azonnal meg kell védeni!**

---

1   A könyv végén számos filmet ajánlok neked egy külön listában, ha értékes, klímavédelemmel kapcsolatos időtöltésre vágynál.

Ezzel megállítjuk a környezet pusztításából eredő CO_2-kibocsátási többletet, és lelassítjuk a biodiverzitás csökkenését.

Összegezve: a mai naptól minden még meglévő, természetközeli állapotban lévő területet értékesnek kell tekinteni, és ennek megfelelően szigorúan védetté nyilvánítandó, függetlenül attól, hogy az a terület tengeren, szárazföldön vagy jégsapkán helyezkedik el!

4.3. A Revitalizációs Program fő lépései

Az előző pontban foglaltak fontosak, azonban nem elégségesek a sikerhez! Hogy továbbléphessünk, nézzük meg, hogy mi a Revitalizációs Program, amely 3 fő lépésben valósítandó meg:

I. lépés: Az összes meglévő természetközeli állapotban lévő terület pusztítását meg kell állítani!

II. lépés: Az összes olyan területet, mely kis mértékben degradálódott, emberi erővel helyre kell állítani! (Ezt hívjuk revitalizációnak.)

III. lépés: A természeti és helyreállított területeket tovább kell növelni, amíg az emberi kibocsátás és a Természet szennyezőanyag-megkötő képessége egyensúlyba nem kerül.

(Nem csak ÜHG-ra vonatkozóan, de most az a legsürgősebb.)

Azt jó, ha tisztán látod és érted, hogy a természeti területek növelése jelentős mennyiségű CO_2-t von ki a légkörből, és ezáltal lassítja a klímaváltozást, illetve fokozatosan „visszahűti" a bolygót. Azt is fontos kiemelni, hogy a revitalizálandó területeken nagy valószínűséggel már sosem fog kialakulni az eredetivel azonos ökoszisztéma. Azonban ezek a megújuló életterek megfelelő segítséget nyújtanak ökológiai rendszereink visszaerősödéséhez, még ha ez már sosem lesz tökéletesen olyan, mint egykor.

Ez így igazán jól hangzik, de az ösztönös kérdésed nyilván az, hogy: hogyan?

Az I. lépéshez el kell készíteni egy Természeti Terület Katasztert. Itt az összes olyan területet, ami közel érintetlen állapotban van, egy nyilvántartásban kell rögzíteni. Ha ezt mindenki elvégzi és beadja egy közös adatbázisba, akkor abból rövid időn belül kialakul egy Globális Természeti Kataszter. Ezt követően minden nemzetnek fel kell ajánlania ezeket a globális klímavédelmi érdekekért, és biztosítania kell a védelmüket.

A program értelmezése szempontjából nagyon fontos, hogy értsük: ez nemcsak szárazföldi, hanem jéggel vagy vízzel borított területekre is vonatkozik. Tehát a jégsapkák vagy óceánok ugyanúgy részei a programnak. Különösen fontos tudni, hogy az óceánok szerepe sokkal nagyobb a CO_2 megkötésében, mint a szárazföldi ökoszisztémáké, így ezt komolyan kell venni! Ugyanakkor a Globális Természeti Kataszterrel nem szabad egy globális megállapodásra várni, hanem az egyes városoknak, régióknak, nemzeteknek el kell kezdeniük ehhez a rendszerhez csatlakozniuk, így fokozatosan globálissá válik. Előbb-utóbb mindenki be fogja látni, hogy ez a helyes út, és a későn csatlakozókra egyre nagyobb társadalmi nyomás fog nehezedni. Azt is könnyű belátni, hogy enélkül végünk. Szóval a cselekvés igénye mindenhol elindul a Földön! Ehhez nem kell nemzetközi megállapodásokra várni. Azok majd jönnek maguktól, ha sok helyről érkezik a hatékony kezdeményezés.

4.4. A természeti területekkel kapcsolatos szabályok, a Természeti Területfejlesztési Irányelv, revitalizáció

A természeti területeken azok védelembe vétele után tilos emberi tevékenységek végzése. Ez alól kivételek a revitalizációs, kutatási és oktatási célú emberi tevékenységek. Itt megint felmerülhet benned a kérdés, hogyan lehetne biztosítani, hogy az Emberek ne végezzenek illegális fakitermeléseket, erdőégetést és számos más Életpusztító tevékenységet ezeken a területeken.

Ígérem, a 6 Program erre is választ fog adni!

Amíg az I. ütem megvalósítása zajlik, létre kell hozni egy Természeti Területfejlesztési Irányelvet, amelyet a kezdeményezőknek helyileg önmagukra nézve el kell fogadniuk. Ha sok helyen születik ilyen, akkor nemzetközi egyezményben is célszerű ezt egységesíteni, de ez egy jóval későbbi lépés. Ebből fog fokozatosan kialakulni a Globális Természeti Területfejlesztési Irányelv, egy olyan programterv, ami meghatározza, hogy mely területeket tekintünk kis mértékben tönkretett területeknek. Ennek nyilván az lesz az alapelve, hogy hol van a helyreállítás gazdaságosnak ítélt határa, azaz melyek azok a területek, amelyek relatíve kis költségen helyreállíthatók. A költségek számításának és a területek kitűzésének elveit kell az irányelvben rögzíteni.

Ezt követheti a helyreállítandó területek kijelölése és a revitalizációs folyamatok beindítása. Ma már bizonyított tény, hogy ezeket gazdasági hátrányok nélkül is meg lehet valósítani. Az is bizonyított tény, hogy ez gazdaságilag olcsóbb, mint a klímaváltozás okozta fokozódó károk helyreállítása, és még hatékonyabb is (Paul Hawken, 2020).

Fontos kiemelni, hogy nem szabad megvárni, míg az egész világ globálisan elfogadja mindezt. Egyes országoknak el kell kezdeniük, és szép lassan egyre több ország fog csatlakozni ehhez. E szövetség folyamatosan nőni fog, hiszen a közös érdek az, ami ebbe tömöríti az országokat!

A mozaikosodás mérséklése érdekében kiemelt szempont a természeti területek egy lehető legjobban összefüggő hálózattá való összekapcsolása. Ez a Természet asszimilációs képességének fokozása és a biodiverzitás-csökkenés elleni védekezés miatt nagyon fontos[2]. A mozaikosodás a klímaváltozás és a biodiverzitás-csökkenés egyik legkomolyabb okozója. Szóval a Revitalizációs Program önmagában nem elég, fontos azt rendszerszintűvé tenni. Erre fog megoldást nyújtani a következő program.

---

2   Az asszimiláció a természeti erőforrások semlegesítő, illetve megkötő képességét jelenti.

Amíg a 2. fejlesztési lépcső lezárul (több évtized), addig párhuzamosan a másik 5 program fejlesztései is haladnak, melynek hatására az emberi szennyezőanyag-kibocsátások először stagnálni, majd csökkenni fognak. A Revitalizációs Program 3. lépésének kezdetén számításba kell venni a Föld természeti területeinek asszimilációs képességét és az emberi kibocsátások aktuális mértékét. Ebből kalkulálható, hogy mennyi területet kell visszaadni még a Természetnek ahhoz, hogy az emberi tevékenységek hatásai és a természet egyensúlyba kerüljenek. Ha ez ismertté válik, akkor tervszerűen, rendszerszinten lehet megvalósítani a programot. Ez a legnagyobb költséget igénylő lépés, hiszen az első kettő lépésben a jó állapotban lévő és a könnyen jó állapotba hozható területeket már rendbe tettük és biztosítottuk a védelmüket.

4.5. A természeti területek védelmének biztosítása

Hogyan lehetne biztosítani a természeti területek védelmét? Az első lépés az, hogy **jogot kell adni a Természetnek!** Fogadd el, hogy minden élőnek ugyanolyan joga van az Élethez, mint neked. Ez az ökológia tudományának alapelve, ugyanakkor a buddhizmus elveit is sugározza. Ők úgy vélik, hogy amikor kivágsz egy fát, akkor az a fa lehet, hogy éppen elhunyt nagypapád jelenlegi megnyilvánulása. Nagypapád nyilván feláldozná az életét érted, hiszen szeret téged! Viszont te csak akkor fogadod ezt el, ha ez feltétlenül szükséges! Szóval a fát csak akkor lehet kivágni, ha az a te Életed szempontjából nagyon-nagyon fontos. Ha tiszteled a Természetet és elfogadod, hogy az Élethez való joga a tieddel azonos, akkor nem vágsz át két járda között és nem lépsz rá a fűre, csak ha nagyon fontos sietned. Ez egyezik az ökológia tudományának alapelvével is, mely kimondja: **minden faj egyenrangú!** Ezen elvek intézményesítése az, hogy jogot adunk a Természetnek. Enélkül nem létezhet a jövő társadalma, hiszen csak így alakulhat ki együttműködés Ember és Természet között.

Az Ember a mai napig azt hitte, hogy a Föld kizárólag az övé, és azt tehet vele, amit csak akar. Rá kell döbbennünk, hogy ez nincs így! Minél több szabadságot adunk a Természetnek, annál jobb lesz a mi életünk is! Szóval itt az idő változtatni. Ha kijelöltük a Globális Természeti Területi Kataszter területeit, akkor onnan kezdve ezeken a területeken a Természetnek vannak elsődleges jogai. Azaz ha bárki a Természet ellen tesz, az elítélhető és kártérítésre-helyreállításra kötelezhető. A gyakorlati megvalósítás úgy történik, hogy egy, a Természet jogi érdekeit képviselő szervezetet kell létrehozni, melynek minden természeti területnél kihelyezett képviselete van. Ezeknek a szervezeteknek meg kell adni a szükséges jogosultságokat, hogy eljárhassanak a Természet jogi képviseletében. Ettől kezdve ha látok valakit szemetelni az erdőben vagy illegálisan fát kivágni, akkor feljelentést tehetek a Természet nevében, a védelmében pedig eljár az adott szervezet. Erre már ma is vannak különböző országokban különböző szervezetek, de sajnos kevés erővel, jogi eszközzel és pénzzel rendelkeznek az aktív cselekvéshez. Ugyanakkor fontos kiemelni, hogy ezekre a szervezetekre csak a Revitalizációs Program bevezetése utáni évtizedekben lesz szükség. Hiszen az Ember lelki fejlődése és a Természet tiszteletének fokozódása révén egyre kevesebb Életpusztító szándék fog megjelenni a társadalomban. Egymás és a Természet elfogadásának fokozódásával az Ember egyre inkább a Természettel meghitt, gondoskodó kapcsolatba kerülő lénnyé alakul majd. Ez lesz az a távoli jövő, ahol már nem kell beszélni a hosszú távú fenntarthatóságról, hiszen az alapvetés lesz.

A következő lépés a **helyi Természetvédelmi Őrség** létrehozása. Ez a szervezet csak az illegális környezetpusztítás ellen léphet fel, illetve ennek a szervezetnek a feladata a helyi revitalizációs tevékenységek koordinálása, társadalmasítása és az ehhez szükséges erőforrások biztosítása. Ha sok országban létrejönnek ezek a szervezetek, akkor létrehozható a globális változata. Minden tagország delegál erőforrásokat és eszközöket, továbbá finanszírozást biztosít hozzá. Ennek a szervezetnek a feladata a védett természeti területek ellenőrzése és az illegális természetpusztítás megakadályozása, segítségnyújtás a természeti területek revitalizációjában, az erdőtüzek megfékezésében, valamint faültetési programokhoz erőforrások biztosításában stb. Ez a szervezet minden szabad energiáját a klímaváltozás elleni harc szolgálatába kell hogy állítsa. A globális szervezet annyiban tér el a helyi szervezettől, hogy a nagy kiterjedésű, nemzetközi védettségű területek védelmét, illetve revitalizációját végzi, továbbá azokon a területeken segít, ahol természeti katasztrófa sújtotta extrém nehézségek alakulnak ki.

Ezzel a lépéssel párhuzamosan **átképzési és gazdasági támogatási** rendszert kell kidolgozni, melynek célja az illegális Természetpusztításból (pl. fakitermelés) élők megélhetésének biztosítása és átvezetésük más gazdasági szektorokba. Hogy erre mi fogja biztosítani a pénzügyi alapot? Erre is adok megoldást a később bemutatásra kerülő programokban. A Változás 6 Programja egymást segítő, egymást erősítő programok! Mire a végére érünk, a te fejedben is rendszerként fog összeállni.

4.6. Társadalmi csírák

Ha belegondolsz a Revitalizációs Program elveibe, akkor láthatod, hogy **az itt leírt folyamatok csírájukban ugyan, de már fellelhetők a társadalomban.**

Egyre több természetvédelmi területet alakítanak ki világszerte, és egyre többre van lakossági-társadalmi igény. Mind nagyobb számban van lakossági tüntetés egy-egy rét vagy vizes előhely elpusztítása miatt. Néha még egy-egy fasor megmaradásáért is küzdenek a helyiek. Megvan bennünk erre az ösztönös belső igény. Azonban sokkal helyesebb a belvárosban engedni a fák kivágását, és helyette olyan helyeken ültetni, ahol azok egy ökológiai rendszert tudnak erősíteni. Persze nem állítom azt, hogy a városban irtsunk ki minden fát. Hanem azt állítom, hogy a kevés környezettudatosságra fordítható energiánkat rendszerszinten gondolkodva használjuk fel, hogy ne forgácsolódhasson szét, és hatékony lehessen.

Európában van jogi szabályozás az ökológiai hálózatokra, olyan, amely a mozaikosodás hatásainak mérséklését célozza. Sajnos a szabályozás Revitalizációs Program és Agglomerációs Program nélkül kevés, de jól mutatja, hogy a beavatkozásokra megvan a társadalmi igény.

Ugyanakkor az EU Víz Keretirányelve már 2000 óta érvényes irányelv, ami nem más, mint a Revitalizációs Program európai vizekre szűkített változata. 2021-re már egyértelműen kimutathatók a pozitív hatásai. Az EU Víz Keretirányelv megfordította az európai vizek romló állapotának tendenciáját, és egy javuló tendencia irányába fordította. Ennek az irányelvnek az a működési alapelve, hogy minden víztestet, ami természetes állapotban van, meg kell őrizni ilyennek, és az összes olyat, ami természetközeli állapotba hozható, vissza kell állítani ilyen szintre. Ha Európa szintjén ez működik az élővizeinkre, miért ne működhetne globálisan az összes környezeti elemre? A társadalmi szintű, országokon átívelő jogi szabályozás rendszere tehát már megvan. Szóval csírájában a folyamat már elkezdődött. Semmi más nem kell hozzá, csak sok-sok Ember őszinte akarata, amelyre a politikusok már felfigyelnek!

Erre további jó példa, hogy az ENSZ jelenleg is az óceánok 5%-ának védelem alá helyezésén dolgozik. Ami ugyan édeskevés, de jó kezdet!

Olvastam olyan brazil családról, amely erdőket telepített a hatalmas földterületein, mely mára már teljesen természetes, sokszínű esőerdővé alakult.

Olyan országos kezdeményezésről is tudok Indonéziában, ahol minden végzős diáknak 10 db fát kell elültetnie. Indiában is jól működött a „fák szerelmesei" nevű kezdeményezés, mellyel óriási erdősítéseket végeztek.

A társadalmi összefogásban hatalmas erő lakozik! A Revitalizációs Program nem más, mint ezeknek a csírázó magvaknak a bokorrá növesztése, míg Globális Revitalizációs Programmá nem növekszik...

4.7. A Revitalizációs Program kedvező hatásai

Ahhoz, hogy jól megértsük a program generálta változási folyamatokat, nézzünk egy példát a faanyag kérdéskörén keresztül. Fontos kiemelni, hogy ez csak a folyamat jobb megértését szolgálja, és bármely más természeti erőforrásra átültethető ez a gondolatmenet. Ha globálisan úgy döntünk (vagy fokozatosan egyre több országként csatlakozva a rendszerhez), hogy nem lehet több természetes erdőt pusztítani, akkor az lesz a következmény, hogy faanyaghiány lép fel a társadalomban. Azért, hogy ez ne történjen meg olyan hirtelen, és ne legyen olyan drasztikus, egy határidőt kell adni arra, hogy mikortól lép életbe ez a szabály. Mondjuk kb. 15 év múlva a mai naphoz képest lesz érvényes, és addig fokozatosan csökkentjük a természetes kitermelési területeket. Ezzel egy időben állami dotációkat, adókedvezményeket és egyéb támogatásokat adunk mesterséges faültetvények megvalósítására, illetve átképzésekkel segítjük az ebből élők megélhetésének folyamatosságát. Célszerű pl. oxyfát vagy ahhoz hasonló fajokat telepíteni, mert egy ilyen fa adott időegység alatt kétszer annyi CO_2-t köt meg a légkörből, mint egy hagyományos fa. Ilyen hibridekből már több mint 30 féle létezik. Nem invazívak, és ha tőről levágod őket, újranőnek, így nem kell újra facsemetéket sem ültetni. A képződött faanyag nagyon jó minőségű, a tüzelőtől a bútorfáig mindenre használható. Bár a mai technikai ismereteink mellett elavult dolog fával tüzelni, és szép lassan eljutunk oda, hogy csak a hangulatáért fogjuk majd néha használni.

Fontos kiemelni, hogy a mesterséges faültetvények nem képeznek olyan magas ökológiai értéket, mint a természetes erdők. A faanyag termelésére szolgáló faültetvények a természeti területeken kívül kell hogy elhelyezkedjenek. A természeti területek revitalizációja révén az élőlénytársulások visszatelepülésének elősegítése a cél. Ezt nem szabad összekeverni a mesterséges faültetvények telepítésének kérdéskörével.

Szóval, ha hozunk egy ilyen rendelkezést és támogatjuk a mesterséges faültetvények telepítését, akkor kb. 15 év alatt úgy át tud állni az Emberiség, hogy nem kell többé egyetlen természetes vagy természetközeli erdő fáját sem kivágni. A változásnak lesznek társadalmi, gazdasági és természetvédelmi következményei is. Nézzük meg ezeket sorra.

A változás következtében megdrágul a fa. Ennek számos pozitív következménye lesz társadalmi szinten, hiszen nem fogunk olyan pocsékoló módon bánni a fával, mint most. Gondolj bele, hogy mennyi bútort dobunk ki pusztán azért, mert már nem divatos. Abba is gondolj bele, kérlek, hogy a mai bútoripar termékei mennyire nem a tartósságra mennek. A nagypapámék által 100 éve készített bútorok még ma is ellátják a feladatukat. Én otthon harmadszor szereltem szét és raktam össze az ágyamat, de negyedszer már nem lehet, mert végleg szét fog esni, pedig csak 6 éves ágy. A design számít, és a tartósság már rég nem szempont. Ha drágul a fa, akkor drágul a bútor. Ha így lesz, akkor a vásárlásaink során újra a tartósabb bútorokat fogjuk előtérbe helyezni. Továbbá sokkal hatékonyabbá válik a faanyag társadalmon belüli újrahasznosítása is. Hiszen ha valami drága, akkor megéri újrahasznosítani. Ha így lesz, akkor még kisebb lesz a külső nyersanyagigény, és ezáltal a mesterséges faültetvények termelése és a társadalmi igények még közelebb kerülnek egymáshoz. Ha drága lesz a fa, akkor nem fognak fával tüzelni az Emberek. Fűtési, főzési céllal még jobban meg fogja érni megújuló forrásokra átállni. A folyamat egy lefelé húzó spirálból egy felfelé húzó spirálba megy át. A bútoripar is átalakul. A tömeggyártás kicsit mérséklődik, ami nyilván munkahelyek elvesztésével és az iparág egyes szereplőinek gazdasági visszaesésével jár. Azonban újraéled a bútorok javítását célzó szolgáltatások világa, ami új munkahelyeket teremt, és ennél többet fog teremteni a faültetvények óriási igényéből eredő munkahelyszükséglet. Így az Emberek megélhetése nem kerül veszélybe, csak átrendeződik a faipari és a ráépülő egyéb ipari szektorokon belüli eloszlás. A fokozatosság lehetővé teszi, hogy gazdasági veszteségek nélkül megoldjuk az átállást.

Mi az, ami azonban jelentősen megváltozik, pozitív irányba? Eddig kimentünk az erdőbe és szinte teljesen szabadon pusztíthattuk azt. Nyilván ennek a jogi szabályozottsága országonként változó, de a Revitalizációs Program elveihez képest nagyjából így van. Az erdők pusztulásának sebessége soha nem látott mértékben felgyorsult. Csak az Amazonas vidékén évente egy Magyarország területével egyenlő erdőt vágnak ki. (Tudom, hogy ez nem csak a faanyagról szól, de ez csupán egy példa az érzékeltetés kedvéért.) Ezzel a beavatkozással megáll az erdők pusztítása. A mesterséges faültetéssel pedig soha nem látott mértékben növeljük a CO_2-kivonást a légkörből. Végre megfordulnak a tendenciák! Életet teremtünk a pusztítás helyett. Élettámogatóbban kezdünk élni. Megóvjuk a maradék biodiverzitás-bázisokat a Földön, és esélyt adunk azok újraerősödésére.

Ha a mesterséges faültetéseket olyan helyeken végezzük, akkor azok a területek átmeneti zónákat is biztosíthatnak az Ember által intenzíven használt területek és a természetes területek között, ezzel fokozva a természeti területek zavartalanságát és védettségét. Ugye milyen csodálatos változások? Nem beszélve arról, hogy a mesterséges faültetvények alatt helyreálló talajszerkezet még a fáknál is több CO_2-t von ki a légkörből! Semmi más nem kell hozzá, csak az emberi hozzáállás változása, no meg egy politikai erő, ami a zászlójára tűzi ezt.

Biztos vagyok benne, hogy nagy lesz a társadalmi támogatottsága, és egyre növekedni fog a jövőben. Egyre több közösségi faültetési program mutatja, hogy a társadalmi igény megvan, és a folyamat elkezdődött. A fontos az, hogy program- és rendszerszinten tegyük hatékonyan, amit teszünk.

A faanyag példáján láthatjuk, hogy a Revitalizációs Program bevezetése a társadalomban és a gazdaságban nem okoz komoly károkat, mindössze átrendeződést. A fokozatos bevezetéssel és a megfelelő állami odafigyeléssel nagyon szépen átvezethetők a változásokon az Emberek és a cégek. Ez a folyamat mindennemű olyan nyersanyagra levezethető, amit a Természet jelenleg ingyen ad nekünk. Eleve vicc, hogy ingyen adja, nem?

Ha bevezetjük a Revitalizációs Programot, akkor annak milyen kedvező hatásai lesznek a társadalmunkra? Ezeket itt összegezem neked tömören:

I. A biodiverzitás csökkenése megáll, a fajok kipusztulása és a talajpusztulás lelassul, majd a Természet lassan újra megerősödik.

II. A **légkörből több** CO_2**-t vonunk ki, mint amennyit belepumpálunk,** így a klímaváltozás sebessége lassulni kezd, majd szép fokozatosan „visszahűtjük" a bolygót.

III. A természeti nyersanyagok ára megemelkedik, így mérséklődik a túlfogyasztás, az újrahasznosítási arányok nőnek.

IV. Az Ember újra tisztelni fogja a Természetet, és a természeti erőforrásokra újra értékként tekint.

V. A Természettel való azonosulás, a Természet tisztelete pozitívan hat a lelkünkre, ezáltal békésebb és harmonikusabb lesz az emberi társadalom. Kevesebb lesz az egyéni és a társadalmi feszültség.

VI. Megakadályozzuk az Ember korlátlan terjeszkedését a Földön.

VII. Az **Ember a Természettel való egyensúly irányába indul.**

Hogy te mit tehetsz mindezekért? Nagyon sok mindent! Erről külön fejezet fog szólni a jelen könyv végén! De előtte azt szeretném, ha az egész rendszer tiszta képként állna össze a fejedben! Kérlek, tarts velem továbbra is.

5. FEJEZET

A változás második programja: Agglomerációs Program

A nemzeti szintű önzés komoly akadályozója a kílamváltozás elleni harcnak. Hiszen jól látjuk, hogy az évtizedek óta tartó klímakonferenciák milyen csekély eredményt érnek el. Ennek oka, hogy minden nemzetállam a saját szűklátókörű, önző érdekei mentén tekint az egyezményekre. A nemzetek közötti versengés világában élünk, ahol senki sem akar lemaradni, mindenki többet akar kapni a Föld tortájából. Ez a nemzetállamiság globális csődje. Ennek orvosolására az Agglomerációs Program és a Társadalom Program ad megoldást. Ugyanakkor az önző politikai vezetőket önző Emberek választják. Ahogy egy nemzet átlagos boldogságszintje a lelki fejlődés által emelkedik, egyre önzetlenebb és tudatosabb vezetőket fogunk majd választani. Ez is segíteni fogja a folyamatok felgyorsulását!

5.1. Célok, alapelvek

Az Agglomerációs Program célja az, hogy az egész Földet agglomerációkra és természeti területekre ossza fel. A természeti terület fogalmát már tárgyaltuk. Így itt az ideje, hogy megnézzük, mit értünk agglomeráció alatt, ha az én definíciómat követjük.

Agglomeráció egy vagy több település együtteséből álló olyan egyértelműen körülhatárolt terület, amelyet csak összefüggő természeti terület vehet körbe. Az előző programban írtam arról, hogy jogot kell adni a Természetnek. Az Agglomerációs Program kiegészíti a Revitalizációs Programot azzal, hogy a természeti területeken a Természetnek vannak elsőrendű jogai, míg az agglomerációs területeken az

Embernek. Így megvalósul a Természet és az Ember egyensúlya, hiszen mind területi, mind jogi értelemben elválaszthatóvá válik a Természet és az Ember „működési területe" és „működési szabályai". Fontos megérteni, hogy nem a Természet és az Ember végső szétválasztása a cél, hanem az, hogy újra teret adjunk az agyonfojtogatott természetes rendszereknek.

Az agglomerációk lehatárolása független az országhatároktól, azt az agglomerációk határait figyelembe vevő természeti adottságok alapján kell meghatározni, de az átmeneti időszakban természetesen minden az országhatárok tiszteletben tartásával történik. Azaz határon átnyúló agglomerációk esetén a folyamat elején az egyes országok együttműködnek az agglomeráció fejlesztésében, ahogy jelenleg a vizek tekintetében ez működik az EU Víz Keretirányelvnél is.

Először számba kell venni az összes még meglévő természetes vagy természetközeli állapotban lévő területet (folyók árterei, hegyvidéki erdők stb.), melyek magjait a jelenleg is már védettség alatt álló természetvédelmi területek kell hogy képezzék. Ezeket úgy kell összekapcsolni, hogy a természeti területek összefüggő rendszert alkothassanak. Ennek érdekében agglomerációs határvonal-alakítási szabály, hogy két agglomeráció határvonala nem érhet össze egymással, és minimálisan kb. 1–3 km távolság kell hogy legyen két agglomeráció határvonala között. (Ezt a minimálisan szükséges távolságot ökológusoknak kell megadniuk a helyi ökoszisztémák ismeretében.) Az agglomerációkat tehát úgy kell elképzelni, mint az összefüggő természeti területeken belül önálló szigeteket. A természeti területek azonban fel vannak osztva az agglomerációk között abból a szempontból, hogy melyik agglomeráció mekkora részének az asszimilációs képességét vehetik figyelembe.

A Természet és az Emberiség egyensúlyának az alapját az agglomerációs modell adja meg. Mert az agglomeráció alapszabálya az, hogy minden agglomerációnak úgy kell fejlesztenie, alakítania a társadalmi, műszaki és gazdasági berendezkedését, hogy az agglomeráció kibocsátása egyensúlyba kerüljön a körülötte lévő természeti területek asszimilációs képességével. Ezt természetesen nem csak az ÜHG kibocsátására kell érteni, hanem mindennemű levegőbe, vízbe, talajba

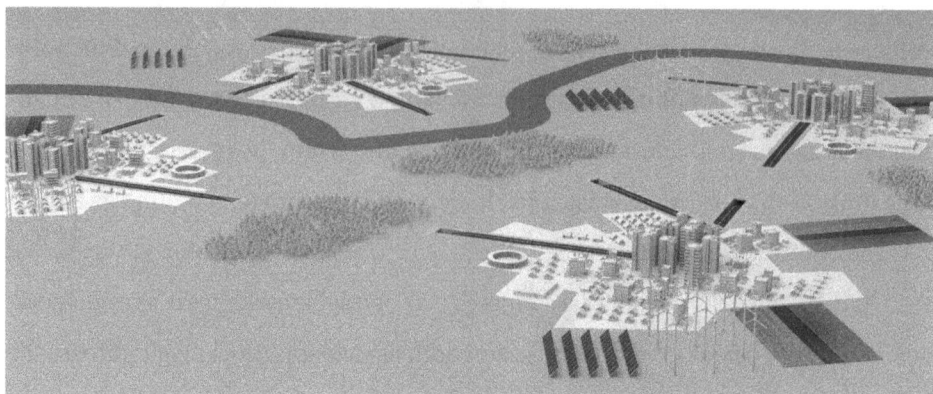

4. ábra: Az agglomerációk és természeti területek

Bár az ábra sematikus, igyekszik jól szemléltetni az agglomerációk és a természeti területek viszonyát. Láthatod, hogy az agglomerációk szigetekként helyezkednek el a kvázi összefüggő természeti területben. Az utak, melyek elindulnak az egyes agglomerációkból és érkeznek a másikba, egy-egy hosszabb szakaszon a föld alatt haladnak, hogy a természeti területek kapcsolatát ne törjék meg. Természetesen az agglomerációk mind méretben, mind jellegükben merőben eltérhetnek egymástól így, kérlek, ne tévesszen ebből a szempontból meg jelen idealizált ábra. Szóval lehet egy agglomeráció teljes mértékben falusias, de modern metropolisz jellegű is. A lényeg, hogy minden emberi tevékenység az agglomerációk területén belül zajlik.

kibocsátott szennyezőanyagra. Fontos kiemelni, hogy a számítások, kalkulációk elvégzésénél a hosszú távú folyamatokat is figyelembe kell venni, hiszen az Ember okozta változások és az ökológiai rendszerekben lezajló változások időléptéke jelentősen eltérő! Műszaki és tudományos értelemben képesek vagyunk arra, hogy ilyen agglomerációkat működtessünk. Nem kell hozzá más, csak a gondolkodásunk helyes irányba terelése és az ehhez szükséges társadalmi, valamint gazdasági átalakulások véghezvitele. Ezekre a későbbi programok ismertetésénél részletesebben kitérek.

Az agglomerációkon belül minden emberi tevékenységet meg kell tudni valósítani: mezőgazdaság, ipar, kereskedelem, kikapcsolódás stb. Hiszen – mint ahogy a Revitalizációs Programnál már leírtam – a természeti területeken, pár specifikus tevékenységet kivéve, emberi tevékenységek nem végezhetők.

Az agglomerációkat természetesen utak és közműsávok kötik össze, azonban nem úgy, ahogy ma láthatjuk ezt a településeknél. Az agglomeráció-párokat csak egy nagy teljesítményű közlekedési és közműsáv kapcsolhatja össze! Ennek célja, hogy a természeti területet minimális mértékben tegyük mozaikossá, hiszen ezek minél nagyobbak, annál kisebb bennük a biodiverzitás. Ez egy ökológiai alapszabály, melyről az előző programnál már olvashattál. A nagy teljesítményű közlekedési és közműsávokat úgy kell kialakítani, hogy a lehető legkevésbé zavarják a természeti területeket. Például az autópályákat úgy kell átalakítani, hogy sok vadátjáró vagy alagút legyen rajtuk (sokkal-sokkal több, mint most).

A közművek tekintetében minden agglomerációnak teljes önellátásra kell törekednie! Ez alól kivétel a villamosenergia-, illetve az informatikai hálózat. Az összes agglomerációnak villamos energetikai kapcsolatban kell állnia egymással, mely egy Globális Gridet[1] alkot. Ahol nem oldható meg valamelyik – villamosenergia-ellátáson kívüli – közmű vonatkozásában a teljes önellátás, ott természetesen megengedhető két vagy több agglomeráció kapcsolata, de ezeket a csővezetéki kapcsolatokat is az agglomerációk közötti közlekedési kapcsolatokkal azonos nyomvonalon kell megoldani. Alapelvként azonban törekedni kell az önellátóságra annak érdekében, hogy a leginkább ökohatékony agglomerációkat tudjunk fejleszteni.

Minden egyes agglomerációban létre kell hozni a természet jogait védő szervezeteket, melyeknek megfelelő jogokat is kell adni, így minden agglomeráció gondoskodik a körülötte lévő természeti területek védelméről. Ez a szervezet végzi a természeti területek monitoringját[2] is és szabályozza a szükséges természetvédelmi és revitalizációs tevékenységeket.

Az agglomeráció kialakításának módját a jövőben szükséges lesz részletesen kidolgozni egy ún. **Agglomeráció Alkotási Stratégia** elnevezésű dokumentumban, annak érdekében, hogy az agglomerációk kialakítása minden tekintetben megfelelően történjen. Az agglomerációk kialakulhatnak egy globális egyezmény eredményeként is, de sokkal reálisabb, ha önmaguktól állnak össze az agglomerációs rendszerek, mert a települések vezetői ráébrednek, hogy ez az egyedüli lehetőség, amellyel megmenthetik a jövőjüket. Így egyre több település fog agglomerációba rendeződni, és egyre több agglomeráció alakul. Természetesen a

---

1   Grid – más szóval hálózatot jelent.
2   Ez a szó azt jelenti, hogy mérésekkel ellenőrizzük az ökológiai rendszer állapotát.

központi szabályozások gyorsítani tudják a folyamatot. Az agglomerációk alakításakor érvénybe lép az **Agglomerációs Etikai Kódex**, mely alkotmányszerűen szabja meg a társadalom fő irányultságát, és ezt a dokumentumot természetesen pontosan megfogalmazva kell kidolgozni. Jelen könyvben csak az Agglomerációs Etikai Kódex fő alapelveit mutatom be neked:

1. Az agglomeráció a körülötte lévő természeti területekkel való tökéletes egyensúly elérésére, illetve megtartására törekszik.

2. Az agglomeráció legfőbb célja a lehető legnagyobb mértékű össznépi boldogság elérése.

3. Az agglomeráció önzetlenül részt vállal a globális feladatok ellátásában, azért, hogy globálisan minél előbb megvalósulhasson a legnagyobb boldogság és a természettel való egyensúly.

4. Az agglomeráció saját lokális céljaival szemben a globális célokat tekinti felsőbbrendűnek. Az agglomerációban a „gondolkozz globálisan, cselekedj lokálisan" elv kell hogy érvényesüljön. Ez alól kivétel a helyi értékek védelme (pl. kultúra).

5.2. A kölcsönös függés elve

Az emberi társadalom az összefogásnak és az összefogásra épülő specializációjának köszönhette, hogy idáig eljuthatott a fejlődésben. A társadalmi összefogás azt jelenti, hogy megbízunk egymásban és megbízunk egymás speciális tudásában. Képzeld el, mi lenne, ha egyik napról a másikra megszűnne az áramellátás a Földön! A világ fejlettebb felén kb. fél éven belül kipusztulna a lakosság több mint 90%-a. Ha nem bíznánk abban, hogy az elektromosenergia-ellátás folytonos és stabil lesz a jövőben, akkor ez az egyetlen tényező is elég lenne ahhoz, hogy kettétörje az Emberiség fejlődését. De így van ez minden mással. Bízunk abban, hogy lesz, aki megjavítja az autónkat, vagy lesz, aki gyárt nekünk új számítógépet, illetve lesz, aki biztosítja, hogy mindig folyjon ivóvíz a csapunkból. Szóval bíznunk kell egymásban! A mai társadalmi rendszer ezt a kijelentést az önérdek megerősítésével oldja meg. Mindenkit érdekeltté tesz abban, hogy önérdeke a társadalmi rendszer egy apró szegmensének előrevitelét eredményezze. Mindenki pénzt keres. A pénzért munkát kell vállalnia. A munka pedig a társadalom hozzáadott értékét és ezáltal a fenntartását és/vagy fejlődését generálja. Mindenki egy kicsi fogaskereke egy nagy gépezetnek. Lássuk be, ez egy nagyon leegyszerűsített modell. Itt minden Ember önérdekét kényszerítik a rendszer részévé, ami nem képes az Ember és a Természet összetettebb igényeivel foglalkozni.

Ennél egyszerűbb társadalmi berendezkedést elég nehéz lenne elképzelni. Az egyszerűsége miatt tudott elterjedni, no meg azért, mert a globális lelki rezgésszint még nem tette alkalmassá az Emberiséget valami komolyabb szintű társadalmi berendezkedésre. Így a kapitalizmus önmagában nem rossz. Fontos ugródeszkát adó rendszer volt a fejlődésünkben, de mára elavulttá vált, amit egy sokkal izgalmasabb és emberközelibb rendszer kell hogy felváltson.

Annak érdekében, hogy megértsük, milyen lenne egy magasabb szintű társadalmi berendezkedés, először nézzük meg, hogy ezzel szemben hogyan működik a Természet vagy az emberi test! Az emberi testben a sejtek szintén specializáltak, azonban minden sejt egy nagy rendszer része. Minden sejtnek van „önérdeke", de a nagy rendszerben betöltött szerepe az elsőrendű. Hiszen ha a sejtek nem végzik a nagy rendszer érdeke szerinti szerepüket, akkor ők is elpusztulnak. Így lesz ebből az a csodálatos szervezet, amit Embernek hívnak. A Természet ugyanígy működik. Az egyed szintjén van bizonyos önérdek, azonban a Természet rendszerében mindenki mindenkitől függ. Ha a rendszer bármely elemét képező faj kipusztul, az az egész rendszer torzulását, degradációját okozza. Az élőlények specializáltsága csak a Természet rendszerének tökéletesen harmonikus elemeként képzelhető el. Ellenkező esetben a faj kipusztul, hiszen az evolúciós hátrány egy idő után óhatatlanul eléri. Ezt te is tisztán látod, hiszen már beszéltünk arról, hogy a versengés csak egy alsóbb rendű rendezőelv lehet. Az együttműködés az evolúció fő meghajtó ereje.

Az emberi szervezet és a Természet rendszerei is a kölcsönös függés elve szerint működnek, hiszen ez a hatékony együttműködés szabályrendszere. Eszerint az elv szerint élni sokkal magasabb színvonalú és hatékonyabb társadalmi berendezkedést eredményez, mint a mai végtelen önzést erősítő társadalmi modell. **Az emberi társadalom továbbfejlődésének feltétele ez a szintugrás.** A végtelen hedonizmust tápláló kapitalista berendezkedésről szép fokozatosan egy kölcsönös függés elve szerint felépülő társadalom irányába kell fejlődni. Ma már 2-3 generáció leforgása alatt lehetséges a társadalmi átállás! Az Emberiség megérett erre, csak legtöbbünkben fel sem merül, hogy másképp is lehetne csinálni, mint ahogy megszoktuk. A helyzet az, hogy egy jól működő, egészséges, boldog család – legtöbbször tudattalanul – eszerint az elv szerint él. A család egysége a családon belüli szereplők önérdeke felett áll. Természetesen a család tagjainak van önérdekük, de gyakran azokat visszább kell fogni a család érdekében. Az önérdek csak addig „terjeszkedhet", amíg az nem ütközik a család érdekével. Mindenki megbízik mindenkiben, így a kölcsönös függés révén tud kialakulni a közös boldogság.

Ezt az elvet igyekszem bevezetni a cégeimben is. Amikor még önző cégvezető voltam, messze nem voltak olyan sikeresek a vállalkozásaim, mint amióta a kölcsönös függés elvének bevezetését „próbálgatom". Három éve kezdtem el, azóta felgyorsultak a fejlődési folyamatok a cégekben, és a kollégáim is sokkal jobban érzik magukat! A munkavállalói fluktuáció közelít a nullához. Annyira jó a modell, hogy biztosan folytatni fogom ezt az utat. Nem véletlen, hogy a modern cégvezetőképzésekben és a siker feltételeit taglaló irodalmakban is mint a siker egyik alapkövét a kölcsönös függés elvét tárgyalják kiemelten.

Ha egy család vagy cég szintjén működik, akkor miért ne működhetne ez az emberi társadalom szintjén? Az Emberek legnagyobb része legbelül valójában utál önzőnek lenni, és az Emberek legnagyobb részét lelkileg gyötri ez a borzalmasan önző társadalom. Szinte mindenkitől hallani lehet az ezzel kapcsolatos panaszkodást, hogy menynyire szenvednek Embertársaik önzősége, önfejűsége miatt. Szóval a belső igény ott van bennünk. Ezek után térjünk rá arra, hogy ennek mi köze van az Agglomerációs Programhoz.

A jövő társadalma teljesen globális lesz, melyben agglomerációk lesznek a globális társadalom építőkövei. Úgy fognak működni, mint az emberi test sejtjei vagy egy család tagjai. Kicsit hasonlóan lehet elképzelni, mint az ókori Görögország városállamainak szövetségét. A rendszert a kölcsönös függés elve itatja át. Minden agglomerációnak van önérdeke. De az egyik agglomeráció önérdeke sem élvezhet előnyt a globális célokkal szemben. Minden agglomeráció lokálisan cselekszik, de a globális érdekek figyelembevételével. A globális cél pedig a legmagasabb szintű emberi boldogság és a lehető legnagyobb mértékű egyensúly elérése a Természettel. Egy irányba haladva, közös erővel sokkal hatékonyabbak leszünk, mint most, amikor egymás rovására történik a versengés az egyének, a cégek, a települések és az országok szintjén is. Az agglomerációk között nem alakulhat ki a versengés, hiszen a természeti területek egyensúlya tekintetében mindenki a saját közvetlen környezetéért felel. Ugyanakkor a könyv későbbi részében kifejtendő missziós rendszer a versengés helyett az agglomerációk egymást támogató voltára fog épülni.

Miért vezet ez egy a mostaninál sokkal hatékonyabb és boldogabb világhoz? Azért, mert ma a világot a nemzetek önérdeke hajtja a pusztulás felé. Minden ország egy-egy szuverén társadalmi rendszer, melyek egymással versengenek. Minden ország csak a saját önérdekét nézi, és nem enged abból. Így a nemzetközi megállapodások csak óriási kompromisszumok mentén lehetségesek, ha egyáltalán lehetségesek. Ezért a változás lassú és a „fejlődés" csak torz lehet. Említettem, hogy Brazília Magyarország területével egyező területű esőerdőt pusztít ki évente. Tudjuk, hogy az Amazonas-vidéki esőerdők további pusztulása egy olyan egyensúlyi pont átlépését generálja, mely a globális klímarendszer összeomlását okozza. Mégsem tudunk tenni ellene semmit. Miért? Mert Brazília rövid távú önérdeke ellentétes ezzel. A nemzetek önérdeke így pusztítja el a Földet. A nemzetek közötti versengés, a végtelen kapzsiság az, ami a világot pusztulásba sodorja. Ugyanez a versengés valósul meg egyének, városok, cégek stb. között is. Szóval itt az ideje szintet lépnünk!

Fogadjuk el, hogy mi, Emberek függünk egymástól és a Természettől. Lássuk be, hogy az önzés pusztító társadalmi rendszere helyett a kölcsönös függés az egyetlen helyes út! A kölcsönös függés elvére való átállás egyének, cégek, települések és országok szintjén is elengedhetetlen ahhoz, hogy újabb fejlődési szintre lépjünk.

5.3. A Globális Grid

A Globális Grid a kölcsönös függés elvének egy gyakorlati megvalósítása, mely felgyorsítja a zöldenergetikai rendszerek fejlődését és terjedését. Ahogy már az előzőekben röviden írtam erről neked, az agglomerációknak arra kell törekedniük, hogy az elektromosenergia-ellátás és az információs hálózatok kivételével minden közműtípust a saját területükön belül oldjanak meg. Így a távfűtés, a vízellátás, a szennyvízelvezetés stb. helyben megoldandó közműellátási feladatok. Az agglomerációk méretének és határvonalainak kialakításakor tekintettel kell lenni ezekre. Ha ez nem oldható meg, akkor természetesen elképzelhető, hogy pl. egy másik agglomerációból érkezik az egészséges ivóvíz, de ezek csak akkor engedélyezhetők, ha máshogy nem oldható meg. Ezzel szemben az elektromosenergia-ellátást teljesen másképp képzeltem el.

Minden agglomeráció az ún. Globális Gridhez csatlakozik. A Globális Grid egy világméretű elektromos hálózat, mely minden agglomeráción áthalad. A Globális Grid a kölcsönös függés elve alapján működik. Minden agglomeráció két szabályt köteles szem előtt tartani:

- A lehető legnagyobb arányú villamosítás irányába kell elmozdulni az agglomeráción belül. (Pl. benzinmotoros autók elektromosra cserélése vagy gázfűtés cseréje elektromos alapú fűtésre stb.).
- Az agglomerációnak a lehető legnagyobb arányú megújulóenergia-termelésre történő átállásra kell törekednie.

Mi lesz az eredmény? Tovább növekszik a megújulók aránya az energiamixben, és lehetővé válik a fosszilis energiahordozókról való szinte teljes leválás. Ezt az álomállapotot a lehető legkevesebb fölösleges kapacitás kiépítése mellett, tehát globálisan a lehető leggyorsabban tudjuk elérni. A lehető legkisebb mértékű energiatárolási kapacitást kell kiépíteni, annak globális összegét tekintve. A maradék fosszilisenergia-használat karbonkibocsátását pedig CCU/CCS technológiákkal lehet lekötni.

Miért ilyen egyértelmű ez? A zöldenergetikai rendszerek nagy hátránya, hogy a rendelkezésre állásuk nem (vagy csak mérsékelten) szabályozható. Azaz nem tudjuk az energiaigényeinkhez igazítani, hogy mikor mennyi nap süssön, milyen erős szél fújjon. Emiatt minél nagyobb a zöldenergiarendszerek részaránya az energiamixben, annál instabilabb a rendszer, vagy annál nagyobb energiatárolási kapacitást kell kiépíteni. Ez utóbbi azonban nagyon drága és gazdaságosan még nem is igazán megoldott. (Bár ezzel kapcsolatban is nap mint nap jönnek ki az izgalmas műszaki fejlesztések.) Ugyanakkor ezt a problémát nagy mértékben feloldja a Globális Grid. Hiszen így az egyes régiók zöldenergetikai túltermelését elnyeli a többi régió energiaigénye. Ha például napenergia szempontjából vizsgáljuk a kérdést (nyilván a többféle zöldenergetikai rendszer miatt ennél egyszerűbb lesz a helyzet) a Föld azon részén, ahol épp éjszaka van, a Globális Gridből megkapható az az árammennyiség, ami a Föld napsütötte felében feleslegesen termelődik. Úgy képzeld el a Globális Gridet, mint a World Wide Webet, és akkor érhetőbbé válik, hogy reális az évszakos, napi és egyéb egyenlőtlenségek kiegyenlítése.

Nyilván most kapásból eszedbe jut legalább két műszaki ellenérv. Az egyik a nagy távolságra való villamosenergia-szállítás jelentős veszteségei, a másik pedig, hogy az óceánok alatt átvezetendő hatalmas kábelek kiépítése sem reális, ha földrészek közötti villamosenergia-szállítást szeretnénk biztosítani. Egyes szakmabelieknek pedig biztos eszébe jut, hogy a zöldenergetikai rendszerek mennyire ki vannak téve az időjárás valószínűségi kérdéseinek, mely fokozza a rendszer bizonytalanságát.

A műszaki észrevételekre műszaki választ illik adni. Egy új-zélandi startup cég kifejlesztette azt a Nicola Teslának tulajdonított találmányt, amellyel az elektromos áramot kis veszteséggel nagy távolságra lehet szállítani, kábelek nélkül (EMROD, 2021). Szóval a földrészek közötti villamosenergia-átvitel a mai a modern technológia segítségével megoldódni látszik. Ugyanakkor a globális időjárás-előrejelzési rendszerünk van már annyira pontos, hogy szinte csak zöldenergia-termelési eljárásokkal üzemeltethető lenne egy üzembiztos Globális Grid. Nyilván a fosszilis- vagy atomenergia alapú erőművek vészüzemi tartalékként megtarthatók, ahol arra reális szükség van. Ehhez nem kell más, mint a kölcsönös függés elvének elfogadása. Hiszen nappal én adok áramot, míg éjjel én kapok. Mindenki mindenkitől függ, így senkinek sem kell félnie senkitől. Ráadásul ebben a rendszerben globálisan olcsóbb lenne az energia, mint valaha. Tudniillik ebben a rendszerben a zöldenergetikai rendszerekből termelt villamos energiáért nem kellene fizetni, az mindenkinek ingyen lenne. Két dologért kell fizetni: a villamos energia szállításáért és a fosszilis vagy nukleáris alapú energiatermelésből származó energiáért. Viszont mindenkinek ki kell alakítania annyi zöldenergia-termelő kapacitást, hogy időszakosan túltermeljen. Azaz mindenki köteles időszakosan leadni a Globális Gridbe. Természetesen mivel a zöldenergetikai rendszerek között kevés, ami folytonosan és stabilan termel, illetve a fogyasztás is állandóan változik, ezért ez azt eredményezi, hogy a legtöbb agglomeráció néha lead energiát, néha felvesz. A leadásért nem fizet, de a felvételért igen, hiszen akkor hozzá szállítanak energiát. Ebből finanszírozható a rendszer fenntartása. A fizetés mértéke annál nagyobb, minél távolabbról jön az energia. A bevétel egyik része a fenntartásra, a másik része természetesen a Globális Grid fejlesztésére költendő, melynek következtében globálisan fokozatosan tovább csökken az energia költsége. Így mindenhol egyre olcsóbb lesz az energia. Ha az energialeadásért nem fizetünk, már az is csökkenti a villamos rendszer üzemelési költségét, hiszen ha a túltermelésünket elnyeli a Globális Grid, akkor nem kell visszaszabályozni bizonyos erőműveket, aminek jelentős költségei vannak.

Erre jogosan mondhatod azt, hogy nem működne, hiszen egy ilyen rendszerben minden agglomeráció az energiatárolási kapacitásának fokozására törekedne annak érdekében, hogy ne kelljen fizetnie a távolról jövő energiáért. Azonban az energiatárolás egyrészt drágább, mint a távolról jövő zöldáram fogadása, másrészt abban az esetben meg lehet adóztatni az energiatárolást, ha nem globális érdekeket szolgál. Azaz a Globális Gridben az önző célú energiatárolás lehetséges, de feleslegesen drága. A Globális Gridet üzemeltető szakmai szervezet a stabil energiaellátás érdekében természetesen létre kell hogy hozzon energiatárolási kapacitásokat, de ezt olyan helyeken, gócpontokban tenné és olyan kapacitásokkal, melyekkel fenn tudja tartani a Globális Grid stabilitását. Ezek az energiatárolók nem kötődnek agglomerációkhoz, hanem a Globális Grid rendszer elemei. A Globális Gridet viszont az agglomerációk tartják fenn, így ezen a szinten is megvalósul a kölcsönös függés elve.

A fent leírt folyamat tulajdonképpen már megtalálható csírájában. Az elektromosenergia-hálózatok egyre inkább interkontinentálisak, és a villamosenergia-szolgáltatók is egyre nagyobb területeken szolgáltatnak. A zöldenergia-rendszerek arányának növekedése arra kényszeríti a rendszert, hogy egyre nagyobb számú fogyasztó legyen a közös rendszeren, mert így nő a rendszer kiegyenlítődési valószínűsége, és csökken az energiatárolás, illetve a fosszilis alapú szabályozott erőművek működtetési igénye.

A Globális Grid kiépítésének akadálya a nemzeti szintű energiapolitikai gondolkodásban rejlik. Minden ország igyekszik energetikai túlkapacitásokat kiépíteni, három okból. Az egyik, hogy maximális biztonságban tudja saját országának energiaellátását, másrészt azért, mert az energiaexport jó üzlet, harmadrészt az olcsó energia a globális gazdasági verseny egyik alapparamétere. Így az országok önérdeke globális szinten összegezve irreális mértékű túlkapacitások kiépítését eredményezi. Ha országok szintjén gondolkodunk, akkor a zöldenergia-rendszerek arányának növelése a rendszer szabályozási költségeinek növekedése miatt a villamos energia áremelkedésével jár. Ezzel a gonddal egyre több ország néz szembe napjainkban, amikor a klímavédelmi fejlesztések miatt az energiamixben nagy szerepet játszik a zöldenergia.

A Globális Grid esetében nem kellenek túlkapacitások, az energia mindenki számára olcsó. Ehhez nem kell más, csak bátorság ahhoz, hogy a nemzeti szintű önzés világából ki merjünk lépni a kölcsönös függés sokkal sikeresebb világába. De ezt már jól értjük, hogy miért, ugye?

5.4. Egyensúlyi stratégiák

Képzelj el egy olyan jövőt, ahol már stabilan működnek az agglomerációk. A világ úgy néz ki, hogy minden agglomerációt gyönyörű természeti környezet vesz körül. Az összefüggő természeti területek „tengerében" egy-egy szigetként jelennek meg a modern agglomerációk. Az Emberiség és a Természet egymással egyensúlyban él. Ez az alapja az emberi társadalom hosszú távú fejlődésének, virágzásának, illetve annak, hogy fennmaradjon az emberi kultúra és utódaink boldogan élhessenek! Ebben a jövőben az agglomerációk által kibocsájtott bárminemű szennyezőanyag nem több, mint a körülötte lévő természeti terület asszimilációs képessége. Kérlek, próbálj meg elképzelni egy ilyen világot! Ugye, milyen csodálatos ez a kép?

Akármennyire hihetetlen vagy utópisztikus ez az álomkép, tudom, hogy 3–5 generáció alatt el tudunk jutni ide. Tudományos és technológiai értelemben felkészültek vagyunk erre! A kérdés csak az, hogy milyen sebességgel zajlik le a társadalmi–gazdasági átalakulás. Ezekhez pedig nem szükséges más, mint újszerű gondolkodásmód.

Most induljunk el egy mai kezdetleges agglomerációból. Tegyük fel, hogy az agglomerációalkotás szabályait a saját területét illetően elfogadta az Európai Unió, és elindul ez a szerveződési folyamat. Ennek megfelelően pár település agglomerációba tömörült. Az agglomeráció mai képe: kevés, foltokban található természeti terület, mindent átszelő úthálózat, sok mezőgazdasági terület és szétszórt települések az agglomeráció területén. Az agglomeráció kibocsátása a körülötte lévő természeti környezetma-radványok asszimilációs képességének sokszorosa. A rendszer teljes egyensúly-talanságban van. Hogyan lesz ebből az az álomszerű kép, amelyet az írás elején mutattam be?

Ahhoz, hogy ezt megértsük, be szeretném mutatni neked az agglomeráció egyensúlyi stratégiáit! Az egyensúlyi stratégiák lényege, hogy az agglomeráció és a körülötte lévő természeti környezet közötti egyensúlyt középtávon milyen módo-kon tudja elérni. Felsorolom az egyensúlyi stratégiákat, majd mindegyikről írok bővebben:

1. Csökkenti a lakosságszámát (pl. áttelepülések), természetesen demokrati-kus úton.

2. Csökkenti bizonyos iparági kibocsátásait a termelés visszafogásával, vagy az iparág áttelepülésével.

3. Magas energia- és anyaggazdálkodási hatékonyságú rendszereket épít ki.

4. Emissziószegény technológiákat használ fel.

5. Magas hatásfokú tisztítórendszereket alakít ki a problémás kibocsátásokra vonatkozóan.

6. Megváltoztatja a helyi fogyasztási szokásokat.

7. Emissziómegkötő technológiákat épít ki (pl. CCU, CCS).

8. Csökkenti a területét, növeli a körülötte lévő természeti területek kiterjedését.

9. Növeli a meglévő természeti területek asszimilációs képességét, revitalizációval.

Most pedig nézzük részletesen az egyes stratégiákat.

Népességszám-csökkenés: ez (mint minden ebben a könyvben) termé-szetesen csak demokratikus eszközök mentén történhet! A népességszám bizo-nyos régiókban természetesen is csökken. Ma a politika ezt úgy éli meg, mintha világvége lenne belőle. Pedig ez nincs így, de erről részletesebben a Népesség

Programban fogok írni. A lényeg, hogy a népességfogyás nem bűn és nem rossz! Az agglomeráció szintjén természetesen helyi szabályozással lehet limitálni a bevándorlást is, illetve lehet különböző ösztönzőkkel segíteni az elköltözést. Ezekkel az eszközökkel 3–5 generáció alatt fokozatosan kitűzhető az agglomerációra vonatkozó egyensúlyi népességszám elérése. Az itt leírtakat hatékonyan fogja segíteni a Népesség Programban bemutatandó 3 módszer is.

Ipari termelés csökkentése: egyes agglomerációkban olyan mértékű az ipari termelés, hogy az általa kibocsátott emissziót az elérhető legjobb technika esetén sem tudná asszimilálni a körülötte lévő természeti terület. Ekkor az agglomeráció stratégiai döntést hozhat arról, hogy bizonyos mértékben mérsékli a helyi termelést. Ez nem a termelési volumen csökkentését jelenti, hiszen azt semelyik gazdasági szereplő nem vállalná fel. Ez alatt bizonyos gyártási folyamatok áttelepítését értjük más – kevésbé terhelt – agglomerációkba. Ennek az elvnek óriási jelentősége van a szegényebb régiók felzárkóztatása, a gazdasági jólét szélesebb elterjedése érdekében. Hiszen ahol nagy a szegénység, ott általában jóval kisebb az emisszió, így a gyárak ezen területek felé tudnak „terjeszkedni". Afrika például az egyetlen még mindig karbonnegatív földrész.

Magas energiahatékonyságú, illetve energiatakarékos rendszereket épít ki, fokozza az anyaggazdálkodását: az agglomeráció mindent megtesz akár az ipar, akár a lakosság, akár a közlekedés vagy egyéb szektor fogyasztása tekintetében energiafogyasztásának csökkentése érdekében. A cél, hogy az elérhető legjobb technikák segítségével minimalizálja az energiafogyasztását és ezzel mérsékelje a kibocsátásait. Például: az agglomerációban mindenhol csak ledes világítást szabad használni, vagy például minden robbanómotort elektromos motorra cserélnek. Utóbbi energiahatékonysága az előbbinek több mint a duplája. Tulajdonképpen ezek a fejlesztések a legnépszerűbbek ma is. Az anyaggazdálkodás folyamatos fejlesztése csökkenti a nyersanyagigényt és számos más tekintetben a környezet terhelését is, így ezzel is lehet fokozni az egyensúly felé az agglomeráció alkalmazkodását.

Emissziószegény technológiákat épít ki: ebbe a stratégiai csomagba tartozik minden olyan beavatkozás, mely vagy mérsékli vagy megszünteti bizonyos tevékenységek emisszióját. Ide sorolandók például a megújulóenergia-termelési eljárások, a regeneratív mezőgazdaság vagy az elektromos közlekedés. Természetesen bizonyos konkrét intézkedések esetén lehet átfedés az előző stratégia és e között. A lényeg az emissziók lehető legnagyobb mértékű csökkentése, melyrévén mérséklődik az egyensúlyhoz szükséges természetiterület-igény.

Helyi fogyasztási szokások megváltoztatása: hihetetlen mennyiségű emissziócsökkenést lehet elérni a fogyasztási szokásaink megváltoztatásával! Egy agglomeráció ezek érdekében létrehozhat célirányos propagandát, vagy extra adókkal terhelheti a környezetpusztító fogyasztói szokásokat. Finnországban például drasztikusan mérséklődött az alkoholizmus, amikor Európa egyik legmagasabb adójával terhelték meg az alkoholtartalmú italokat. Miért ne lehetne ugyanezt megtenni a marhahússal, a pálmaolajjal, a tejjel, a kávéval vagy például a jégkrémmel? Ezek mindegyike nagyságrendekkel több ÜHG-kibocsátást okoz, mint más élelmiszerek. Én már egyiket sem fogyasztom, és mégsem vagyok semmivel sem boldogtalanabb. (Na jó, havi egy-két kávét azért megiszom...)

Magas hatásfokú tisztítórendszereket vagy emissziómegkötő rendszereket épít ki: ez a stratégia a kibocsátott emissziókkivonását célozza, mielőtt az a természeti környezet határát eléri. Ilyenek lehetnek a gyárkéményekre szerelt tisztítóberendezések vagy a szenny-víztisztító-telepek az agglomeráció határánál. Az agglomeráció dönthet úgyis, hogy olyan rendszereket telepít, melyek a CO_2-t vagy más szennyezőanyagot mesterségesen vonják ki a légkörből, a vízből, a talajból. A lényeg az, hogy a tisztítási technológiák hatására csökken a természeti területek terhelése, így közelebb lehet kerülni az egyensúlyi állapothoz.

Csökkenti a területét: a mai területhasználatok eléggé elnagyoltak. Sokat autózom, és közben ilyen szemmel figyelem a tájat. Az Ember által intenzíven használt területek között erdősávok, vízfolyások menti bokrosok, árterek, parlagon fekvő területek vannak. A településeken belül is sok a parlagon fekvő, beépítésre váró terület. Az Emberiség nem él helyhatékonyan. Ennek következménye a természeti területek mozaikosodása. Képzeld el, hogy az agglomeráció területét 99%-os hatékonysággal kihasználjuk, az így felszabaduló területeket pedig visszaadjuk a Természetnek! A meglévő természeti területek határán újabb területeket csatolunk hozzá, és azokon hagyjuk a Természet megerősödését. Mindezt úgy tesszük, hogy az agglomeráción belül kihasználjuk a kihasználatlan területeket, és így az agglomeráció határainál lévő területhasználatokat belsőbb, kihasználatlan területekre helyezzük át. Az eredmény az agglomeráció területének fokozatos összehúzódása és a körülötte lévő természeti területek növekedése, melynek hatására nő a természeti környezet asszimilációs képessége. Ugyanakkor az agglomeráció emissziója csökken, hiszen kisebb területen kevesebb közlekedéssel, közművel stb. lehet ugyanazt a szolgáltatási szintet elérni. Tehát az együttes emisszió is csökken.

Revitalizáció: az agglomeráció stratégiája lehet az is, hogy a körülötte lévő természeti területek asszimilációs képességének fokozódását revitalizációs projektekkel segíti elő. Ilyenek lehetnek például vízpótlások, növénytelepítések, bizonyos fajok újratelepítése stb.

Minden agglomeráció a helyi viszonyokhoz mért optimális arányban ötvözheti a fenti stratégiákat. Csak a globális célok közösek, a megoldás mindig a helyi viszonyokra adaptált! Minden agglomerációnak különböző stratégiákra van szüksége, hiszen a természeti környezet és az agglomeráció között különböző mértékű az egyensúlytalanság. Ugyanakkor minden agglomerációban mások a belső emissziós és tevékenységi arányok, továbbá a népsűrűségi mutatók is.

A fenti stratégiák helyi viszonyokhoz adaptált optimális kombinációjával elérhető, hogy 3–5 generáción belül olyan világban éljünk, amely egyensúlyban van a természettel. A rendszer fokozatosan állítja fejlődő pályára az Emberiséget. Az egyensúly elérése érdekében szükséges átalakulások átrendezik és egyben fejlesztik a gazdaságot, így ez a fokozódó jólétnek is motorja.

Valószínűleg felmerült benned a kérdés, hogy miért nem lehet ezeket a fejlesztési stratégiákat a települések vagy a nemzetállamok szintjén elvégezni. A válaszom egyszerű: a meglévő természeti területek maradványai általában nem egyeznek az országok vagy városok határaival (persze lehetnek olyan országhatárok, ahol vannak ilyen egyezések). Ezeket mint **a Természet revitalizációs magjait meg kell tartani és ezekhez kell fokozatosan hozzábővíteni újabb és újabb területeket.**

Szóval az agglomerációk határvonalait a meglévő természeti területek alapján kell megállapítani. Ezek azok a legfontosabb adottságok, amelyekre a rendszer épül. Ezek a természeti területmagok azok, melyekből újra tud erősödni a Természet, ha azonnal nekilátunk a munkának.

5.5. Az alulról való kezdeményezések ereje, avagy hogyan alakul ki ez a rendszer?

Az agglomerációk kialakulhatnának úgy, hogy létrehozunk egy globális agglomerációs irányelvet, majd azt elfogadja az egész világ, és szépen felépítjük ezt a rendszert. Ez csodálatos lenne, de ez nem reális. A világ politikusai évtizedekig vitatkoznának az agglomerációs irányelv szövegén, miközben az összeomlás határára sodródna az Emberiség.

A rendszer mégis működőképes, és globálisan fel fog épülni. Jogosan teszed fel a kérdést: de hogyan? Kinek lesz ez az érdeke? Ki fogja ezt elkezdeni? Mivel a mai világ még a versenyre épül, ezért ki fog ebből versenyelőnyre szert tenni?

A válasz egyszerű, de mégis izgalmas. Ha ezt a könyvet elolvasod, rá fogsz ébredni, hogy ez az egyetlen megoldás arra, hogy a környezetedben még meglévő természeti értékeket megmentsd a teljes pusztulástól. De ez még nem elég ahhoz, hogy sokat tegyél ezért, ugye? Ugyanakkor arra is rá fogsz jönni, hogy ez az egyetlen út arra is, hogy az a régió, ahol te élsz, középtávon versenyelőnyt szerezzen más agglomerációkkal szemben! Tudniillik már elkezdődött a népvándorlás a világban.

Egyre több az élhetetlen terület. Azok a régiók fognak felértékelődni a jövőben, ahol ép természeti környezet és magas emberi boldogságszint van. Az Agglomerációs és Revitalizációs Program ennek a kereteit adják meg! Szóval ma el kell kezdeni az átalakulást azért, hogy a te régiód ne a kipusztulás felé sodródjék, hanem meg tudja tartani természeti, kulturális és gazdasági értékeit, és ezzel fenntartsa fejlődésének folyamatosságát. Mi kell ehhez? Pár olyan település összefogása, melyeket meglévő természeti területek maradványai vesznek körül. Ez nem túl nagy lépték ahhoz, hogy alulról épülő kezdeményezésként létrejöjjön. Ez a települési összefogás lesz az első mintaagglomeráció! Ők lesznek a verseny nyertesei, mert elsőként lépnek be ebbe az saját magukat megmenteni képes rendszerbe. Ha híre megy az első agglomeráció megalakulásának, akkor egyre többen fognak hasonlóan gondolkodni. Innen már futótűzként fog terjedni és fejlődni a rendszer. Minél több régió kapcsolódik bele, annál több nemzeti-politikai erő áll a rendszer mögé. A nemzetek közötti megállapodások a jó gyakorlatok ütköztetése révén fognak kialakulni, míg szép fokozatosan globálissá válik a rendszer.

A jó az, hogy minden egyes agglomeráció elindulása már egy lokális világmegmentési akció is! Szóval így fokozatosan növekvő és erősödő klímavédelmi társadalmi hálózattá tudunk erősödni, miközben a hatékony klímavédelem pozitív hatásainak csírái már a kezdetektől tapasztalhatók.

5.6. A területhasznosítása ráta és az agglomeráció határvonalának módosítása

Minden agglomerációban évente szükséges mérni a területhasznosítási rátát. Ez a ráta a ténylegesen aktívan használt és a teljes agglomeráció területének aránya. A cél, hogy hosszú távon ez az érték 99% felett legyen, mint ahogy azt már fentebb említettem. Egy mai átlagos európai területen ez a ráta 50% alatti. A cél szem előtt tartásával fokozatosan vissza lehet adni területeket a Természetnek, **így** zsugorodni kezd az agglomeráció határvonala, melynek jótékony hatása, hogy teret adunk a Természetnek.

Gyakran felteszik a kérdést, hogy a Természetnek visszaadott területek hatására nem kerül-e helyszűkébe az Emberiség. A területhasznosítási rátával történő területszabályozás pont ezt segíti elő, hogy ez ne legyen így. Hiszen csak annyi területet adunk vissza a Természetnek, amennyi a területhasznosítási ráta fokozatos növekedésével felszabadítható. Ha ennek hatására még mindig túl nagy az agglomeráció és a körülötte lévő természeti terület egyensúlytalansága, akkor azt a többi egyensúlyi startégiával kell feloldani. Szóval ebben a rendszerben marad elég hely az Embernek.

Az agglomeráció tehát a területének minimalizálására törekszik. De felmerül a kérdés, hogy mi van akkor, ha a természeti terület alatt egy értékes nyersanyaglelőhelyre bukkannak. Természetesen ilyenkor annak kiaknázása érdekében abban az irányban kiterjeszthető az agglomeráció határvonala, de cserébe az agglomerációnak legalább akkora és azonos természeti értékű területet kell visszaadnia a Természetnek. Az természetesen nem lehetséges, hogy az agglomeráción belülről a természeti terület alá építkezünk, és így „kicselezzük" a rendszert! Erre számos példát lehet látni a múltból. A részletes szabályok kialakításánál gondolnunk kell majd az ilyen „trükkökre"!

5.7. Agglomerációk közötti utazás és áruforgalom

Kérlek, gondolj bele: ha repülővel utazol Budapest és New York között, akkor annyi CO_2-kibocsátást okozol, mint amennyit a Föld egész életed időtartama alatt a rád eső egyéb kibocsátást tekintve meg tud kötni. Szóval egyetlen ilyen úttal már elfogyasztod az általad életed során okozott lehetséges kibocsátást. Tehát a földrészek közötti turizmus nagyon erősen belejátszik a Föld túlterhelésébe.

További probléma, hogy a globalizálódó kereskedelem révén nagyon sokszor termékeket rendelünk az interneten úgy, hogy nem is tudjuk, hogy azok esetleg a Föld másik feléről érkeznek. A globális kereskedelemből eredő környezetterhelés óriási. A globális kereskedelem nagy „trükkje" az, hogy az olcsó munkaerővel rendelkező szegény országokban előállított termékeket a világ gazdag részein adják el. Emiatt egyre kisebb arányú a helyben termelt termékek vásárlása. Sok más tényező is közrejátszik, de a közlekedési szektorban a globális CO_2-kibocsátás legfőképpen ezek következtében 50–250%-kal fog növekedni a következő 30 évben, ha nem változtatunk ezen valahogy (Paul Hawken, 2020).

De hogyan? Az agglomerációs rendszer erre ad megoldást!

Természetesen az agglomerációk között biztosítani kell az áruk szállításának és az Emberek utazásának szabadságát. Azonban adózással mérsékelni kell az irreális távolságokból való szállítást. Minden agglomerációk közötti utazást vagy áruszállítást meg kell adóztatni. Az adó mértéke annál nagyobb, minél messzebbre utazunk vagy szállítunk, illetve hogy ez minél környezetkárosítóbb módon történik. Például megtehetem, hogy hajóval vagy repülővel megyek a Föld másik felére. Az adó mértéke nyilván jóval magasabb lesz a repülésre vonatkozóan. Ugyanakkor eldönthetem, hogy egy távoli vagy egy közeli agglomerációba menjek-e nyaralni a családdal. Minél messzebbre utazunk, annál több adót fizetünk. Ez a megoldás nem korlátozza a szabadságunkat, csak elvárja a polgároktól, hogy vállalják tetteik környezeti következményeit.

A rendszer hatására **újra megerősödik a lokális kereskedelem, gyártás és turizmus.** A felesleges szállításból eredő környezet- terhelés megszűnik. Az Emberek beépítik az utazási szokásaikba a környezettudatos gondolkodást. A cégek egyre környezettudatosabb szállítási módszerek alkalmazásában lesznek érdekeltek, ami nagy lendületet ad az elektromos- és hidrogénalapú közlekedés fejlődésének. Hiszen ha környezettudatosabb módon szállítják termékeiket, akkor kevesebb adót kell fizetniük. A cégek abban is érdekeltek lesznek, hogy helyi vagy közeli beszállítókat válasszanak maguknak. Szóval ezzel mindenki jól jár! Igaz, hogy a profitmaximalizálás nem lesz olyan mértéktelen és könnyű, mint most a globális piacon, de cserébe élhetőbb bolygón fogunk élni. Ha az adók bevezetése és emelése fokozatos, továbbá előre prognosztizált, akkor a kereskedelemben, árufuvarozásban, turizmusban érdekelt szektorok jelentős gazdasági visszaesés nélkül fel tudnak készülni az átállásra.

Ennél a pontnál szokott felmerülni az az ellenérv, hogy ez beszűkíti a szabadságunkat, illetve mérsékli a lehetőségeinket. Ez természetesen nem igaz. Továbbra is utazhatok bárhová és megvehetek bármilyen messziről származó termékeket. Annyiban fog változni a helyzet, hogy felerősödnek a helyi értékek és a távoli termékek, szolgáltatások igénybevétele ritkább lesz. Ugyanígy nézve azt is jobban meg fogjuk fontolni, hogy milyen messze utazunk. Véleményem szerint attól nem leszek boldogtalanabb, ha például Magyarországon csak ünnepnapokon iszom kaliforniai bort, és máskor a helyi – egyébként finom – borokat fogyasztom.

5.8. Össznépi Boldogság Index (ÖBI)

Az Agglomerációs Program eddigi fejezeteiben legfőképp az Ember és a Természet egyensúlyáról beszéltünk. A Program egyik fő pillére tényleg az, hogy az agglomerációk és a körülötte elhelyezkedő természeti területek emisszió–asszimiláció mérlege egyensúlyba kerüljön. Azonban ha már eddig eljutottál ebben a könyvben, akkor számodra egyértelmű az alábbi kijelentés: **minden egyensúlyi állapotot meghaladó környezetszennyezés, illetve környezetpusztítás az emberi lélek problémáiból ered.**

Ez okozza azt az egyértelmű következményt, hogy az emberi boldogság fokozása nélkül nem képzelhető el a Természettel való egyen súly. Emiatt az agglomerációk másik fő pillére az Össznépi Boldogság Index (ÖBI) maximalizálása. Ennek „technikai" részleteit később, a Boldogság Programnál fogom neked bemutatni. Itt az elv megértése a fontos. Az agglomerációk célja, hogy az ott élő Emberek a

lehető legboldogabbak legyenek, hiszen ha fokozódik az Emberek átlagos boldog-
sága, csökkennek a társadalmi és természeti feszültségek.

Most, hogy ezt már ilyen tisztán látjuk és értjük, térjünk rá az ÖBI-re. Az ÖBI
ma már tudományosan mérhető. Pontosan tudjuk, hogy milyen szempontok ját-
szanak szerepet az Ember boldogságában. Ezek egy társadalmi rendszeren belül
ténylegesen kiszámíthatók, például egy városra, országra vagy akár egy agglomerá-
cióra. Ugyanakkor Bhután kezdeményezésére az ENSZ a világ összes országára
bevezette az ÖBI számítását. Ezért az ENSZ ennek eleget téve évente kiszámítja
minden országra a boldogságindexet, melynek eredményeit az interneten meg is
tudod nézni. Az ENSZ-féle boldogságindex azonban merőben eltér a Bhután által
javasolt indextől. Az ENSZ természetesen nagyon magas arányban veszi figyelembe
az indexben a gazdasági előnyöket, míg a lelki kérdéseket csak minimálisan. Ezzel
szemben Bhután javaslatában a lelkiség kapja a fő szerepet. Szóval Bhután vezetése
szerint Bhután országában van a legnagyobb össznépi boldogság, ezzel szemben az
ENSZ szerint Bhután csak a középmezőnyben tartózkodik. Az ENSZ rangsora sze-
rint a skandináv országok a világelsők.

Nem vagyok „utazós típus", mert tisztában vagyok az utazás mérhetet-
len ökológiai hatásaival, ugyanakkor ma már azt is tisztán látom, hogy a belső
béke és a boldogság nem az új élmények hajszolásában rejlik. Az utazás is egy
módja új élmények begyűjtésének és sokan szinte a függőség szintjéig növelik
ezt a szokásukat. Mindezek ellenére egyszer nagyon szívesen eljutnék Bhutánba
azzal a céllal, hogy egy ideig éljek is ott. Nem reális vágy, hiszen annyi minden
Magyarországhoz köt. Egyébként meg nyilvánvalóan nem véletlenül születtem ide.
Itt van dolgom, itt van feladatom. De miért is vágyom annyira Bhután levegőjére?

Bhután politikai vezetése az ország népességének maximális boldogságát
tartja szem előtt. A fő cél a maximális boldogság elérése, fenntartása. A lakos-
ság buddhista. A buddhistákról tudni kell, hogy vallásuk a legnagyobb mértékben
a Természetet tisztelő vallás. Ez az ok, amiért az én lelkemhez is ez áll legköze-
lebb, bár nem tartozom egyetlen vallási felekezethez sem. A buddhisták hisznek

a lélekvándorlásban, és minden élőlényre úgy tekintenek, mintha elhunyt szüleik vagy nagyszüleik lennének, hiszen nem tudhatják, tényleg így van-e. Szóval nem ölnek meg, nem sebesítenek meg semmilyen élőlényt, csak akkor, ha az az életük fenntartása érdekében elengedhetetlen. Hiszen úgy tartják, hogy szüleik és nagy-szüleik örömmel áldoznák fel életüket gyermekük életéért, de mivel ez egy óriási „ajándék", ezért ezzel csak végső esetben lehet élni. Ez a tudatosság átitatja a tár-sadalmat, így nincs felesleges környezetpusztítás, és nem mellesleg az Emberek őszinte és tiszta emberi kapcsolatokban élnek. Természetesen ennek következmé-nye az egyszerűség. A társadalom békésen, harmonikusan, de egyszerűen él. Az anyagi jólét sokadrangú kérdés. Egy példával tudom ezt illusztrálni. Jó pár éve végeztek egy szavazást: az országnak összegyűlt annyi pénze, hogy minden faluba el tudják vinni az elektromos áramot. A népszavazáshoz kiadott szórólapon leír-ták, hogy mennyi előnye van annak, ha minden lakóházat elektromos árammal tudnának ellátni. Ugyanakkor azt is beleírták, hogy az országnak csak légkábe-lek kiépítésére van pénze. A légkábelek viszont veszélyesek a madarakra. Ugyan nem sok madár pusztul el a légkábelek által, de a semminél több. Az ország lakos-sága egyértelműen leszavazta az elektromos ellátás megvalósítását. Szóval ott a Természet tisztelete nem vicc!

Bhutánban emiatt szinte sértetlenek az ökológiai rendszerek, hiszen az Emberek tényleg harmóniában élnek a Természettel. Ez az ország tökéletes minta a Revitalizációs Programban bemutatott elvekre és a többi program számos elvére is. Szóval egy igazi, és szinte majdnem kész agglomeráció már létezik a Földön! Igaz, hogy az országban nincs demokrácia... Szóval ott is van mit tenni egy boldo-gabb jövőért!

Bhután 2009-ben a Koppenhágai Klímacsúcson ígéretet tett, hogy karbon-semleges marad. A 2015-ös Párizsi Klímacsúcson bemutatták, hogy a világon egyedüli országként betartották ígéretüket, sőt fogadalmat tettek arra, hogy ezt a jövőben is fenntartják. Ami még izgalmasabb, hogy túl is teljesítették, mert ők az egyetlen negatív karbonmérleggel rendelkező ország a világon! Szóval nem csak mellébeszélnek, hanem tényleg azt teszik, amit mondanak. Náluk a bruttó nemzeti termék (GDP) helyett a bruttó össznépi boldogság a társadalom fejlődésének mérőszáma. Ez a gyakorlati példa jól mutatja, hogy a társadalmi megvalósulás csírájában már létezik. **A Természettel való egyensúly és a valódi boldogság kéz a kézben járnak!** Egyik sem képzelhető el a másik nélkül, amíg az Ember a domináns faj a Földön. Ebben az országban teljesen ingyenes az oktatás és az orvosi ellátás, még a gyógyszerekért sem kell fizetni. Az egészség és a tudás alanyi jog. Fontos számukra a gazdasági fejlődés, de nem okozhatja az kultúrájuk rombolását és csodálatos természeti értékeik pusztulását. Az országuk területének 72%-át erdő borítja, ennek ellenére a hercegük születésének ünnepléseként 108 ezer db fát ültettek el. A jelenlegi fő céljaik: az orvvadászat teljes megszüntetése, továbbá a bányászat és a vadászat beszüntetése az összes természetes erdei területükön.

Hol vagyunk mi ettől a „civilizált" Európában? Erre a kérdésre adott választ rád bízom. Jó kérdés, hogy Svédországban vagy Bhutánban boldogabbak-e az Emberek! Szerintem ez legfőképp azon múlik, hogy kinek mi a fontos. Akinek az anyagi biztonság az első és a demokrácia, az valószínűleg Svédországban érezné jobban magát. Akinek a lelki fejlődés, a mély emberi kapcsolatok és a tiszta természeti környezet, az Bhutánban.

Ebből láthatod, hogy az agglomerációk ÖBI-jének számítására már megvannak a társadalmi alapok, csak abban kell majd konszenzust kötni, hogy hogyan számoljuk ki. A véleményem az, hogy itt is a helyi specifikumok figyelembevételére alkalmas ÖBI-indexre van szükség. Azaz a különböző társadalmi berendezkedés, a különböző kulturális szokások az Emberek boldogságról alkotott eltérő képét eredményezi. Tehát fontos, hogy az ÖBI számítása vehesse figyelembe az agglomerációk egyediségeit. Az ENSZ számítási metódusában pont ez a nagy hiba. Egységes számítási módot használ, **miközben a keleti világban teljesen más a boldogságról alkotott kép, mint a nyugatiban.** Ez utóbbi túlzottan anyagias és racionális, az előbbi pedig spirituális. Azt, hogy melyik a helyesebb, nyilván az agglomerációk maguk dönthetik el és saját kedvükre súlyozhatják. Azért nem fontos, hogy egységes legyen az agglomerációk számítási metódusa, mert nem az egymással való versengés vagy összemérhetőség a cél. **A cél az, hogy helyben összevethetővé váljon, hogy helyes irányba haladunk-e, és az agglomeráció saját magával legyen őszinte. Az ÖBI változása egy tükör, ami segíti jó úton tartani a társadalmi fejlődésünket.** Szóval többféle agglomeráció többféle pályán tud elindulni a közös célok elérése érdekében. Így egymástól tanulva fokozatosan ki fog alakulni, hogy mely régióban, kulturális vagy vallási területen melyik stratégia a leghatékonyabb. Így a szélsőségek elkerülésére is van mód. Nagyon fontos, hogy megértsük: egyik agglomeráció sem kérheti számon a másikon, hogy mit miért csinál úgy, ahogy csinál! Így az ÖBI alakítási módjába sem szólhat bele senki. A különbözőség tiszteletének az agglomerációk között is ki kell alakulnia! Az ÖBI mérési rendszere egy tükör, mely mutatja, hogy helyes irányba haladnak-e az adott agglomerációban, vagy sem.

5.9. Nemzetközileg védendő területek

Vannak olyan nagy kiterjedésű természeti területek a Földön, melyek védelmét az agglomerációknak közösen kell megoldaniuk. Ezekre létre kell hozni egy globális természetvédelmi szervezetet, amelyre már utaltam. Jelen fejezetben azt szükséges megérteni, hogy ezen nagy kiterjedésű területek asszimilációs képessége arányosan elosztandó az agglomerációk között, cserébe az agglomerációknak közösen és arányosan kell megoldaniuk a szervezet fenntartását.

5.10. A bevezetés hatásai

Úgy érzem, mostanra már körvonalazódik benned egy jövőkép arról, hogyan tud Ember és Természet egymással egyensúlyba kerülni úgy, hogy az Emberiség átlagos boldogsága is fokozatosan emelkedjen. Az eddig bemutatott két program megvalósulása számos kedvező hatással jár, melyeket röviden szeretnék neked összefoglalni:

- Globálisan csökken az Emberiség károsanyag-emissziója.
- Globálisan növekszik a Természet asszimilációs képessége.
- Elkezdődik a bolygó tudatos „visszahűtése" az ipari forradalom előtti egyensúlyi szintre.
- Az új agglomerációs rendszer egy települési, ipari, kereskedelmi és mező-gazdasági átrendeződést indít el, mely a jelenleginél sokkal hatékonyabb. Ez a gazdasági és társadalmi fejlődés motorja.
- Megvalósul a teljesen demokratikus elveken alapuló hatékony népes-ségszabályozás alapja, azáltal, hogy agglomerációnként definiálható az egyensúlyi népességszám. Erre épül egy rendszer, melynek részletezésére később, a Népesség Program ismertetésénél térek majd ki.
- A közlekedési és közműrendszerek, illetve a települési struktúrák átalakí-tása új beruházásokat indít, hiszen az agglomerációs rendszer már bemu-tatott kapcsolati elvárásai jelentősen eltérnek a jelenlegi infrastrukturális rendszertől.
- Az energiahatékonyság, az energiagazdálkodás terén az agglomerációk modernizálása szintén gazdaságélénkítő hatású. Mindemellett ezáltal kényelmesebb, modernebb és ökohatékonyabb környezetben fogunk élni.
- Az önálló agglomerációk rendszere alapot ad egy új globális társadalmi rendszer kialakulásához, mely nem a nemzetek egymással szembeni ver-sengésére épül. Ennek részleteire visszatérek majd a Társadalom Program bemutatásánál.
- Az új agglomerációs rendszer biztosítja a Természet revitalizációját és a mozaikosodás megszűnését, elősegítve a biodiverzitás újbóli erősödését. Ez tovább fokozza a Természet asszimilációs képességét.
- A Természet jogokat kap, mely segíti az Ember és a Természet

egyensúlyának visszaállítását, és biztosítja az együttélés feltételeit.

- A globális energiapolitika megfelelő alapot kap és kiépülhet a Globális Grid.

- Az energiapolitika terén kialakuló globális kölcsönös függés rádöbbenti arra az Emberiséget, hogy az Élet más területein is sokkal hatékonyabb a kölcsönös függés az önző versengés világánál.

- Agglomerációs Program alapot ad az emberi lelki fejlődéshez is, de mint a könyv későbbi részeiben látni fogjuk, a lelki fejlődés is segíti majd az agglomerációk kialakulását, erősödését.

- Az Emberiség ÖBI-je fokozatosan növekszik, azaz nő az átlagos emberi boldogság szintje, miközben mérséklődik a békétlenség.

A további 4 program (Népesség Program, Boldogság Program, Társadalom Program, Gazdaság Program) ezt az átalakulást segítik. A 6 Program egymást erősítve, egymást támogatva a jelenlegi lefelé húzó spirálból egy felfelé húzó spirálba fordítja át az Emberiség fejlődését. Ehhez az kell, hogy fokozatos legyen és párhuzamosan történjen az egyes programok bevezetése.

5.11. Gyakori kérdések, ellenérvek

Mekkora egy agglomeráció és hogy kell elképzelni ott az Életet?

Az agglomeráció mérete bármekkora lehet, hiszen annak határvonalait a még meglévő természeti területek határozzák meg! Szóval több település együttese és egy-egy nagyobb önálló település is alkothat önálló agglomerációt. Egy agglomeráció akár egy ország méretét is elérheti, de lehet pár falucska által közrefogott terület is. Az agglomerációkban a mostanihoz képest nem fog jelentősen megváltozni az Élet. Az Emberek boldogabbak lesznek és dinamikusabban fejlődő településeken fognak élni. Ugyanakkor az Ember ugyanúgy megválaszthatja, hogy falusias vagy városi környezetben lakna-e inkább, illetve azt is, hogy milyen munkát, lakhatást vagy továbbtanulási lehetőséget tart ideálisnak önmaga számára. Minden tevékenységet az agglomeráción belül végzünk, a mezőgazdasági termeléstől kezdve az iskoláztatásig. A természeti területekre még kirándulni sem mehetünk ki, így a pihenés–kikapcsolódás feltételeit is az agglomeráción belül teremtjük meg azzal, hogy például parkerdőket és horgásztavakat tartunk fenn.

Ami jelentős változás lesz, hogy az egyes agglomerációk között csak egy-egy nagy teljesítményű közlekedési útvonalon lehet majd utazni, így megszűnik a mindent átszövő alsóbb rendű utak hálózata. De fontos kiemelni, hogy ezek az agglomeráción belül megmaradnak, csak az agglomerációk között tűnnek le, hogy csökkentsük a természeti területek mozaikosodását.

A nemzeti kultúra és génállomány védelme nem sérül?

Ettől nem kell tartani. Ennek oka, hogy az agglomerációk határait a természeti területek alakítják, melyek általában nagy folyók, tavak, hegyvonulatok, sivatagok, tengerek stb. Ha megfigyeljük az emberi populáció mint génállomány és az emberi kultúrák területi elhelyezkedéseit, akkor hamar rájövünk, hogy ezek nagyon ritkán kötődnek országhatárokhoz. A génállomány vagy a kulturális berendezkedés általában természeti határok szerint rendeződtek a múltban. A legtöbb országhatárnál a határ túloldalán is nagy számban élnek azonos kultúrájú vagy nemzetiségű Emberek. A politikai–hatalmi erőviszonyok ritkán álltak párhuzamban a génállomány vagy a helyi kulturális szokások területi határvonalaival. Ebből a gondolatmenetből az következik, hogy az agglomerációk sokkal alkalmasabbak a génállomány és a helyi kultúrák megőrzésére, mint a nemzeti határok.

A Globális Grid tönkre fogja tenni a nemzeti energiapolitikát?

A nemzeti energiapolitika igyekszik a nemzeti szintű energiabiztonságot maximalizálni, illetve a lehető legolcsóbb energia biztosításával gazdasági versenyelőnyre szert tenni a többi országhoz képest. A nemzeti energiapolitika továbbá az energiaexport maximalizálásában érdekelt, mert ez tovább erősíti a nemzeti gazdaságot. Ennek a gondolkodásnak az a társadalmi–gazdasági következménye, hogy minden nemzet túlbiztosít. Azaz minden nemzet túlzó mértékű energetikai beruházást hoz létre, így globális méretekben óriásiak a kiépített túlkapacitások. Ha a Globális Grid megvalósul, akkor a világon mindenhol kb. ugyanannyiba kerül a villamos energia, sőt hosszabb távon mindenhol ingyenessé is válhat. Vagyis az energia nem lesz sem a fejlődés gátja, sem pedig a versengés eszköze. Emiatt feleslegesek a túlbiztosítások. Az egymástól való függés elve a lehető leghatékonyabb rendszerek kialakítását teszi lehetővé, ami a legalacsonyabb amortizációs szinten a legmagasabb ellátási színvonalat hozza a lehető legolcsóbban. Ennek eredménye, hogy az Emberiség a kapacitásait más területek fejlesztésére tudja fordítani. A globálisan olcsó vagy ingyenes energia nem lesz gátja a fejlődésnek. Így a Globális Grid a fejlődés motorjává válik. Itt az ideje belátnunk, hogy az energiapolitika már nem kezelhető nemzeti versengés szintjén. Ez egy idejétmúlt őskövület, ami a fejlődésünk gátja, sőt a globális klímaváltozás elleni harc gátja is. Minden ország megteszi a klímavédelmi vállalásokat, de valójában minden nemzet igyekszik minimalizálni a valós tetteket, mert nem akarja annál jobban drágítani az energiarendszerét, mint a többiek. Megint odajutunk, hogy a nemzeti szintű versengés fékezi a hathatós beavatkozás esélyeit.

A természeti területek növekedése nem kerül feszültségbe a magán földtulajdonnal?

Mivel a Természetnek vissza akarjuk adni azokat a területeket, melyeket természeti területnek nyilvánítunk, óhatatlanul sérülni fog a tulajdonlás. Az Ember nem birtokolhatja a jövőben az egész Földet. Ennek nyilvánvaló következménye, hogy az ezeket a területeket birtokló cégek, magánszemélyek károsulhatnak. Azonban az állam feladata az, hogy a természeti területeken megszűnő magántulajdonok károsultjait az agglomeráción belül azonos vagy nagyobb értékű területtel vagy pénzben kártalanítsa. Szóval, ha egy külső természeti terület helyett egy agglomeráción belüli területet kap a tulajdonos, akkor nyilván ezzel jól kártalanítható. A bevezetés természetesen fokozatos. Hiszen először a meglévő természetvédelmi területek adják a jövő természeti területeinek magjait, melyek általában jelenleg is állami vagy önkormányzati tulajdonban vannak. Ezen területek fokozatos növelése során válhatnak szükségessé közcélú kisajátítások a természeti területek érdekében. Ilyenkor válik szükségessé a korrekt kártalanítás. Hogy miből lesz erre pénz? Ezt is meg fogom válaszolni a Gazdaság Programról szóló fejezetben.

A nemzeti öntudat, a saját nemzeti kultúrám tisztelete ezek szerint elavult dolog?

Korántsem az! Az Agglomerációs Programhoz való átállás segítője-támogatója a nemzeti kultúrához való ragaszkodás. Hiszen az agglomeráció jóval alkalmasabb rendszer a helyi kultúra és nyelv védelmére. Szóval az agglomerációs rendszer a nemzeti szintű gondolkodás további fejlődését hozza.

Hogy lesz elég gazdasági erő az agglomerációs rendszerre való átálláshoz?

Az agglomerációs határvonalak kialakításánál nemcsak a meglévő természeti területeket kell figyelembe venni, hanem a meglévő infrastruktúrát is. Tehát felhasználhatók a meglévő autópályák, szennyvíztisztító-telepek, ivóvízhálózatok. Pont ez a nagyszerű ebben a rendszerben, hogy ezért nem kell újjáépítenünk az egész világot, hanem megfelelően irányított műszaki tervezéssel fokozatosan át tudunk állni az agglomerációs rendszerre.

Ha a természeti területeken nem vadászunk és nem avatkozunk be más módokon, akkor túlszaporodnak bizonyos állatok, és ezért fog megbomlani az egyensúly! Ez nem lesz így? Hogyan tartható kordában a megnövekedett állatállomány, ha az betör az agglomeráció területére?

Ha egy természeti területet békén hagyunk, akkor oda a csúcsragadozók is vissza fognak költözni. Így vadászatra csak az átmeneti időszakban lesz szükség.

Ahol már kipusztultak a csúcsragadozók, oda vissza kell őket telepíteni! Az agglomerációk védelme ma már a határvonalra kiépíthető villanypásztorokkal, drónos figyeléssel és számos más technikai eszközzel viszonylag egyszerűen megoldható.

Miért nem vehető figyelembe az agglomeráción belüli asszimilációs képesség az egyensúly számításánál?

Az agglomeráción belüli asszimilációs képesség figyelmen kívül hagyását a mérnöktársadalom „biztonság javára történő elhanyagolás"-nak hívja. Mivel a számítási módszerekben nagy a bizonytalanság, továbbá az Emberek hajlamosak saját társadalmi teljesítményüket jobb színben feltüntetni (egy bizonyos lelki fejlettségi szint eléréséig), mint a valóság, ezért szükséges a biztonsági rátartás.

Az agglomeráció és a természeti területek szétválasztása pont, hogy végleg elhatárolja az Embert és a Természetet, ezért nem helyes ez az elképzelés, hiszen az Ember és a Természet eltávolodását erősíti!?

Az agglomerációk és a természeti területek felé történő társadalmi átrendeződés célja az, hogy ne pusztítsuk el végleg a Természetet, hanem adjunk neki teret arra, hogy visszaerősödjék. Pont ez fog minket megtanítani a Természet tiszteletére! Amikor eljutunk oda, hogy a Természet és az Ember egyensúlya kialakul a Földön, akkor majd fokozatosan feloldhatjuk az agglomeráció és a természeti területek közötti éles határokat.

De ez minimum 6 generáción túli távoli jövő, melyről nem szól ez a könyv.

6. FEJEZET

A változás harmadik programja: Népesség Program

6.1. Ajjaj, túlnépesedtünk

Meggyőződésem, hogy a világ túlnépesedett, de szerintem ezzel nem mondok neked újat. Mégis, mielőtt a megoldással foglalkoznék, szeretném bemutatni a helyzet komolyságát. Nagyon sok ténnyel alá lehet támasztani, hogy túlnépesedtünk: a biodiverzitás csökkenése, a természetes életterületek drasztikus fogyása, az óceánok halállományának nagymértékű csökkenése (számos fajnál már csak 3%-uk maradt fenn!), az esőerdők hihetetlen gyors pusztulása, az egyre gyorsuló klímaváltozás... A helyzet egyértelmű. Az Ember a legerősebb csúcsragadozó lett a Földön, ráadásul modernkori lelki torzulásai révén a mai Ember önzősége és telhetetlensége soha nem látott mértéket öltött. Mindezt fokozza a túlnövekedett lélekszám és a technikai fejlődéssel járó extrém, a természet uralására való vágya és képessége is. Ebből a komplex problémából most emeljük ki a népességszám kérdéskörét.

Ha elképzelünk egy természetes életközösséget, ahogy az evolúció fokozatos és egyensúlyra törekvő fejlődése során kialakult, azt látjuk, hogy több száz hektár természeti területre jut egy csúcsragadozó. Mindegy, hogy egy adott területre vetítve a szavannán vizsgáljuk az oroszlánok természetes fajlagos egyedszámát vagy a tajga erdeiben a medvékét vagy az óceánokban a cápáét, körülbelül hasonló nagyságrendű értékeket kapunk. Ha elfogadjuk azt az állítást, hogy az Ember egy olyan csúcsragadozó, melynek igényei jóval magasabbak, mint bármely más csúcsragadozóé, akkor a természetes egyensúly felborítása nélkül még nagyobb területnek kellene jutnia egy főre, mint az oroszlánok vagy medvék esetében. Leegyszerűsítve: az oroszlánok természetes „népsűrűségénél" ritkábbnak kellene lennie az Emberek átlagos népsűrűségének. Mivel a csúcsragadozók jó részét kipusztítottuk a Földön, tehát mi vettük át a helyüket (például Magyarországon nem él már medve, és farkas is csak ritkán jelenik meg, pedig valaha ők voltak itt a csúcsragadozók), ezért az ő régi egyedszámukat is hozzáadhatjuk az általunk kitölthető maximális népességszámhoz.

Ha ezt a gondolatmenetet továbbvisszük, és a Föld teljes felületére vetítjük, akkor becslésem szerint csak körülbelül 800 millió Ember élhetne a Földön. Ez tizedrésze a ma élő Emberek számának. Persze ez csak egy durva becslés: tudományosan megalapozottan sokkal precízebben is meg lehetne határozni ezt a számot. Ha a technika fejlettségéből eredő hatékonyságnövekedést is figyelembe veszszük, akkor sem lehet sokkal több ez a szám, mert sajnos az ember kényelmi igényei sokkal magasabbak, mint más csúcsragadozóké. Ha az Ember ökológiai lábnyomának vizsgálatából indulunk ki, akkor az derül ki, hogy ha ma minden Ember a Németországra jellemző életszínvonalon élne, akkor 4-5 db Földre lenne szükségünk. Ebből visszaarányosítva legfeljebb 2 milliárd Embert lenne képes eltartani a Föld úgy, hogy az Ember igényei az alapvető emberi méltóság figyelembevételével és azon módon legyen kielégítve, ahogy azt a nyugati világ modellje elvárja.

Összegezve: valahol 800 millió és kétmilliárd fő között lehet a Föld eltartóképessége a mai technikai és társadalmi színvonalon, illetve az Emberiség mai átlagos lelki rezgésszintjén. Nagyon fontos kiemelnem ezen a ponton, hogy ezzel nem állítom azt, hogy csak ennyi Embernek van joga az Élethez a Földön! Természetesen minden Embernek ugyanannyi joga van itt élni. Sőt, azt is kijelenthetjük, hogy a Föld akár 20 milliárd Embert is képes lenne eltartani gond nélkül, ha nem úgy élnénk, ahogyan most.

Szóval az eltartható népességszám természetesen dinamikusan változik a jövőben, mert a technikai–gazdasági színvonal emelkedése növeli az eltarthatólakoszszám-értéket. Az Emberiség lelki fejlődése is ugyanígy hat. Ezzel szemben a természeti környezet pusztulása az eltartóképesség csökkenése által mérsékli ezt a számot. **Arra is van esély a jövőben, hogy a környezetével egyensúlyt találva a természeti környezet további károsítása nélkül töretlenül folytatódjék az Ember technológiai fejlődése.** Ebben az esetben a Föld eltartóképessége javulni fog, így a fentieknél még több Embert lesz képes egyensúlyvesztés nélkül, magas életszínvonalon ellátni. Ez a könyv is azt a célt szolgálja, hogy az Emberiség ebbe az irányba terelődjék. Azonban ha az Emberiség a jelenlegi „fejlődési" tendenciáit követi, a természeti környezet eltartóképessége drasztikus tempóban tovább fog romlani, amit nem kompenzálhat a gazdasági és technológiai fejlődés. Ennek következménye a Föld eltartóképességének romlása, és fejlődésünk megtörése után ez Emberiség hirtelen és sok szenvedéssel járó népességfogyása (a kipusztulása is reális jövő). Még mielőtt valaki azt hinné, hogy ez még messze van, sajnos rossz hírt kell közölnöm: 2040 környékén indul a nagy zuhanás, ha nem változtatunk. De lehet, hogy már előbb...

Szóval, ha nem szeretnénk idáig jutni, akkor az utolsó pillanatban vagyunk ahhoz, hogy változtassunk! A mi döntésünk, hogy a jelenben elénk tárt válaszúton merre megyünk tovább...

6.2. Hogyan oldható meg a túlnépesedés problémája demokratikusan?

Mielőtt belefognék a megoldásba, tűzzük ki a Népesség Program célját! Ez a **cél középtávon az egyensúlyi népességszám elérése.** Egyensúlyi népességszámon a globális népesség azon értékét értjük, amelyet a természeti környezet az adott gazdasági és társadalmi színvonalon képes eltartani, méghozzá a természet egyensúlyvesztése nélkül.

Napjainkban a népességszám az egyensúlyi népességszám többszöröse, de a cél pont az, hogy eljuthassunk az egyensúlyhoz, hiszen az Emberiség hosszú távú fejlődésének ez lehet az egyetlen alapja! A globális népességszám átmeneti csökkenése is szükséges ahhoz, hogy ebbe a szebb jövőbe eljuthasson az Emberiség.

Az egyensúlyi népességszám egy dinamikusan változó érték, amelyet évente újra kell kalkulálni. A számítás egyszerű: minden agglomerációnak a helyi emissziók és a helyi természeti területek asszimilációs képessége alapján ki kell számítania a rá jellemző aktuális egyensúlyi népességszám-értéket. Ha ezeket az értékeket globálisan összegezzük, akkor megkapható, hogy mennyi a globális egyensúlyi népességszám. Ha ezt évről évre összehasonlítjuk az aktuálissal, lesz egy viszonyítási alapunk, és tudunk rövid távú, középtávú, továbbá hosszú távú stratégiákat készíteni.

De térjünk rá a megoldásra! Hogyan jutunk el ide, vagyis milyen stratégiai eszközök állnak rendelkezésünkre, méghozzá demokratikusan?

A túlnépesedés tökéletesen demokratikus megoldásán kb. 25 éve gondolkodom, és szép lassan összeállt fejemben a teljes kép. A népességcsökkentésnek 3 alapszabálya van, melyek a következők:

I. A fogamzásgátlás alanyi jog.

II. A női egyenjogúságot erősíteni és a nőket oktatni kell.

III. Annyi gyermeked lehet, ahány gyermeknek tudod biztosítani legalább egy felnőtt folyamatos, **önzetlen** figyelmét.

Lehet, hogy elsőre furcsának tűnik, pedig ennyi elég ahhoz, hogy először lassuljon a népességnövekedés, majd rövid tetőzés után a népesség elkezdjen fogyni. Ami még fontosabb, hogy ennek hatására nőni fog a jólét, növekedni fog a béke, és javulni fog az átlagos boldogságszint is. No, de nézzük meg, hogy miért?!

Egy az USA-ban készített felmérés szerint az ott született gyermekek 45%-a nem várt gyermek (Paul Hawken, 2020). Sajnos más országokra vonatkozóan nem olvastam ilyen felmérést, de ha egy ilyen fejlett országban ilyen magas ez a szám, akkor azt biztosan kijelenthetjük, hogy a Föld szegényebb régióiban ez az érték magasabb. Durva becslés alapján ez globálisan 60–70% lehet. Ez azt jelenti, hogy átlagosan minden 10 újszülöttből 6-7 esetében nem várták a szülők a gyermek világrajöttét.

Ma már tudományosan bizonyított tény, hogy ha pocaklakókorban a fejlődő gyermekre nem hangol rá érzelmileg elegendő szeretettel az anyuka, akkor az a gyermek durván sérült lélekkel jön a világra (Orvos-Tóth, 2018). Ezért van az, hogy nagyon sokan érezzük, hogy legbelül valami nem stimmel, miközben a felszínen minden rendben van. Tudat alatt hordozzuk azt a szégyent, amit már születés előtt éreztünk, miszerint édesanyánknak nem vagyunk elég jók ahhoz, hogy szeressen minket. Eszerint a lakosság 60–70%-a olyan frusztrációval éli le az életét, amelyet a legtöbben soha életükben nem hevernek ki. Mivel a szülők szégyellik, hogy a gyermek nem „szerelemgyerek", ezért általában eltitkolják ezt a gyermekük elől. Szóval a legtöbb felnőtt úgy hordozza ezt a nagyon mély lelki terhet, hogy tudatában sincs ennek. De a frusztráció, a belső üresség és az ebből fakadó addikciók jelen vannak az életében.

Ma már bizonyított tény, hogy **a fogamzásgátlás alanyi jogként, ingyen történő globális pénzügyi finanszírozása gazdaságilag a töredékébe kerül annak, amennyi károkozástól mentesít a klímaváltozás és a növekvő társadalmi feszültségek terén** (Paul Hawken, 2020). Az alanyi jogú fogamzásgátlás ingyenes fogamzásgátló tablettákkal és ingyenes óvszerautomatákkal megoldható. De például egy 18 év feletti mindenkinek ingyenesen járó fej-kvóta is működőképes ötlet, melyet postán mindenkinek rendszeresen kivisznek a lakására. Hogy ez hatékony legyen, ezt társadalmi célú hirdetésekben is népszerűsíteni és tudatosítani szükséges. Tudniillik a nem várt gyermekek legnagyobb hányada a fogamzásgátlás hiányából születik meg. Ezzel a szabállyal néhány év leforgása alatt globálisan drasztikusan visszaesik a nem várt újszülöttek aránya.

Ez tehát az első szabály, nézzük a másodikat: nekünk Európában már hétköznapivá vált a női egyenjogúság, és az is, hogy a nők tanultak, iskolázottak. Ez a világ nagyobb részén még messze nincs így.

A nők rengeteg országban, régióban tanulatlanok, és a házimunka elvégzése, valamint a férfiak kiszolgálása az egyedüli feladatuk. Sajnos ezáltal rengetegen ki vannak téve a férfiak szexuális kényének-kedvének, melynek következménye a sok nem várt gyermek. Természetesen azokban a régiókban is vannak szeretetteljes családok, ahol minden gyermekre a szerelmük gyümölcseként tekintenek a szülők. De lássuk be, nem ez a jellemző. Etiópiában végeztek egy széleskörű programot, ahol a nők oktatásával elérték, hogy az ott jellemző 8–10 gyermekes családok helyett a programban részt vevő nők már csak két gyermeket vállaltak. Ennek a programnak a hatására Etiópia nagyvárosaiban el is indult egy ilyen tendencia. De ha Európát nézzük, akkor itt ez már mindennapos: nálunk a háromgyermekes családok már nagycsaládnak számítanak, miközben Afrikában azok a kis családok. A nők emancipációjának ilyen komoly hatása van a népességszám alakulására. Hiszen, ha a nő tanult és nem függ annyira a férfitől, akkor képes helyes döntéseket hozni. Szóval mindannyiunknak minden fronton dolgoznunk kell a nők egyenjogúságáért! Ezzel hihetetlenül sokat tudunk tenni a klímaváltozás ellen és a társadalmi feszültségek csökkentése érdekében is.

A harmadik szabály a legfontosabb, ugyanakkor ez igényli a legösszetettebb gondolkodást. Az alapgondolat nem saját kútfőből származik, hanem a Mennyei prófécia című könyvből (szerző: James Redfield), amely a spirituális irodalom egyik alapműve. Kifejezetten élvezetes regény, és mellette még komoly lelki tanulságokkal is szolgál, ezért örömmel ajánlom neked, ha még nem olvastad. Ebben a könyvben írt arról a szerző, hogy a helyes gyermeknevelés egyetlen szabálya az, hogy csak annyi gyermeket vállaljunk, ahánynak **folyamatosan biztosítani tudjuk az önzetlen felnőtt figyelmét**. (Nyilván ez a gyermek ébrenléti idejére vonatkozik.) Természetesen ezt csak 12–14 éves koráig kell biztosítanunk, hiszen a serdülőkor elején a gyermek fokozatosan leválik a szülőről. Így onnan kezdve már csökken a szülői „figyelemkötelezettség".

A szabály értelmezéséhez hozzátartozik az is, hogy nem feltétlenül kell, hogy ez a 100%-os felnőtt figyelem csak a szülőktől érkezzen. Ebbe be lehet vonni a nagyszülőket, a dédszülőket, a rokonokat, a barátokat is. A lényeg, hogy folyamatosan szeretetteljes és önzetlen figyelemben részesüljenek. Mi lesz ennek az eredménye? A következmény az lesz, hogy a gyermekben, mire eléri a serdülőkort, mély ősbizalom alakul ki, továbbá tudatában lesz saját különlegességének és egyediségének. Mély önismerete lesz, és elfogadja önmagát olyannak, amilyen. Képzeld el, hogy ha ilyen feltételekkel érted volna meg a 12–14 éves kort, akkor mostanra mivé váltál volna? Sajnos ma a gyermekeknek kb. 1-2%-ára igaz ez, és az Emberek legnagyobb hányada élete végéig sem ismeri meg a mély önelfogadásnak ezt az állapotát. Képzeld el, milyen lenne egy olyan társadalomban élni, ahol önmagukat elfogadó, békés, addikcióktól mentes Emberek sétálnak az utcán, vagy ahol a munkahelyeden csupa ilyen Emberrel kell együtt dolgoznod! Tudom, hogy ma ettől még messze vagyunk, de az Emberiség fokozatosan át tud állni egy ilyen pályára. Ehhez „csak" a gondolkodásunk főirányát kell megváltoztatnunk.

A mai szülők nem érnek rá a gyermekeikre. Egy átlagos európai szülő naponta 10 perc teljesen önzetlen figyelmet szán a gyermekére, de nagyon sokan még annyit sem. A legtöbbnek, amikor elvileg a gyermekre figyelnek, akkor is máson jár az eszük. A gyermekek még lélekkel látnak. Így ők érzik, ha a szülő csak felületesen figyel rájuk. Ebből a tudatalattijukba beépül, hogy értéktelenek és figyelemre sem méltók. Ez az egyik fő ok, ami miatt annyi lelkileg sérült Ember sétál az utcán, és emiatt van annyi frusztrált, viselkedési problémás gyermek az iskolákban. Ugye most már kezd előtted is körvonalazódni, hogy miért olyan fontos ez a szabály?

Ez az elv kétélű, és ettől olyan hatékony. A legtöbb leendő szülő a legjobbat akarja a gyermekeinek. Ezért ha ez a szabály beépül a köztudatba (propagálva és oktatva), akkor minden fiatal, gyermekvállalás előtt álló Ember rá fog döbbenni, hogy ez a leghelyesebb út, amit választhat, ha boldog gyermekeket szeretne. A figyelembiztosítás igénye miatt minden egyes pár jól meggondolja a gyermekek számát. Így alacsonyabb számú gyermeket vállalnak a családok, viszont azokat a gyermekeket sokkal magasabb lelki fejlettségi szinten nevelik fel.

És most jön ennek a szabálynak a másik, talán még nagyobb hatása. Méghozzá az, hogy a közeljövőben **megjelenik a Föld nevű bolygón az első olyan generáció, ahol az önmagukat elfogadó Emberek aránya nagyobb, mint az önmagukat el nem fogadóké.** Képzeld el, hogy az mekkora átlagos lelkirezgésszint-ugrást fog jelenteni?! Ez a generáció már teljesen másképp fog hozzáállni a fogyasztás, a gazdaság, a béke, az Élettisztelet vagy bármely más fontos kérdéshez, mint mi. Hiszen a mi természetpusztításunk és társadalmi feszültségeink is alapvetően a lelki sérüléseinkből fakadnak.

Számukra már teljesen érthetetlenek lesznek a mai Emberek viselkedésmintái.

A cél, hogy a népességszabályozás 3 alapszabálya segítségével elérjük az egyensúlyi népességszámot, ami azt jelenti, hogy az Emberiség okozta emissziók és hatások egyensúlyba kerülnek a Természet eltartó és asszimilációs képességével. Ezek a szabályok nemcsak az egyensúlyi népességszám elérésében segítenek, hanem megalapozzák a Boldogság Program, a Társadalom Program és a Gazdaság Program sikerét is, melyek nemsokára következnek.

6.3. A társadalom öregedésének fóbiája

A jelenlegi gazdasági alapelvekből következik, hogy állandó gazdasági növekedés kényszerében tartjuk saját magunkat. Ha a gazdasági növekedés „csak" 2%, már recesszióról beszélünk, miközben ez azt jelenti, hogy 35 év alatt a gazdaság által előállított javak mennyisége megkétszereződik. Azaz 2 generáció alatt közel kétszeresére nő az átlagos életszínvonal. A gazdasági növekedés hajszolásából fakad, hogy a népességszám-csökkenés minden közgazdász „rémálma". Hiszen csökkenő népességszám esetén a népesség nagyobb hányada nyugdíjas, a népesség öregedő tendenciát mutat, és ennek következtében nehezebben biztosítható a gazdasági növekedés, mert a GDP termelésében aktívan részt vevő munkaerő aránya kedvezőtlen.

Ennek következtében a népességszám csökkenéséről egyik kormány sem akar hallani. (Ez alól kivételek azok az országok, ahol olyan magas a népességnövekedési ráta, hogy azt a gazdasági fejlődés nem tudja követni. Ilyen például napjainkban India). Ahol pedig népességfogyás tapasztalható, mindent megtesznek a születésszám növelése érdekében. Ilyen az öregedőben lévő Európai Unió is. Azonban el kell fogadnunk, hogy a társadalom lelki fejlődésének egy bizonyos szintjén ez természetes folyamat. Az EU-s tagállamok kormányai hiába akarták ráerőltetni a lakosságra, hogy több gyermeket nemzzenek, nem túl sok sikerrel jártak ez ügyben az elmúlt évtizedekben.

A gyerekvállalási kedv csökkenésének több oka van egyes régiókban. Az egyik, hogy az anyagi jólét gyengíti a túlélési ösztönöket, ezáltal csökken a gyermekvállalási kedv. De ezt fordítva is értelmezhetjük! A fordított értelmezés az, hogy ha már nem a túlélés a fő mozgatórugó, akkor az Ember spirituális értelemben magasabb szinten élhet, és ezen a magasabb lelki szinten már más preferenciák lépnek előtérbe. Az Emberek kevesebb gyermeknek adnak több figyelmet és kevesebb gyermekre több erőforrást fordítanak, hogy azok jobb esélyekkel induljanak neki a jövőnek. Tehát lappangó szinten elindulni látszanak a társadalomban azok az elvek, melyeket a népességszabályozás alapelveként ismertettem néhány oldallal ezelőtt. Szóval semmi probléma nincs a nemzetek népességszám-csökkenésével! Sőt, ez egy természetes és helyes folyamat! Ha ezt akadályozzuk, azzal középtávon pont a fejlődésünk ellen teszünk.

A nyugati társadalmakban a népességszám-csökkenés könnyen kompenzálható a bevándorlók letelepedésének segítésével. Szóval középtávon munkaerőhiánytól és gazdasági visszaeséstől nem kell tartani a Népeség Program kapcsán sem!

A másik nagy akadály a nemzeti szintű gondolkodás. A nemzeti politika és a nemzeti öntudat erősítése sem teszi lehetővé a népességfogyást. Hogy miért? Elég egyszerű. Mert a népesség fogyása esetén a politikusok azonnal a nemzet elfogyásával, illetve a nemzet gyengülésével riogatják az Embereket. Pedig attól, hogy évi

0,5%-os népességfogyás indul be egy országban, az több száz év alatt sem jelentené az adott nemzetiség eltűnését. Mi történik akkor, ha a nemzeti népességszám a felére csökken? Egy ma 10 milliós nemzet esetén a jövőben 5 milliós létszám mellett is fenn lehet tartani a nemzeti kultúrát, a nyelvet és minden mást, ami nemzeti szempontból igazán fontos. Persze lehet ijesztegetni az Embereket azzal, hogy úgy sokkal könnyebben elsöpörnek minket a gonosz és rossz idegen nemzetek. De lássuk be, hogy ez eléggé a régi idők mozija, és a régi idők rossz beidegződése. A világbéke eljövetele nemhogy nem lehetetlen, hanem egyértelműen el fog következni, amennyiben helyes fejlődési pályára áll az Emberiség.

A népességszám-csökkenéstől való félelemkeltés másik ellenérve az, hogy számos szociológiai, gazdasági és társadalmi elemzés kitért már arra, hogy milyen óriási különbségek vannak, országok, régiók között az egyénre jutó hatékonyságban. A fokozatos népességfogyás következtében fellépő gazdasági problémák orvoslását meg lehet oldani az átlagos tudásszint emelésével és a munkahatékonyság fokozásával (gépesítés, automatizálás, műszaki fejlesztés stb.). Egyszóval öregedő társadalomban is elképzelhető a javuló átlagos életszínvonal, még laza bevándorlási politika nélkül is.

6.4. A vallások és a fogamzásgátlás

A vallások szerepe és felelőssége is óriási. Hiszen a legtöbb vallás hallani sem akar a fogamzásgátlásról! De sajnos a vallási dogmatizmus nagyon sok esetben a fejlődés gátja. A „sokasodjatok és népesítsétek be a Földet!" vallási szlogen lehet, hogy 2000 éve még helyénvaló volt, de ma már ezt teljesítettük, sőt túl is teljesítettük. Így itt lenne az ideje egyes vallási irányzatoknak megújulniuk, és segíteni az Emberiséget a klímaváltozás megoldása felé tartani. Fontos kiemelnem, hogy mélységesen egyetértek a nagy világvallások által közvetített alapértékekkel! Nem a vallásosság ellen beszélek, hanem annak túlzó és gyakran fejlődést gátló dogmatikus kilengései ellen.

A vallásos Emberektől gyakran hallani azt a humánetikai reakciót, hogy minden fogantatás Isten műve, így mi nem dönthetjük el, hány gyermek szülessen. Véleményem szerint ez a vallási dogmatizmus tökéletes megnyilvánulása társadalmi szinten. Természetesen nem dönthetjük el, hogy ki szülessen meg és ki nem! Ebben egyetértünk! De abban nem, hogy fogamzásgátlással ne dönthesse el egy anya, hogy mikor van felkészülve lelkileg a gyermekvállalásra, és mikor nincs.

6.5. Családok és a gyermekfelügyeleti nehézségek

A családok komoly nehézséggel néznek szembe, ha be akarják tartani azt az alapelvet, hogy a gyermekükre mindig legyen egy felnőtt teljes figyelemmel. A jelenlegi oktatási rendszer nem alkalmas erre, és a társadalmi berendezkedés sem. (Lásd bővebben a Társadalom Programnál.) De ha belátjuk, hogy ez milyen fontos, fokozatosan elindulhatunk ebbe az irányba. Például egyre több anya akar önszántából háztartásbeliként otthon maradni a gyermekei jobb lelki fejlődéséért. Itt az a nagy eltérés a régi családmodelltől, hogy önszántából, anyasága jobb megélése érdekében dönt így egyre több nő. A folyamat már elkezdődött a társadalom egyes rétegeiben, csak még nem tömeges. Az európai típusú emancipáció eredménye, hogy a nők már képesek eltartani magukat, így nem függenek anyagilag a férfitől. Ezért a férfiak nem is tudnak annyira uralkodni a nőkön, mint más társadalmakban.

6.6. A program főbb hatásai

A népeségszabályozás alapszabályából eredő következmények:

- Először stabilizálódó, majd fokozatosan csökkenő népesség az egyensúlyi lakosszámig.
- Kiegyensúlyozottabb Emberek, kevesebb addikció, kevesebb felesleges fogyasztás.
- Nőnek az egy főre jutó erőforrások, csökken az Emberek közötti egészségtelen versengés, mert egyre kevésbé tűnnek korlátosnak a rendelkezésre álló javak.
- Csökken a környezetszennyezés.
- Nő az átlagos életszínvonal.
- Kevesebb lesz a társadalmi feszültség.
- A környezet revitalizációja fokozódik.
- Emelkedik a nők egyenjogúsága a világban.

Gondolom, jól látható, hogy ez a program az összes többi programmal összefügg és globálisan helyes irányba tereli az Emberiség fejlődését.

A megoldás lényege itt is a fokozatosság, de a legfontosabb, hogy politikai szinten is merjük kitűzni több generáción túlmutató távlati célként a népesség fokozatos csökkenését! Először „csak" a népesség stagnálása irányába szükséges eljutni. A népességcsökkenéshez a jövő generációk lelki nevelése szükséges, de azon belül is legfőképp a gyereknevelés előzőekben bemutatott szabályait, elveit kell elfogadtatni az Emberekkel. Ehhez elengedhetetlen a több generáción átívelő oktatás-nevelés, hiszen az Embereknek egy nagyon furcsa gondolkodásmódjuk van: a végletekig ragaszkodnak a régi berögződéseikhez, még akkor is, ha kiderül róla, hogy az téves vagy hibás. Ennek okai alapvetően az ego működésében keresendők. Hiszen ha egy eszme (pl. vallási dogmatizmus) az egonk részévé vált, akkor az ego mindent meg fog tenni, hogy ez ne változzon. Az egoról részletesebben jelen könyv 1. mellékletében olvashatsz. Továbbá különösen ajánlom neked ebben a témában

Eckhart Tolle Új Föld című könyvét.

Ugyanakkor a női egyenjogúságért való küzdelem már nagy múltra tekint vissza. Ha azonban megértetjük az Emberiséggel, hogy ez a klímaváltozás elleni harc egyik leghatékonyabb eszköze is, akkor még nagyobb sikereket érhetünk el ezen a téren.

A fogamzásgátlás alanyi jogként való globális (vagy országonként történő fokozatos) bevezetése néhány év leforgása alatt már önmagában megállítaná a népességszám globális növekedését!!

7. FEJEZET

A változás negyedik programja: Boldogság Program

Mint ahogy már az eddig leírtakból tudod, csak a kiegyensúlyozott és boldog Ember élhet tökéletes egyensúlyban a Természettel! Jelen program célja tehát egyértelmű: az Emberek boldogságának lehető legnagyobb mértékű fokozása, hiszen ez a leghatékonyabb klímavédelem is. De ezúton is ki szeretném emelni, hogy a boldogságon az Élettámogató lelki rezgésszinthez tartozó állapotot értem, nem az anyagi javak és szolgáltatások mértéktelen hajszolását, ahogy már leírtam neked a könyv 2. főfejezetében.

Az előző fejezetekben már részleteztem az ÖBI értelmezését és számításának módját is. Ennek a programnak a legfőbb célja az Emberek átlagos boldogságszintjének emelkedése a lehető legmagasabb szintre. Ezt pedig számszerűsíthetően az ÖBI értékével tudjuk megtenni.

7.1. Az önzetlenség, a közösségi lét és az ÖBI

Már az is egyértelmű a számodra, hogy az egyéni, települési, nemzeti és régiószintű túlzott mértékű önzés a világ fokozatos elpusztítói. Ezzel szemben az önzetlenség bármely szinten való fokozása emeli az Emberiség átlagos boldogságszintjét.

Az önzés magányos egyénekké tördeli szét a társadalmat. Nem véletlenül esnek szét manapság a társadalom legalapvetőbb alkotóelemeit alkotó közösségek, a családok is. Az egyén önmagában sokkal sérülékenyebb, mint közösségben, még akkor is, ha az ego (bővebben lásd. az 1. melléklet) nem ezt sugallja. Szóval a közösségi lét bármely formája ez ellen hat.

Elindult egy társadalmi igény ebben az évtizedben a társadalmi célú közösségi megmozdulások motiválására. Ez nap mint nap látható az európai uniós pályázatok kitűzött céljai között is. Természetesen nehéz megmozgatni az Embereket, mert a közösségi létnél mindenkinek fontosabb a saját érdeke. Ez azonban csak a jelen! A cél az önzés fékezése, az összetartozás-érzés, az önzetlenség, a közösségi szemlélet erősítése. Ha társadalmi szinten erre irányt váltunk, akkor évtizedes léptékekben nézve meg is lesz a jótékony hatása. Az önzés mérséklődésével fordított arányban nőni fog az Össznépi Boldogság Index (ÖBI) is.

Nagyon fontos, hogy szemléletfejlesztéssel kiemelten kezeljük az önzetlenség, a társadalmi összetartozás kérdését.

Ezek a folyamatok csírájukban már fellelhetők a társadalomban. Nagyon sok olyan példáról lehet hallani, ahol civil szervezetek komoly sikereket érnek el, akár még nagy multinacionális cégekkel szemben is.

7.2. Média Etikai Kódex

Lelkünk állapota nagy mértékben azon múlik, hogy lelkünket romboló vagy építő tevékenységeket végzünk. A választás lehetősége minden tettünknél adott. Azonban sokszor tudattalanul választunk és nem is vagyunk tisztában annak lelki következményeivel. Ebben a tekintetben az Emberiség ÖBI-szintjének emelkedésében vagy csökkentésében óriási felelőssége van a médiának. Sajnos jelenleg a médiavilág fő irányzata az ÖBI rombolását végzi, nagyon drasztikus erővel. Ahhoz, hogy beszélni tudjunk a megoldásról, nézzük meg, pontosan mi ennek az oka!

A mai Ember egyik legnépszerűbb kikapcsolódási formája, hogy filmeket vagy sorozatokat néz. Ha a lelkünk szempontjából vizsgáljuk meg, hogy mit érdemes nézni és mit nem, akkor nem biztos, hogy ugyanazt a választ kapjuk, amit szórakozási vágyaink sugalmaznak.

Évtizedek óta tömegével nézzük az amerikai típusú akciófilmeket. A film váza mindig ugyanaz. Van egy főhős, akit felhergel a legyőzhetetlen gonosz, a hős pedig minden gonoszt elpusztít, és ezzel megmenti az Emberiséget. A filmben természetesen van szerelmi és erotikus szál is, és a főhős rendszeresen elveszti a hozzátartozóit vagy barátait, azaz nagy árat fizet a győzelemért. A jól bevált recept: pozitív hős, akció, harc, sok-sok gyilkosság, szenvedés, küzdelem, szerelem-erotika, izgalmas látványvilág, és végül a jó győzelme. Nézzünk meg most egy ilyen filmet a lelki rezgésszintek szemszögéből! A filmek vagy teljes hosszukban vagy egyes részleteikben magukkal szoktak ragadni. Hiszen akkor élvezzük igazán a filmet, ha érzelmileg azonosulunk a történettel. Így a lelkünk ilyenkor a film által sugárzott lelki rezgésszinten fog működni. Egy tipikus akciófilm időtartamának kb. 60%-ában harcol egymással a jó és a gonosz. Megy a kemény háború, az öldöklés, a küzdelem. Ezeknek a jeleneteknek a lelki rezgésszintje a szembenállás (harag), melynek értéke 150. A film külsőleg és belsőleg is ideálisnak mutatja be a jókat. A főhős szerelme is általában a legcsodálatosabb külsejű nő. A főhős és az általa imádott lány közötti érzelem maga a tökéletes szerelem. Ezek az ideák, melyeket elénk tár a film, kb. a film időtartamának 20%-ában anélkül, hogy észrevennénk, a sóvárgás lelki rezgésszintjére taszítják a lelkünket. Ennek a lelkirezgésszint-értéke 125. A filmben a jóval való mély azonosuláshoz az kell, hogy a gonoszt végtelen rossznak, félelmetesnek mutassa be a rendező. Ezekben a jelenetekben a lelki rezgésszintünk a félelem, a szégyen, a bűntudat szintjére süllyed, melynek értéke a legjobb esetben is 100. Ez kb. a film időtartamának 15%-a szokott lenni. Amikor a jó győzedelmeskedik és katarzist élünk meg, azt az érzést erősíti bennünk, hogy „igen, mi a jó oldalon állunk", és ezzel a film végén kb. 5%-nyi időtartamban a 175-ös értékű büszkeség lelki rezgésszintjére emelkedünk. Ha az így kapott lelkirezgésszint-értékeknek az egyes időtartamokhoz rendelt súlyozott átlagát vesszük, akkor kerekítve 140-es átlagos lelkirezgésszint-értéket kapunk, mely erősen Életpusztító érték. A klímaváltozás megoldásához pedig 200 fölé kellene lépnünk. Ezek a filmek azonban napról napra pont az ellentétes irányba húznak minket. **Ekkora a média világának a felelőssége! De ma a médiavilág semmiben nem vállal felelősséget tetteinek következményeiért!**

Nézzük meg azt, hogy mindez mit jelent a lelkünk szempontjából. Azt, hogy elmentünk a moziba és fizettünk azért, hogy a harag és a vágyakozás közötti eléggé Életpusztító lelki rezgésszintre süllyedjünk, 1,5 órán keresztül rombolva a lelkünket. Évtizedekig néztem ezeket a filmeket és nem értettem, hogy miért érzem azt legbelül, hogy ez nem helyes. Hiszen olyan jó szórakozás! Miért éreztem azt, hogy ezek az amerikai típusú akciófilmek helytelenek? Nem tudtam megmagyarázni, csak éreztem, hogy valahogy ez nem jó. Így már eléggé egyértelmű a helyes válasz, ugye?

Ezeknek a filmeknek van egy másik vonulatuk is, amelyet a gonosz tagadásának hívunk (J. Bradshaw, 2015). Ez a film etikai vonulata. Ezekben a filmekben általában a jót és a rosszat szinte semmi sem különbözteti meg, ha a cselekedeteik szempontjából vizsgáljuk őket. A jó is pusztít, öl, minden emberi és etikai szabály felett áll, mert ő a jó oldalon foglal helyet a filmben, és neki a jóért való harcban bármit be „szabad" vetnie a gonosszal szemben.

Sajnos ezzel minden filmben a gonosszal azonosulunk, miközben a gonoszt tagadjuk. Ez a legalattomosabb lelki csapda. Észre sem vesszük, hogy a rossz oldalon állunk. Tudniillik ezekben a filmekben valójában nincs jó vagy rossz oldal. Mindkét oldal rossz, csak az egyik jónak van beállítva. Attól, hogy jó cél érdekében ölök, még gyilkos vagyok. A legtöbb akcióhős egy közönséges tömeggyilkos. Csak attól „jó", mert a jó oldalon áll?

Ha a lelki rezgésszintek gondolatmenetét összerakod a gonosz tagadásával, akkor már tökéletesen tisztává válik, hogy miért annyira káros ilyen filmeket nézni. Tisztává és érthetővé válik, hogy miért rombolja a lelket az ilyen időtöltés.

Erre szokta a legtöbb Ember azt válaszolni, hogy: „ugyan már, én rengeteg ilyen filmet láttam már, és ezek nem hatnak az én lelkemre". Sajnos ez az ego válasza. Mindig megindokoljuk, hogy döntéseink miért voltak helyesek a múltban. **Egyszerűbb elhinni, hogy az a jó, amerre jelenleg a legtöbb Ember halad,** mint azt, hogy nem helyes, amit eddig tettem és tesznek mások is.

Ahhoz bátorság kell, hogy döntéseink helyességét meg merjük kérdőjelezni.

No, de ne álljunk meg egy szimpla amerikai típusú akciófilmnél.

Most nézzük végig, hogy mennyi rosszat okozunk a lelkünknek az átlagos mai médiaipari termékek rendszeres „fogyasztásával":

- Reklámok: vágyakozás lelki rezgésszintje, értéke 125.
- Horrorfilmek: félelemtől szégyenig terjedő lelki rezgésszint, értéke: kb. 50.
- Szexfilmek, erotikus filmek: vágyakozás lelki rezgésszintje, értéke: 125.
- Thriller: félelem lelki rezgésszintje, értéke 100.
- Kemény pornó: szégyen, bűntudat és vágyakozás lelki rezgésszintje, értéke: kb. 50.
- Túlzóan tömény romantikus filmek: vágyakozás lelki rezgésszintje, értéke 125.
- Akciófilmek: büszkeségtől félelemig terjedő lelki rezgésszintek, értéke: kb. 140.
- Híradó: szégyentől a haragig terjedő széles skála, átlagos becsült értéke 90.
- Természetfilmek, ismeretterjesztő filmek: pártatlanság lelki rezgésszintje: 250.

Szóval, ha végignézed, a tévécsatornák mennyi reklámot és lélekromboló műsort sugároznak feléd, akkor talán megérted, hogy miért van az: másfél-két óra után felkelsz a tévé elől és energiahiányosnak, lustának érzed magadat. Szó szerint leszívta a lelkedet a tévé.

Egyszer egy kedvelt hazai csatornán végignéztem, hogy az aznapi műsorban mennyi Élettámogató lelki rezgésszintre emelő műsor vagy műsorrészlet van. Nagyon nagy jóindulattal keresve kevesebb mint 1 órányit találtam a 24 órányi műsorból. Nem véletlenül szakítottam a tévével. Nagyon ritkán kapcsolom be. A csatornákon keresztül a szórakozás címszó alatt folyamatosan megy a lelkünk rombolása. Kell ez nekem? Dehogy! Ezek nélkül sem könnyű a lelki fejlődés, hát még ezekkel együtt.

Az internet világa még ennél is keményebb dió. Hiszen itt pár gombnyomással tudunk rákattanni a számunkra legizgalmasabb csábításokra. Ezek általában lehúzó csábítások és nem felemelő dolgok. Visszaesni mindig könnyű, felfelé haladni mindig nehéz a lelki fejlődés világában is. Ebben az esetben sem a könnyű út a helyes.

A filmekkel kapcsolatosan leírt gondolatmenetre még egy reakciót szoktam kapni: „ha ez az egész igaz lenne, akkor az Emberek nem élveznék ennyire az ilyen filmeket, műsorokat". Ez is az ego reakciója, amely meg akarja védeni, hogy a szokásai helyesek. Ez ösztönös és természetes reakció, de ettől még nem feltétlenül helyes. Minden azon múlik, hogy az alap lelki rezgésszinted milyen. Ha például valaki a bűntudat lelki rezgésszintjén él, akkor az pozitív katarzist él át még egy tipikus amerikai akciófilm hatására is, hiszen az 50-es lelki rezgésszintjét átmenetileg 140-re emeli. Ő szárnyaló lelkesedéssel fog kijönni a moziból. Ez szuper. Így neki az akciófilmek nézése komoly segítség a lelki fejlődésre. Hajrá! Nézzen sokat belőle! Ha valaki a vágyakozás lelki rezgésszintjén él, akkor nem veheti észre, hogy a reklámok vagy a szexfilmek lehúzzák a lelkét, hiszen azonos szinten vannak. Tehát nem húzza le, hanem ott tartja. De 300-as lelki rezgésszint feletti szintről már igenis keményen érzékelhetővé válnak az eltérések. Szóval, ha nem érzed, attól még létezik a probléma. És hogy nem érzed, az pont azt mutatja, hogy itt az idő a lelki fejlődésre. Életpusztító lelki rezgésszinten élni nem túl boldogító dolog. Igaz, hogy ehhez először őszintén magunkba kell nézni, hogy mennyire vagyunk boldogok.

Ma nagyon sok Életpusztító lelki rezgésszintű Ember él a Földön. Jóval több, mint Élettámogató Ember. A média a tömeget szolgálja ki, hiszen a médiát csak a nézettség érdekli. Sajnos nem gondolnak bele, hogy ezzel napról napra visszahúzzák az Embereket a lelki fejlődéstől. A mai tömegmédia az Emberiség lelki fejlődésének egyik fő gátja. Természetesen kezdenek megjelenni Élettámogatóbb műsorok, sőt egész csatornák is. Ez is jól mutatja, hogy a változás elkezdődött. Azonban ezek a csatornák kisebb nézettségűek, hiszen kisebb közönséget mozgatnak meg (egyelőre). Ha azonban felismerjük, tudatosítjuk, hogy ez nekünk nem jó, akkor változást generálunk a saját életünkben, és a médiaipar termékei is változni fognak. Hiszen a médiaipar minket szolgál ki. A mi döntéseinken múlik, hogy merre fejlődik, alakul.

Ugyanakkor egy lélekemelő blogrovat olvasásával szemben miért könnyebb rákattintani egy lélekromboló sorozatra vagy akciófilmre? A válasz egyszerű: a lélek fejlesztése is ugyanúgy működik, mint a test edzése. Keményen edzeni és fitten tartani magunkat nehéz, míg tespedni a tévé előtt és chipset falni könnyű. A kemény edzés után tele vagyunk jó érzésekkel. A tévé és a chips után lustának, energiahiányosnak érezzük magunkat. Nincs kedvünk semmihez. Szóval a lelket is edzeni kell! Ez kemény munka és odafigyelés. A hegymászás is nehéz, de minél feljebb kerülsz, annál jobban érzed magad, és annál szélesebb lesz a látómeződ. Így működik ez a lelki rezgésszintekkel, a lelki fejlődéssel is. Átvitt értelemben ez is egy hegymászás. Amilyen csodálatos a hegymászónak felérni a csúcsra, annyira csodálatos számodra, ha a lelked feljebb jutott. Szóval megéri a munkát és a befektetést.

Ez a fejezet nem azt akarja sugallani, hogy mostantól ne nézz lélekromboló dolgokat. Tartósan úgysem menne. Néha én is „bűnözök", néha jólesik picit rossznak lenni, vagy valami rossz dologgal azonosulni. Ez az írás inkább azt akarja mondani neked, hogy figyelj az arányokra! Igyekezz több Élettámogató szórakozást, kikapcsolódási formát választani, mint lélekrombolót. Ha az arányok a pozitív felé tendálnak, akkor jó irányba indul el benned a változás... Például egy spirituális mester kineziológiai mérése szerint ennek a könyvnek a lelki rezgésszint-értéke 703. Ami két dolgot jelent a te szemszögedből: az egyik az, hogy már attól emelkedik a lelki rezgésszinted, hogy idáig eljutottál a könyvben. A másik pedig az, hogy ennek a könyvnek Emberiségre kiható küldetése van, mert az ősi keresztény, buddhista, iszlamista iratok közül számos hasonló lelki rezgésszinttel rendelkezik. Szóval, ha magas lelki rezgésszintű időtöltéseket választasz, az téged is feljebb emel és kiegyensúlyozottabbá tesz.

Most már érted, hogy a médiavilág és a filmipar miért torzítja hihetetlen mértékben az Emberek lelkét és gondolkodását. Ami profitot termel, azt lehet csinálni a médiában. Az etikai, vallási és spirituális normák már semmi féket nem adnak ennek. Az Emberek lelkét és tudatát teljesen átmossák a médiavilág termékei. A filmipar elment az egymással versengő hatásvadászat irányába. A legfontosabb, hogy minél újabb és nagyobb mértékű hatást gyakoroljon az adott film a nézőre. Eközben ezek a források hihetetlenül erősen lefelé nyomják az Emberek lelki rezgésszintjét. A reklámok ugyanígy működnek, de még alattomosabb pszichológiai technikákkal. Amikről azt hisszük, hogy **a saját vágyaink, azok valójában nem is azok, csak a médián keresztül belénk ültették őket.** Ha nem hiszed el, amit mondok, akkor gondolj bele, milyen vágyaid voltak gyermekkorodban, amikor még tiszta volt a lelked. Így hamar rá fogsz döbbenni, hogy azóta micsoda agymosáson mentén keresztül.

A médiavilág másik nagyon komoly társadalom- és ezáltal klímapusztító vonulata a személyes önzés erősítése. Mindenből az folyik, hogy az egyén bármit elérhet, az egyéni önzés jó, az egyén személyes vágyai a legfontosabbak. **Ez boldogságcsapda! Elveszi a boldogsághoz vezető út utolsó esélyét is.** De mégis könnyű neki bedőlni, mert könnyebb az egyszerűbb utat választani.

A megoldás ezeknek a trendeknek a megváltoztatása. A változást személyes fogyasztói döntéseid fogják meghatározni, mellyel saját boldogságodat fokozod, és nem mellesleg a klímaváltozás és egyéb társadalmi problémák ellen is tenni fogsz. Ugyanakkor itt az ideje egy **Média Etikai Kódex** létrehozásának. Erre már régebben is voltak próbálkozások. Az ehhez a kódexhez való csatlakozás nem kötelező, viszont az abban való részvétel bizonyos politikai, társadalmi és gazdasági előnyökkel jár. Ebbe motivációval kell bevonni az egyes cégeket és szervezeteket, így sikeres lesz a változás. Elkezdenek szűkülni az Életpusztító források és bővülni az Élettámogatók. A médiavilág lefelé húzó spirálja is felfelé kezd fordulni.

7.3. Az Élettámogatási mérleg módszere

Az **Élettámogató tevékenységek népszerűsítése, és azok boldogságra gyakorolt hatásai** is kiemelt helyet kell hogy kapjanak az Emberek szemléletének fejlesztésében és az oktatásban. Életet segíteni, életet adni léleképítő és lélekgyógyító, ezáltal a boldogság felé vezető út alapja. Ha az Emberek erről megfelelően kidolgozott információkat kapnak, motiválttá válnak, hiszen az egyéni boldogág elérése minden normális beállítottságú Ember célja.

Erre való az **Élettámogatási mérleg** módszere, melynek lényege, hogy minden nap számba vesszük az összes Életpusztító és az összes Élettámogató tevékenységünket, és abból következtetést vonunk le, hogy aznap mennyire helyesen éltünk. Természetesen ehhez széles körű tájékozódás is kell, mert nagyon sokszor bele sem gondolunk, hogy tetteink mennyire Életpusztítók. Például amíg nem meditáltam, elég kemény húsevő voltam, és meg voltam róla győződve, hogy ez egészséges és helyes. Ha esetleg eszembe jutott, hogy szegény tehén, birka, disznó, csirke, nyúl stb., amit éppen megeszem, miattam halt meg, akkor azzal nyugtattam meg magamat, hogy ezeket az állatokat azzal a céllal tenyésztették, hogy levágják. Ma már nem tudja elfogadni a lelkem ezt a kompromisszumot. Állatok megölését nem vagyok képes a lelkemhez kapcsolni. Természetesen ezzel senkit sem akarok lebeszélni a húsevésről, hiszen mindenki egyen azt, ami jólesik neki. Bizonyos lelki rezgésszintek alatt fel sem merülnek az Emberben ilyen belső igények, és azokon a lelki rezgésszinteken az úgy van jól. Ezzel csak azt akarom szemléltetni, hogy az Élettámogatás és az Életpusztítás minél objektívebb megítélhetőségéhez szükség van arra, hogy ebben a témában több információhoz jussunk.

Ezért az Élettámogatással kapcsolatos tájékoztatást bele kell tenni a termékek és szolgáltatások világába. Erről a Társadalom Programnál lesz bővebben szó. Ha minden termék és szolgáltatás mellett láthatóvá válik annak Élettámogatási, illetve Életpusztítási mértéke, akkor adott az **egyén morális lehetősége, hogy helyesen döntsön.** Jelenleg ezeket elpalástolják a gyártók és a szolgáltatók. Az egész rendszer a felszínen fénylik, miközben belülről romlott. **A tájékoztatási kötelezettség lesz az, ami elkezdi a rendszert kitisztítani.**

7.4. A házi mentálhigiénés rendszer bevezetése és a társadalmi megelőzés, az ÖBI-index gyakorlati mérése

Az egyéni boldogságkeresésben az Embereket ingyenes tanácsadással, lelki segítségnyújtással kell segíteni. Erre társadalmi szinten megfelelő fórumokat és lehetőségeket kell létrehozni.

Egy időben elég sokat foglalkoztam pszichoszomatikával. Meggyőződésem, hogy az Emberek betegségeinek legalább 80–90%-a pszichoszomatikus eredetű. Ezzel kapcsolatban tudományosan igazolt tényekkel alátámasztott rendszert mutat be Joe Dispenza Válj Természetfelettivé című könyvében, amelyet eddig az életemben olvasott könyvek egyik legjobbjának tartok, így tiszta szívből ajánlom neked is.

Egyes esetekben a lelki problémák közvetlen megbetegedést okoznak, míg más esetekben a megbetegedés közvetett okozója a lelki probléma. Arról nem is beszélve, hogy egy boldogabb Ember immunrendszere is erősebb, így az egyéni boldogságkeresés közvetlen gazdasági érdek is. A modern társadalmak egyik legnagyobb problémája a méregdrága egészségügyi rendszer fenntartása. Az átlagos egyéni boldogság emelkedése csökkenti az egészségügyi költségeket, ezáltal a társadalmi terheket, és javítja a gazdasági hatékonyságot is (kevesebb betegszabadság stb.). Mivel kevesebb gyógyszert, orvosi eszközt kell gyártani, ezért csökken a globális emisszió is.

Ezek után jogos következtetés, hogy a háziorvosi rendszert ki kell egészíteni **házi mentálhigiénés rendszerrel**. Minden körzetben szükséges főállásban alkalmazni egy lelki egészségért felelős szakembert, akinek a rendelője a körzeti orvos mellett kell hogy legyen. Továbbá minden munkahelyen legyen a szakmai személyiséget támogató szupervizor és/vagy coach, hiszen aktív életünk nagy részét a munkahelyen töltjük.

A körzeti mentálhigiénés szakember felelős a körzetében lévő Emberek lelki egészségének javulásáért, míg a háziorvos a testi egészségért. Természetesen egymást segítve dolgoznak, hogy a társasadalom feljebb léphessen. Így nyer értelmet társadalmi szinten is az elhíresült „ép testben ép lélek" mondás. Ezt a már működő japán példa kiterjesztésével lehetne még hatékonyabbá tenni. Tudniillik ott a körzeti orvosok finanszírozása annál magasabb, minél kevesebb a beteg a körzetükben. Szóval a mentálhigiénés szakember és a háziorvos így abban lesznek érdekeltek, hogy tényleges gyógyítás, ne pedig tömeges tüneti kezelés folyjék.

A házi mentálhigiénés rendszernek egyébként négy fontos szerepe van, melyekből ez csak az egyik. Nézzük meg a többit is:

- A lélek gyógyítása;
- Az egyének boldogságkeresésének szakszerű támogatása;
- Az ÖBI mérése gyakorlati szinten;
- Társadalmi megelőzés.

A házi mentálhigiénés rendszer első kettő szerepkörét már tisztán értjük. Most fókuszáljunk a másik kettőre.

Az ÖBI értékének mérésére fontos kidolgozni egy rendszert, melynek alapja a lelki rezgésszintek mérhetősége. A lelki rezgésszintek léte komoly segítséget ad nekünk abban, hogy mérhetővé váljék, ki mennyire boldog. A lelki rezgésszintek társadalmi szintű mérésével jól nyomon követhető, hogy az adott agglomerációban hogyan alakul a boldogság szintje. Itt jön újra képbe a házi mentálhigiénés rendszer kiépítése, mely a mérések folyamatos elvégzésének alapja lehet. A lelki rezgésszint meghatározása egyébként kineziológiai módszerrel 2–4 percet vesz igénybe. Szóval ha évente egyszer bemegyünk tíz percre a kineziológiában is képzett körzeti mentálhigiénés szakemberhez, aki kiméri az aktuális lelkirezgésszint-értékünket és felviszi egy adatbázisba, akkor minden agglomerációban automatikusan generálódik évente egy átlagos lelkirezgésszint-érték! Ez tökéletes az ÖBI mérésére, mert ebben nincs hazugság. Ugye, emlékszel arra a fejezetre, ahol leírtam neked, hogy a test nem képes hazudni? A jó hír az, hogy vannak már ma is ilyen szakemberek. Egyet én is ismerek személyesen. Ő segíti mostanában a lelki fejlődésemet. Szóval nem irreális, amiről beszélek.

Az ÖBI-ben ez az érték kell hogy a legnagyobb súllyal szerepeljen, így a tekintetben nem tudja önmagát becsapni a társadalom, hogy az adott agglomerációban fejlődik-e a boldogság vagy sem. Ez alapján hamar kiderül, hogy az agglomeráció vezetői jól végzik-e a dolgukat! **Innentől kezdve nem lesz mellébeszélés a társadalomban, nem fogjuk kifényesíteni a reális valóságot, ahogy azt a mai aktuálpolitikában folyton teszik. Ez egy tökéletesen őszinte rendszer,** amely révén végre megtanulunk tükörbe nézni, és egyaránt egyéni, illetve társadalmi szinten őszintének lenni önmagunkhoz.

Az előbbiek kapcsán térjünk vissza az egyének boldogságkeresésére is. Ha valaki évente elmegy a körzeti mentálhigiénés szakemberhez és méréssel igazolják, hogy a tavalyihoz képest javult vagy romlott a lelkirezgésszint-értéke, akkor tükröt kap a személyes fejlődéséről is. **Ez lesz a motiváció alapja ahhoz, hogy az egész társadalom vegye komolyabban és helyezze előtérbe a lelki fejlődését.** Már ettől az egy lépéstől hihetetlen nagyot fog változni a világ képe, és ez az egy lépés drasztikusan és gyorsan fogja mérsékelni a globális kibocsátásokat. Szóval **a klímavédelem egyik leggyorsabban létrehozható és leghatékonyabb eszközének tartom.** De még nincs vége e rendszer előnyeinek! Most jön még egy nagyon komoly társadalmi haszon.

Fontos kiemelnem, hogy ez az évi egyszeri mérés semmiféle személyiségi jogot sem sért! Hiszen ha évente elmegyek a háziorvosomhoz egy általános egészségügyi szűrésre, akkor az is egy megszokott dolog. A saját mért lelkirezgésszint-értékemet anonim töltik fel a központi átlagszámító rendszerbe. Szóval nem lehet visszaélni vele. Ha a mentálhigiénés szakember figyelmeztet, hogy sokat romlott a lelkirezgésszint-értékem, de engem ez nem érdekel, akkor ez az én szabad döntésem. Senki sem szólhat bele!

Emlékszel arra fejezetre, ahol a lelki rezgésszintek csoportdinamikájáról írtam neked? Az ott olvasottakból valószínűleg te is azonnal kikövetkeztetted, hogyha egy városban él néhány nagyon alacsony lelki rezgésszintű Ember, akkor azok igencsak lehúzzák az átlagos boldogságszintet azon a településen. Ennek nemcsak az az oka, mert ezeknek az egyéneknek az alacsony szintje számszakilag lefelé húzza a statisztikában az átlagértéket. Ez elenyésző, ha a matematika szempontjából nézzük. A lelki rezgésszintek csoportdinamikájából következik, hogy egy nagyon alacsony lelki rezgésszintű Ember akár 10 000, bátorság lelki rezgésszintjén lévő Ember pozitív hatásait tudja semlegesíteni. Nem véletlen, hogy ahol sok a bűnöző, ott nagyon alacsony a boldogságszint. Ahová nem törnek be, ott is boldogtalanságot okoznak ezek az Emberek, anélkül, hogy ennek tudatában lennének. A legtöbb bűnöző nagyon alacsony lelki rezgésszintű Ember, de ez az állítás nem átalános érvényű. Sőt, sokszor az is lehetséges, hogy a nagyon mély lelki rezgésszintű Emberek még nem követtek el semmi komoly bűncselekményt, de már durván lehúzzák a környezetük lelki rezgésszintjét, és ezzel csökkentik a boldogságszintben való fejlődésük esélyeit.

Itt jön a képbe a társadalmi szintű kiszűrés, a megelőzés kérdése. Mai, önzővé vált társadalmunkban, ahol mindenki csak a saját dolgával foglalkozik, sajnos egyre gyakoribbak a szélsőséges társadalmi kilengések. Ezek megelőzhetők a házi mentálhigiénés rendszerrel.

A megelőzéssel nagyon sok társadalmi feszültség, bűncselekmény és ebből fakadó környezetterhelés szűnik meg, további óriási társadalmi előny származik abból, hogy a nagyon mély lelki rezgésszintű Emberek nincsenek negatív hatással a környezetükre. Így az átlagos lelki rezgésszint már ezáltal is drasztikusan emelkedik. Mivel lehet, hogy ez így első hallásra furcsán hangzik a számodra, hadd érzékeltessem egy példával.

Kb. 10 évvel ezelőtt a városunkban egy férfi fényes nappal megerőszakolt és megölt az utcán egy fiatal lányt. Nagy port kavart a hír. Engem különösen felzaklatott a dolog, mert az akkori barátnőm egyik legjobb barátnője volt az illető. Miután elítélték és börtönbe csukták a tettest, egy jó ismerősöm lett a börtönpszichológusa. Szerettem volna megérteni, hogy milyen lelki háttér okozhat egy Emberben ilyen durva torzulást, hogy ilyen borzalmas cselekedetre képes. Természetesen itt is kiderült a nagyon mély gyerekkor, amely azt a hihetetlenül eltorzult lelki szerkezetet generálta, ami ilyenné tette ezt az Embert és ilyen mély lelki rezgésszintre sodorta. Azonban a legérdekesebb az volt számomra, hogy ez az Ember azt mondta: nagyon örül, hogy ezt tette, sőt, ha kiszabadul, akkor újra valami hasonlót vagy inkább még nagyobb bűntettet fog végrehajtani. Élvezte, hogy végre figyel rá a világ és még nagyobb borzalmak elkövetésére vágyott, hogy még több figyelemre tehessen szert. Ugye milyen rossz tanácsadó az ego? Valamennyiünkre igaz, hogy hasonlóan megidealizálja, hogy amit teszünk, az helyes.

De visszatérve erre a bűnözőre, a pszichológiai tesztek egyértelműen kimutatták, hogy abszolút nincs lelkiismerete. Tehát egy picit sem érdekli, hogy vétett az etikai normák ellen. Sőt kifejezetten motiválttá tette őt az, hogy végre figyelt rá a világ, végre újságcikkek és televíziós hírek jelentek meg róla. Úgy élte meg ezt az egész szörnyű tettet, mintha valami film főhőse lenne.

Ki a hibás azért, hogy ez a borzalmas gaztett megtörténhetett? A válasz egyszerű: a hibás a helytelen társadalmi berendezkedés. Annak, hogy ez az Ember komoly pszichés problémákkal küzd, elég sok előjele volt. Azonban sem ennek az Embernek a közvetlen környezete, sem pedig a hatóságok nem tettek ez ügyben semmit. A mai társadalmi berendezkedés alapvetően nem foglalkozik az Emberek lelkiállapotával. Addig, amíg nem történik bűncselekmény, a pszichopaták szabadon mászkálhatnak az utcán. Természetesen nem ezzel van a baj, hiszen amíg nem tettek semmi nagyobb bűnt, addig szabadok, az viszont baj, hogy nem foglalkozunk velük kellő súllyal! Ezeknek az Embereknek egy része segítséggel kihozható abból a mély gödörből, amelybe a lelke került. A másik részük (mint az előző példával szemléltetett személy) pedig elszeparálandó a társadalomtól, mielőtt nagy bajt csinálna.

Az ilyen Ember a komolyabb bűncselekményei előtt is számos esetben kerül összetűzésbe másokkal, sok Embert tart félelemben, erős negatív lelkiállapotokat sugároz a környezete felé, ezzel alapvetően megkeserítve a környezetében élők boldogságát. A következtetés az, hogy társadalmi berendezkedésünket lelki alapokra kell helyezni. A lelki fejlődés szintjeit minden Embernél mérni kell, és segíteni kell őket abban, hogy a következő fejlődési szintre léphessenek! Ezzel minden egyén aktívan hozzájárul a globális boldogság fejlődéséhez! Sajnos lesznek olyanok, akiknek olyan mély a lelkiállapotuk, hogy nem akarnak majd fejlődni, vagy már képtelenek rá. Őket szükséges elszeparálni a társadalomtól, hogy ne akadályozzák a környezetük fejlődését! Természetesen ennek kidolgozása komoly feladat, és különböző társadalmi, illetve vallási berendezkedésenként eltérő. Azért olyan szuper az agglomerációs modell, mert minden agglomeráció a helyi viszonyokhoz adaptálhatja a közös elveket. Börtönök és elmegyógyintézetek ma is vannak. Azonban ezek rehabilitációs létesítmények lennének, amelyekben ezeknek az Embereknek lehetőségük van a lelkük gyógyítására, ezáltal pedig a való Életbe való visszajutásra.

7.5. A kiemelt szakmák kineziológiai szűrése

Nagyon nagy probléma a társadalmunkban, hogy gyakran olyan Emberek gyakorolnak hatást másokra, akik lelkileg sérültek. Önérvényesítő világunkban kell egy bizonyos lelki torzultság ahhoz, hogy élenjáróvá váljunk. Ennek az a következménye, hogy olyan Emberek alakítják a társadalmat, akiknek nem szabadna ilyet tenni. Természetesen tisztelet a kivételnek!

Ezt elég könnyen rendezni lehet az előző fejezetben bemutatott módszerrel. Hiszen mérhetővé válik minden Ember lelki rezgésszintje, ami minden olyan szakmagyakorló számára egy kötelező szűrő kell hogy legyen a jövőben, akik nagy hatással vannak sok más Ember életére. Ilyen szakmák közül néhány, a teljesség igénye nélkül: orvos, pap, tanító, politikus, influenszer, youtuber, rendező, közintézmények közép- és felső vezetői.

Képzeld el, ha lelkileg kiegyensúlyozott Emberek lennének azok, akik ezeket a szakmákat gyakorolják! Ugye, micsoda változáson menne keresztül a társadalom?! Hiszen ezek az Emberek mutatnak példát a világnak. Ez egy nagyon hatékony módszer és minimális gazdasági költség mellett óriási társadalmi és gazdasági hasznot hoz.

7.6. Az oktatási és gyermekfelügyeleti rendszer átalakítása

Az oktatás felelőssége is óriási. A jelenlegi oktatási rendszer legnagyobb gyengesége, hogy csak a racionális tudás elsajátítására fókuszál. Több mint 20 éve oktatok egyetemen. Számomra félelmetes látni, hogy 18–25 éves fiatal felnőttek milyen mértékben rendelkeznek téves önismerettel. A legtöbb fiatal amit magáról gondol és aki valójában, az köszönőviszonyban sincs egymással. Ha a fiataloknak reális önismeretük lenne, amikor kikerülnek az oktatásból, nem lenne annyi frusztrált felnőtt a világban. Ezért nagyon fontos helyet adni az oktatási rendszerben az olyan önismereti tárgyaknak, amelyek ezt elősegítik.

A másik komoly probléma az, hogy az oktatás a racionális világra fókuszál. Az Embernek igenis van lelke és van lelkisége. Az iskolában mégis megtanuljuk, hogy az bagatell dolog, arra nem kell figyelni. Meg kell tanítani az Embereknek, hogy nem csak a racionális világ létezik, az azon kívüli világ sokkal hatalmasabb, ezért szükséges tisztelni.

A bölcsesség, a megérzések, a lelkünk jelei mind segítő támpontok lehetnek a racionális világ határain kívül.

A Természet tisztelete és a boldogságkeresés csak kéz a kézben járhatnak. Az Embert vissza kell vezetni a Természethez! Nem az elhatárolódás, hanem az együttélés a megoldás! A Természet nem ellenség, hanem barát! A Természetben való lét örömét elfelejtette az Emberiség. Pszichológiai értelemben is igazolt tény, hogy a Természetben töltött idő fokozza a lelki egyensúlyt és növeli az egyén átlagos boldogságszintjét.

Ezek miatt az oktatásban **az önismeret, a meditáció, a lélektan, a természetvédelem tárgyakat** bele kell tenni a képzési rendbe. Az iskoláknak többet kell kivinniük a természetbe a gyerekeket! Ezek ma már tudományosan is megalapozott tényekre felépítve tanítható dolgok. Nem kell kávézaccból jóslásra gondolni. Csupa olyan dolgot kell tanítani gyermekeinknek, melyeket már tudományosan is alá tudunk támasztani.

Az oktatási rendszer egy másik fő átalakítási iránya az, ami összhangban van a Népesség Programnál leírt alapelvvel, miszerint mindenki annyi gyermeket hozzon a világra, amennyinél biztosítani tudja, hogy a gyermeket annak éber óráiban mindig legalább egy felnőttnek kell 100%-os figyelemmel kísérnie. Az oktatási és a társadalmi rendszer átalakítása, hogy támogassa ezt az elvet, hihetetlen hatékonyan fokozza az átlagos személyi boldogság szintjét! A gyerekek úgy nőnek fel, hogy teljes figyelemben részesülnek, így elhiszik magukról, hogy különlegesek és egyediek. **Eltűnnek a jelenleg tömegesen jelen lévő szeretet- és figyelemhiányos gyerekek.** Ezek a gyerekek felnőtté válva már teljesen más lelki egyensúllyal élik le az életüket, mint az előző generációk.

Ha az oktatási rendszert úgy alakítjuk át, hogy egy tanár egyszerre csak egy gyerekre figyel, akkor **hihetetlenül megnő a gyerekek fejődési sebessége és tudásszintje is.** Ez azt jelenti, hogy az oktatásban át kell állni az egyéni, személyre szabott oktatásra. Én a gyermekemmel minden hétvégén egy órát tanulok angolt, és így tízszer gyorsabban haladok vele, mint az iskolai képzés heti 5 angolóráján. Az előrehaladási sebességek eltéréséből kíváncsiságból kiszámoltam, és meglepő, de az jött ki, hogy azáltal 50-szeres hatékonysággal tanítottam a gyermekemet, hogy egy szeretetteljes felnőtt 100%-ban egy gyermekre figyel.

Mivel egy átlagos osztályban 25 gyermek van, és az oktatási rendszerben még meg kell tartani a közösségi funkciójú aktivitásokat is, ezért **az egyéni óratartású oktatási rendszer minimum kétszer hatékonyabb, mint a hagyományos.** De úgy is lehet nézni, hogy feleannyiba kerül a társadalomnak.

Ezt úgy kell elképzelni, hogy egy tanár rövidebb időket tölt el minden egyes diákkal, és mindenkinek a saját előrehaladása és a diák képessége szerinti feladatokat ad otthonra. A különböző képességű gyermekekkel különböző sebességgel lehet haladni. Így a jó képességűek több tudásra tehetnek szert, hiszen a jó képességű gyerekek mindennap attól szenvednek, hogy a gyengébbek miatt unalmas az iskola. A rosszabb képességűekkel viszont alaposabban lehet haladni, hiszen ők meg állandóan attól szenvednek, hogy sosem tudnak jól teljesíteni. Így mindenki utálja az iskolát. A lányom is utálta az angolt. De az együtt tanulásunk révén annyira megszerette, hogy 14 éves korában középfokú nyelvvizsgát tett, minden könyvet angolul olvas és angolul nézi a filmeket is.

Szóval a gyerekek így az iskolában élvezni fogják azokat a tárgyakat, amelyeket szeretnek. Az oktatók végre annak a hivatásuknak tudnak élni, amit tehetséggondozásnak hívnak, így az oktatók is motiváltabbak lesznek! Ettől a rendszertől minden résztvevőnek jobb lesz. **A gyerekek, mire kikerülnek az iskolából, reális képet kapnak a saját képességeikről. Pontosan tudni fogják, miben tehetségesek és miben nem.** Így a töredékére csökken a téves pályaválasztás aránya. Hatékonyabbá válik a társadalom, így tovább mérséklődnek az emissziók is. Nem beszélve arról, hogy nő az átlagos boldogságszint, hiszen a sikeresség alapja, hogy a képességeinkhez illeszkedő pályát válasszunk magunknak.

A családok is komoly nehézséggel küzdenek, ha meg akarják valósítani azt az alapelvet, hogy mindig egy felnőtt teljes figyelemmel legyen gyermekükre. Ahhoz, hogy ezt az alapelvet be tudjuk tartani, szükséges alapvetően átalakítani a gyermekfelügyeleti rendszert is. Központilag támogatni az egyik szülő otthon-maradását is, hogy ezzel is növelni lehessen a felnőtt figyelem arányát. A család-modellekben ismét nagy szerepet kapnak a nagyszülők és a dédszülők is, úgy, mint a régi hagyománytisztelő világban. Ez csökkenti az időskori elmagányosodást és az időskori depressziót, amelyet leggyakrabban a szükségtelenség érzése fűt a mai idős generációban. A személyes motiváció az, hogy **minden Ember azt akarja, hogy a gyermeke boldog legyen** és azt bárkinek könnyű belátni, hogy sokkal nagyobb valószínűséggel lesz gyermekünk boldog ezen az úton, mint a hagyományos nevelési trendek szerint.

Az oktatási és gyerekfelügyeleti rendszer ilyen irányú fokozatos átalakítása, továbbá a családokban ezeknek az irányoknak a társadalmi segítése lehet, hogy elsőre furcsának tűnik, de egész társadalmi szinten megtakarításokat eredményez, azáltal is, hogy lelkileg kiegyensúlyozottabb, stabilabb Emberek fognak élni. Drasztikusan csökken az addikciók, a függések mértéke, valamint annak összes negatív társadalmi és környezeti következménye.

7.7. Az agglomerációk közötti missziós rendszer

A már magas szinten lévő agglomerációk missziós rendszere sokat emel ezen a fejlődési trenden. A magas boldogságszintű agglomerációkból az Emberek küldetése, missziója, valamint a többi agglomeráció segítése pedig továbbviszi a fejlődést. A missziók által a magasabb ÖBI-szinten lévő agglomerációkban lévő Emberek még magasabb szintre kerülnek. Hiszen a mély ÖBI-szinten élő Emberek körében teljesített önzetlen missziók a lehető legjobb segítők a lelki fejlődéshez. Így az Agglomerációs Program missziós rendszere az önfejlesztés és a másokra való önzetlen hatás révén segíti az átlagos boldogság szintjének emelkedését. Ugyanakkor az önzetlen missziók és a boldog, kiegyensúlyozott agglomerációk olyan pozitív példát jelentenek, amelyek a többi agglomerációnak erőt, lelkesedést és célt adnak. Így fokozatosan egyre kevesebb lesz az alacsony ÖBI-szintű agglomeráció.

A missziós rendszer agglomeráción belül is működik. Ahogy az Emberek újra megízlelik az önzetlenség örömét és boldogságfokozó hatásait, a missziós rendszeren keresztül lehetőséget adunk nekik, hogy ilyen irányú vágyaikat szervezett keretek között megéljék.

Az agglomeráción kívül és belül célszerű létrehozni a missziós rendszert koordináló szervezetet, melyhez hasonlóan napjainkban is már számos kezdeményezés zajlik. A gond az velük, hogy ezek bizonyos egyházakhoz kötődnek. A jóság és az önzetlenség fogalmát érdemes vallásfüggetlenné tenni. Ideje észrevennünk, hogy minden vallás erre tanít minket. Így a különböző vallási felekezetek hívei a missziós rendszeren keresztül együtt fognak tudni dolgozni. Ez is az Emberiség egysége és nem pedig az elkülönülése felé viszi az emberi fejlődést.

A missziós rendszer fontos eleme az agglomerációs jó gyakorlatok megosztásának, továbbá az is elengedhetetlen, hogy a többi agglomeráció segítséget nyújtson a gondba kerülő agglomerációknak (pl. természeti katasztrófa idején), ezzel is fokozva a békét a világban.

8. FEJEZET

A változás ötödik programja: Társadalom Program

8.1. A jövő társadalmának felépülése

Jelen könyv bevezető szakaszában bemutattam, hogy globalizálódott kereskedelmi, gazdasági és információs rendszereink ellenére társadalmunk még mindig nemzeti berendezkedéssel „működik". A nemzetek közötti versengésen keresztül az elmúlt századokban a nemzetállami rendszer a fejlődés motorja volt, azonban ma már az Emberiség fejlődésének gátló tényezőjévé vált. Az Emberiség globális problémáira, a globális klímaváltozásra elég nehéz nemzeti érdekek rivalizálásával megoldást találni. Az egyes nemzetek egymás rovására próbálják érdekeiket érvényesíteni. A nemzetbiztonsági „érdekek" pedig alapvetően bizalmatlan hozzáállást feltételeznek az egyes nemzetek között. Ezt jól mutatja például a több mint 30 éve tartó környezetvédelmi és klímavédelmi megállapodások sikertelensége, vagy a Föld különböző társadalmai közötti egyre fokozódó társadalmi egyenlőtlenségek. A nemzeti szintű problémák megoldására természetesen a nemzeti berendezkedés alkalmas. De ahogy azt látni fogjuk, a következő két évtizedben a globális problémák olyan mértékűek lesznek, amelyek globális kérdésekben nem fogják lehetővé tenni a nemzeti szintű döntések meghozatalát.

A Társadalom Program szorosan összefügg az Agglomerációs Programmal. A célkitűzés a nemzetállamok fokozatos megszűnése és egy globális emberi társadalom kialakulása. Tudom, hogy ez így elsőre ijesztően hangzik. Nagyon sok az ösztönösen globalizációellenes Ember. De ők jogosan azok! Hiszen a globalizáció káros következményeit látják, érzik nap mint nap a saját bőrükön. Szóval fontos tudnod, hogy én egy **lokális érdekeket tökéletesen tiszteletben tartó globalizációt tartok helyes iránynak.** Az Agglomerációs Programra épülő fejlődés pont a jelenlegi globalizációs betegségeket oldja meg. Továbbá ezt az egész átalakulást szép lassan, fokozatosan, hosszabb távon képzeld el!

Az átmeneti időszakban lesznek nemzetek és lesznek agglomerációk is. Az agglomerációk eleinte csak természetvédelmi és klímavédelmi feladatokat kapnak, az ahhoz tartozó jogokkal. Aztán fokozatosan gyengülni fognak a nemzetállamok, mert a racionális döntés az agglomeráció felé történő átrendeződés lesz.

De most arra kérlek, hogy próbáld elképzelni a távoli jövő társadalmát, amikor már csak agglomerációk léteznek! A jövőben a globális társadalom felépülésének alapegysége az önálló agglomeráció. Az Emberek olyan önálló agglomerációkban élnek, melyeknek saját önkormányzatuk van. Az önkormányzat delegál képviselőket a **Globális Parlamentbe.** A Globális Parlament munkájának eredményeit a **Globális Bölcsek Tanácsa** és a **Globális Tudományos Testület** véleményezi. A Bölcsek Tanácsa és a Globális Tudományos Testület a Globális Parlament által megszavazott intézkedési terveket elfogadhatja vagy vétózhatja. Vétó esetén indoklással visszaadja a Parlamentnek átgondolásra/átdolgozásra. Természetesen ilyen testületek az önálló agglomerációk önkormányzatai mellett is állnak. Minden önálló agglomerációnak önálló hadserege és rendőrsége van. Az országoknak a rend fenntartására most is van ilyen szervezetük, sajnos erre még néhány évtizedig szükség lesz az átmeneti időszakban. Ahogy az Emberek átlagos boldogsága nő és fokozódik belső lelki egyensúlyuk, egyre kisebb mértékben lesz rájuk szükség. Azonban van egy Globális Békefenntartó Erő is, amely a békefenntartási és a környezet védelmét szolgáló feladatokat látja el, illetve idegen (bolygón kívüli) támadások ellen védi a Földet (pl. egy aszteroida becsapódása). Ehhez a szervezethez kapcsolható a **Globális Űrkutatási Program** is. A **Globális Békefenntartó Erő** az agglomerációk önálló erőiből delegált egységekből áll. A Globális Parlament által kitűzött keretirányelvek betartását és helyi viszonyokra adaptálását az önálló agglomerációk önkormányzatai végzik. Fontos kiemelni, hogy a Globális Parlament soha nem készít konkrét szabályokat! **A Globális Parlament irányelveket ad ki és tiszteletben tartja, hogy ezeket az irányelveket az eltérő kulturális, gazdasági és természeti adottságokkal rendelkező agglomerációkban eltérő módokon lehet bevezetni.** Hiszen egy amerikainak hiába mondod, hogy egyen kevesebb marhahúst, míg egy japánnak, hogy ne egyen bálnát. A globális érdekek érvényesülése minden önálló agglomeráció elsőrendű feladata, de szabadon döntik el a megoldások mikéntjét. Egy demokratikus, globális bioszféravédelmi szervezet megalapítását álmodta meg Agnus Forbes (2019) is, bár kicsit más rendszerként és más kialakulási elképzeléssel. Azonban ebből látható, hogy a Föld megmentésének központi szerveződése már más szerzőnél is megjelent.

A Bölcsek Tanácsa a spiritualitás és az élettapasztalat tiszteletét fejezi ki a társadalomban. Nem baj, ha lassabban fejlődünk, de az alaposabban, körültekintőbben és a lehető legnagyobb mértékű boldogság és béke fenntartása, fejlesztése mellett történjen! A cél a tökéletes egyensúly elérése melletti társadalmi fejlődés! Végül is hová sietünk? A mai túlfeszített és korlátok nélkülinek hitt „fejlődés" okozhatja a teljes kipusztulásunkat. A Bölcsek Tanácsában csak egy bizonyos életkort elért, társadalmi szinten elismerést szerzett, példamutató előéletű és etikai normák szerint élő, feddhetetlen múltú Emberek lehetnek, akiknek a lelki rezgésszintje is minimum az elfogadás értékén van. A Bölcsek Tanácsa a Globális Parlament által kidolgozott irányelvek tervezeteit az Élet védelme, a társadalmi egyensúly és a társadalom boldogsága szempontjából ellenőrzi.

A Globális Tudományos Testület a tudomány társadalmi szintű tiszteletének megnyilvánulása. Ebben a testületben akadémikusok és egyéb, a tudományos munkásság terén kiemelkedő teljesítményt elért Emberek lehetnek, akik etikai szempontból is példamutató életet éltek és elérték az észszerűség lelki rezgésszintjét. A Globális Tudományos Testület a Globális Parlament tervezeteit tudományos szempontból vizsgálja, ellenőrzi.

8.2. Mi a különbség az Európai Unió és az agglomerációk egyesülése között?

Az ebben a könyvben lévő modell ismertetésekor sok helyről kaptam azt a reakciót, hogy semmi különbség nincs az egyes nemzetek mai egyesülése (pl. Európai Unió) és az agglomerációk közössége között, így ez a modell sem jobb, mint a jelenlegi. Ezt a félelmet szeretném most a kedves Olvasóban eloszlatni. Két alapvető különbség van e két társadalmi rendeződés között. Az első az, hogy az országok határai nem a még meglévő természeti területekhez igazodnak, így geometriai elrendeződésükben alkalmatlanok arra, hogy a természeti területeket visszaerősítsék. A második fő különbség az, hogy az Európai Unió vagy az USA olyan államok közössége, ahol az egyes államok önérdekei állnak párhuzamba állítva egymással. Ez az alapelv merőben eltér a kölcsönös függés elvétől, ahol közös célok eléréséért egymást segítve létezik az agglomerációk szövetsége.

Gyakran feltett kérdés, hogy mi garantálja, hogy az agglomerációk nem kezdenek el egymással rivalizálni úgy, mint ahogy azt az országok jelenleg teszik. A választ a jelenlegi nemzeti önérdekek alkalmazásával szemben a kölcsönös függés, a missziós rendszer és a „gondolkodj globálisan, cselekedj lokálisan" elvek összehasonlítása adja meg. Ugye, számodra is egyértelmű, hogy a két rendszer köszönőviszonyban sincs egymással?

8.3. Közel van már
az évezredek óta vágyott világbéke

A nemzetállamiság fokozatos leépülése fokozza a világbéke szintjét, ezzel növekszik a Földön élő Emberek átlagos boldogsága! Egy háború sok utána jövő generációban okoz addikcionális lelki lenyomatokat. A háború okozta lelki sebek szülőről gyermekre adódnak át. A gyógyulás nagyon lassú, akár egy évszázad is lehet. A társadalom sok generáció alatt dolgozza fel teljesen egy háború hatásait társadalmi, gazdasági és lelki síkon egyaránt. Ha nem lesznek háborúk, drasztikusan csökken a lelki betegségek mértéke, a társadalmi visszavetettség is kisebb mértékben lesz jellemző. Emellett a háborúk környezetkárosítása, környezetpusztítása is megszűnik. Szinte fellélegzik a Föld. Nem is beszélve a mérséklődő hadiipari termelésről, melynek következtében tovább csökken a környezetszennyezés. Ezen hatások együttesen mérséklik a társadalomban szétterülő és ma annyira jellemző agresszivitást, és jelentősen visszaszorítják a társadalmi egyenlőtlenséget is.

Ha jobban belegondolunk, a háborúk legnagyobb hányada a nemzetek közötti versengés, a javakért való küzdelem okán jön létre. Ha nem változtatunk az életmódunkon, akkor a közeljövőben a természeti erőforrásokért való harc fogja okozni a legtöbb háborút. Egy háború alapja az, hogy bizonyos hatalmi csoportok fokozzák az ellentéteket az Emberekben, amíg ezek a végsőkig feszülnek. A háborúk másik oka a vallás is lehet, melynek dogmatizmusa sajnos erősen gátolja a fejlődést. Senki ne értse félre! A vallásosság pozitív üzeneteinek betartása nemes és tiszteletre méltó emberi viselkedés. Azonban a dogmatizmus és a szélsőséges vallási irányzatok sajnos a különböző vallások képviselői között feszítik az ellentéteket, és gyakran a társadalmi fejlődés gátjait jelentik.

Persze, az Embereket lehet riogatni azzal, hogy a másik nemzet vagy a másik vallás képviselői majd eltiporják őket. De ez a régi idők mozija! Erre ma már nem lenne szabad odafigyelni! Egyre nagyobb lesz az a társadalmi réteg, amely nem is fogja elhinni ezeket a jövőben. Egy bizonyos lelki rezgésszint felett már kinevetik az Emberek az ilyen politikai megnyilvánulásokat, és őszinte, megértő sajnálattal nézik azokat, akiket még fanatizálni tudnak az ilyen demagóg üzenetek. Hiszen ezek az Emberek nagyon mély lelki rezgésszinten élnek, és rengeteg segítségre, támogatásra van szükségük, hogy ebből feljebb emelkedhessenek. Azonban pont azért fanatizálódnak, mert nem kapnak segítséget, és egy társadalmi vagy vallási csoporttal való azonosuláson keresztül többnek vagy jobbnak érzik magukat.

A világbéke reális jövő, amennyiben az Emberiség a nemzeti berendezkedésről fokozatosan az agglomerációs berendezkedés irányába fejlődik tovább, az eddigiekben már bemutatott módon. A világbékére technikailag és tudományos értelemben is megérett a társadalom. Ennek a gátja „csak" a régi beidegződésekre épülő társadalmi és gazdasági berendezkedés, valamint az emberi gondolkozás. A mai nemzetállamokat vezető hatalmi erők vagy a vallási hatalmat gyakorló vezetők az Emberek félelmére építve képesek fenntartani rendszereiket. Pedig tudjuk, hogy a félelem lelki rezgésszintje mennyire alacsony. Mi, Emberek még mindig abban az ősi félelemben élünk, hogy tartanunk kell egymástól, a többi társadalmi csoporttól és a Természet erőitől. Ezt hívják a politikusok napjainkban a tudás társadalmának. Ugye, milyen kontrasztos? **Egy mai átlagember ennél jóval magasabb lelkiséggel és tudással képes élni. Ez ma már nem kérdés...**

8.4. A globális innováció, kutatás és űrprogram

A nemzetállamiság fokozatos lebontása révén az emberi társadalomban csökkennek a felesleges túlkapacitások és nő a globális hatékonyság. Például nem kell minden nemzetállamnak minden tudományterületen a lehető legjobban felszerelt kutatóintézetet fenntartania, így még nagyobb egységbe forraszthatÓ össze a tudományos kutatás vagy a méregdrága űrkutatás is. Így a világ eltérő pontjain lévő kutatóhelyek specializálódhatnak, mely a tudomány további fejlődésének ad lendületet. Egy Globális Űrkutatási Központ segítségével felgyorsulna az Ember világűrben való terjeszkedése felé történő előrehaladás, hiszen globális mértékű támogatottság mellett folynának a kutatások és a fejlesztések. A nemzetek, illetve nemzetcsoportok nem egymás rovására és egymástól eltitkolva végeznék fejlesztéseiket.

A nemzetállamiság fokozatos megszűnése az innovációt is megváltoztatja. Jelenleg nemzeti érdekek mentén végzik a technológiai fejlesztéseket is (üzleti érdekek mentén is, de ezt később még kifejtem). Minden ország az országában végbemenő innovációk lehető legjobb kihasználása érdekében a többivel szemben a saját előnyét próbálja fokozni. Ha a nemzetállamiság megszűnik és minden agglomeráció elsőrendű feladata a globális célok szem előtt tartása lesz, minden innováció szabad hozzáférésű lehet, és az is kell hogy legyen! Mivel nem lesz gazdasági verseny az agglomerációk között, nem lesz szükség az innovációk levédetésére és elrejtésére. Az innovációs központok a világ különböző pontjain specializálódni tudnak, és soha nem látott mértékű kutatási összefogások jöhetnek majd létre. Ez a tudomány és technika eddigieknél erőteljesebb fejlődését hozza.

Az önzetlenség és a lelki fejlettség egyébként hihetetlen mértékben fejleszti az emberi kreativitást is. A Boldogság Program járulékos haszna, hogy a ma csőlátó biorobotként funkcionáló Emberek jó része kreatív géniusszá fogja kinőni magát. Így sokkal több értékes ötlet fog napvilágot látni, mint valaha. A kreativitás és a lelki fejlődés szoros kapcsolatáról ajánlom neked Eckhart Tolle Az új Föld című könyvét.

8.5. Naptársadalom

A Naptársadalom fogalma a másik olyan alapvető fejlődési irány, mely fokozza társadalmunk környezettudatosságát és racionalizálja az energia-, illetve termelési szektort, fokozva ezzel az össztársadalmi hatékonyságot, és jelentősen hozzájárulva a klímavédelmi célok eléréséhez. De mit jelent a Naptársadalom? Jelenleg az ipari termelés, a társadalmi berendezkedés, sőt az emberi alapgondolkodás is arra épül fel, hogy teljesen függetlenítsük magunkat a Természettől, az időjárási körülményektől és napszaktól függetlenül azt csinálhassuk, amit akarunk és ahogy mi akarjuk. Ma már tudományosan és technikailag is fel vagyunk készülve arra, hogy a legtöbb szektorban álljunk át az időjárási viszonyokhoz igazított termelésre. Miért ne lehetne akkor többet termelni egy gyárban, amikor sokat süt a nap vagy erősen fúj a szél? Az energiaszektort, az ipari termelést és a társadalmi aktivitások mértékét is részlegesen hozzá lehetne igazítani a természeti folyamatokhoz. Ezzel tovább mérséklődne az energiatárolási igény, és a globális társadalom még gyorsabban átállítható lenne teljesen megújulóenergia-alapúra. Semmi más nem kell hozzá, mint gondolkodásmódbeli változás, melynek következményeként a munkavállalói modellek és az ipari berendezések automatizálása is megváltoztatható. Az időjárás-előrejelzési rendszereink pontossága már olyan szintű, hogy ez tényleg megvalósítható. Ha belegondolunk, napjainkban már az ezzel kapcsolatos folyamatok alapjaikban ugyan, de megindultak. Gondoljunk például azokra az intelligens villamoshálózatokra, ahol már most olcsóbban adják az áramot akkor, amikor sok megújuló kapcsol be a rendszerbe.

A Globális Grid és a Naptársadalom együttes hatása, hogy felgyorsul az elmaradottabb országok fejlődése, és kialakul az emberi léthez járó alapvető energiabiztonság. Mindez úgy, hogy olcsóbb lesz a villamos energia a Földön, mint valaha. Sőt, a fejlődés egy későbbi szakaszában már teljesen ingyen lesz.

Ha a Globális Gridet kiegészítjük a naptársadalmi berendezkedéssel, akkor globális méretekben még tovább minimalizálható a villamosenergia-szállítás veszteségének aránya. Természetesen bizonyos mértékű energiatárolás kiépítése is a Globális Grid része kell hogy legyen. De ennek mértéke globális tervezési kérdés, és töredéke annak, mint amennyit a mostani nemzetállami berendezkedés diktálna. Egyetlen dolog kell hozzá: a nemzetek közötti kölcsönös függés elfogadása. Ha mindenki mindenkitől függ, akkor senkinek sem érdeke kiszúrni a másikkal.

8.6. A jövő társadalmának étkezése

Tudtad, hogy egy nyugat-európai Ember napi vízfogyasztása 3 000 liter, melyből 2 700 liter az élelmiszerek előállítására kell (David Attenborough, 2021)? Azonban ennek a legnagyobb hányadát a húsalapú élelmiszerek előállítására fordítjuk.

Tudtad, hogy a termelt hús energiatartalma tizede annak az energiamennyiségének, amit az állat megevett (M. Berners-Lee, 2019)? Szóval 10-szer annyi vegetáriánus Embert tud eltartani a Föld, mint szinte csak húst evőt. A jövő társadalma szinte teljesen vegetáriánus lesz. Maximum ünnepnapokon lesz jelen egy kis húsfogyasztás.

Tudom, sokaknak ez hihetetlen, még többek számára pedig egyenesen ijesztő ilyet olvasni. Miután elkezdtem meditálni, pár hónappal később én is vegetáriánus lettem, pedig nem is akartam az lenni. Bizonyos lelki rezgésszint felett óhatatlanul vegetáriánus lesz az Ember. Erre a gondolatomra tíz emberből kilenc így szokott reagálni: „Ha leszokom a húsról, akkor inkább nem is akarok lelkileg fejlődni". Értem, hogy a jelenlegi szűrődön keresztül ez durva, hiszen a húsevés élvezetet okoz neked. De hidd el, ahogy a lelked változik, úgy a szűrőd is változni fog. Szóval a magasabb lelki rezgésszinteken az Emberek belső igényből mondanak le a húsevésről. Így egyre nagyobb számban lesznek vegetáriánusok az Emberek a Földön, míg végül a húsevők lesznek a ritka fura egyének. Ez csak egy kedvező hatása a Boldogság Programnak.

8.7. Átállás a szolgáltatásalapú társadalomra

A személyes biztonság maximalizálása hasonló túlkapacitásokat okoz a társadalomban, mint amit a nemzetállamiság kapcsán már említettem. Minden Ember szinte minden téren maximálni akarja a biztonságát. Ennek következtében minden termékből, használati tárgyból az Embereknek személyes birtoklásra van szükségük. Olyan tárgyakat is megveszünk, birtoklunk, melyeket rövid ideig vagy ritkán, esetleg csak egyszer használunk. Ilyen például ez a könyv is, ha éppen nem könyvtárból vetted ki. Ez az anyagi javak és a természeti erőforrások félelmetes mértékű elfecsérlését okozza. Gondoljunk bele, hogy ha családi házban élsz, akkor nyilván van fűnyíród. Havonta kb. egy-két alkalommal vágod le a füvet (persze ez a szám a klimatikus helyzettől és az adott személy „gyepigényességétől" függően változhat), ami kb. egy órát vesz igénybe. Szóval havi egy-két óráért van a tulajdonomban egy ilyen gép. Ezzel a géppel még kb. harminc másik családot ki lehetne szolgálni. Tehát harmincadannyi fűnyírót kellene gyártani, szervizelni, karbantartani és lecserélni, amikor tönkremegy. Ehhez nem kellene más, minthogy szolgáltatásként megkapd a fűnyírót akkor, amikor akarod. Ezért a megoldás az, hogy a vásárlás- és tulajdonlásalapú társadalomról a magas színvonalú szolgáltatásalapú társadalmi berendezkedésre álljunk át (Jacque Fresco, 2007).

Ehhez először ki kell dolgozni egy úgynevezett Szolgáltatás Listát, mely esetében társadalmilag szükségtelen a tárgyak, javak birtoklása. Ezután a társadalmat fokozatosan át kell állítani erre az ezzel kapcsolatos tárgyak, berendezések tulajdonlásának fokozatos betiltásával. Például ha elromlik egy adott termék, ami rajta van ezen a listán, már nem vehet újat az a magánszemély, vagy akinek még nincs, az már csak szolgáltatásként veheti igénybe, tehát bérelni fogja. Így biztosítható a fokozatos átállás. A szolgáltatásalapú társadalomban a gyártásalapú munkahelyek megszűnéséből eredő munkaerőt felveszi a bővülő szolgáltatási szektor. Így nem kell tartani a munkanélküliségtől.

A szolgáltatásspecifikus társadalom másik nagy előnye, hogy az igényeinkre igazított szolgáltatást kapunk, mert a szolgáltató rendelkezik azzal a specifikus szaktudással, amellyel ki tudja választani nekünk, amire leginkább szükségünk van. Bonyolult világunkban hányszor fordul elő, hogy a kiválasztott termék megvásárlása után derül ki, hogy nem is igazán erre gondoltunk. Ezzel a felesleges, téves vásárlások is megszűnnek. De gondoljunk bele abba is, hogy életünk során hányszor változott meg az ízlésünk bizonyos dolgokban. Ilyen szolgáltatások esetén változatosan követhetők az igényeink anélkül, hogy ezért tárgyakat kelljen lecserélnünk újabbakra. Természetesen vannak dolgok, termékek, melyek személyesek, ezért hosszú távon is megmarad a tulajdonlásuk. Például cipőt vagy fogkefét valószínűleg soha nem fogunk bérelni. Azonban közlekedési járművet vagy fűnyírót miért ne kaphatnánk meg a használat idejére vagy tartós bérletbe szolgáltatásként? Ezzel töredékére csökkenne a gyártás és az abból fakadó környezetterhelés. Ugyanakkor az életszínvonalunk még javulna is. Csak a gondolkodásunkat és a fogyasztásalapú gazdasági berendezkedésünket kell hozzá megváltoztatnunk.

8.8. Termékek és szolgáltatások címkézési kötelezettsége

Az Emberek legnagyobb része nem azért hoz a vásárlásainál és a szokásaival klímavédelmi szempontból rossz döntéseket, mert nem akar jót tenni a Földnek, hanem mert tájékozatlan. A kapitalista multinacionális kereskedelmi–ipari rendszerek eltüntetik előlünk a nyomokat. **Elfedik, hogy micsoda etikai és környezetvédelmi szabályok áthágása révén teszik oda elénk az adott terméket vagy szolgáltatást.** Nagyon sok országban még ma is van rabszolgatartás, gyermekmunka és jellemző a nők hihetetlen kemény kizsákmányolása. Nagyon sok cég ott állítja elő a termékeket, ahol nem kell szigorú környezetvédelmi szabályokat betartani, mert az drágítaná a gyártást. Legfőképpen ezekből az országokból látják el a világot, mert itt a legolcsóbb a munkaerő és a gyártás. A ruhaipartól kezdve számos más iparágban is a világ szegény és jogilag kevésbé szabályozott részein előállított javakat adják el a világ fizetőképes másik felén. Nagyon gyakran egy élelmiszer összetevői a Föld ellentétes feléről érkeznek a gyártóhelyre, ahonnan globálisan mindenfelé széthordják. Ezt az emberi méltóságot semmibe vevő és a társadalmi feszültségeket növelő rendszert meg kell szüntetni. Ez a fajta globalizáció az, ami ellen annyian tüntetnek. Az általam javasolt globalizáció pont ezeket akarja szép fokozatosan felszámolni.

Ezen problémák feloldására **szükséges kötelezővé tenni a fogyasztók tájékoztatását.** Ha egy termék kicsit drágább, de cserébe töredékannyi környezetterheléssel vagy emberi kizsákmányolással készül, mint korábban, a legtöbb Ember biztosan azt fogja venni. A multinacionális cégek közötti őrült árverseny kóros hatásai is szép lassan eltűnnek a társadalomból.

Ennek a programnak a keretében kötelezővé kell tenni minden terméken az „Ökológiai lábnyom" és a „CO_2eq-érték", az „Egyenjogú emberi lét", a „Gyártási helyek", és az „Élettámogatás mértéke" címkéket. Nézzük, hogy melyik mit jelent:

- Ökológiai lábnyom címke: ez a címke mutatja, hogy mennyi nyersanyagot és energiát használtak fel a termék előállítására, odaszállítására, és mennyibe fog kerülni az ártalmatlanítása. Ezt ökológiai lábnyomra kell átszámítani, melynek módját szigorú szabályok szerint kell egységesíteni. Így több alternatív termék közül eldönthető, hogy melyik az ökotudatosabb.

- CO_2eq-érték címke: ki kell számolni, hogy az adott termék gyártása, odaszállítása és majdani ártalmatlanítása mennyi CO_2eq-ben számított kibocsátást okoz. (A CO_2eq az összes okozott ÜHG CO_2-ben megadott értékét jelenti.) Így több alternatív termék közül választhatok aszerint, hogy melyiknek a legkisebb a klímahatása.

- Egyenjogú emberi lét címke: itt egy emberi alapjogokat tartalmazó lista teljesülését kell ellenőrizni, és egy százalékos értékkel jellemezni a teljesülés mértékét.

- Gyártási helyek címke: itt rögzíteni kell az összes alkotóelem, alapanyag gyártási helyét. Így el tudom dönteni, hogy melyik terméket gyártják közelebb.

- Élettámogatás mértéke címke: a termék előállítása, helyszínre szállítása és ártalmatlanítása során fellépő összes Életpusztító és Élettámogató tevékenységének felsorolásából kell készíteni egy arányszámot.

A lényeg, hogy minden ilyen címke számítási módját szabályozni és ellenőrizni kell, hogy ezek a cégek tényleg betartják-e azokat. Mert ezekkel kapcsolatban jelenleg is már nagyon durva visszaélések tapasztalhatók a világban. Például azoknak a tengervédelmi címkéknek egyike sem valós, amelyek a tengerihalkonzerveken találhatók. Ha egy cég egy alapítványnak befizet egy bizonyos összeget, akkor felteheti a címkét a termékére, de valójában senki sem ellenőrzi, hogy mi történik a tengeren. Ezzel kapcsolatban ajánlom neked a Seaspiracy című filmet, melyet a könyv végén található filmajánlási listában találsz.

A címkézési rendszer egyik előnye, hogy lecsökken a globális szállításból eredő emisszió. Például Magyarországon kisebb eséllyel fogok venni kínai fokhagymát. További előny, hogy megerősödik a drágább, de etikusabb, illetve ökologikusabb termékek piaca, így azok fejlesztésére több gazdasági erő koncentrálódik. Ennek következtében fokozatosan kitisztul a világ. A multinacionális cégek nem tudnak többé hazudni. Az egyenes beszéd mellett csak az egyenes cégek tudnak majd fennmaradni. Az etikátlan, Életpusztító szervezetek, ha nem lesznek képesek átalakulni, akkor mennek a gazdasági süllyesztőbe. Ez, lássuk be, így van jól...

Ennek a rendszernek az előnye, hogy a Gazdasági Programnál bemutatandó adóformák elszámolási alapját is ez fogja adni. Alig várom már, hogy odajussunk együtt a könyvben!

8.9. Közös világnyelv

A társadalmi átalakulás fontos része egy **közös világnyelv** kiválasztása és elfogadása. Ki kell tűzni célul, hogy a lakosság 95%-a kb. 30−50 év múlva tudja használni a világnyelvet. Természetesen csak az anyanyelvünk megtartása mellett (a kultúra védelme) szükséges a világnyelvet tudni. Világnyelvnek célszerű valamelyik olyan élő nyelvet választani, amelyet ma is nagyon sokat beszélnek (angol, spanyol, hindu vagy kínai stb.), de az optimális nyelvre majd a nyelvészek tesznek megfelelő javaslatot. Fontos szempont az egyszerű írásmód, a könnyű tanulhatóság, így egy mesterséges nyelv is lehet előnyös választás (pl. eszperantó), mert ez egyik nemzetnek sem jelent előnyt, és ezeknél általában jellemző az egyszerű elsajátíthatóság. A világnyelv egységesíti az agglomerációk közötti kommunikációt és fokozza az Emberek egységérzetét. Az általam felvázolt rendszerben fontos fokozatosan egyre inkább átéreznünk az Emberiség egységét, ami a további fejlődésünk egyik fő kulcsa. A különbözőségek kiemelése csak szembenállást generál.

8.10. A fehér a nyerő – albedó trükk

A klímaváltozást gyorsító-erősítő folyamatok egyike, hogy a felmelegedés következtében drasztikusan fogy a sarki jégsapkák és a hegyvidéki jégtakarók területe, ezáltal megváltozik a Föld felületének átlagos albedója, és még jobban melegszik a légkörünk, mert a Föld felülete kevesebb fényt képes visszaverni.

Gyors és hathatós megoldást jelent erre, hogy mindent, amit lehet, fehérre cserélünk az elkövetkezendő 20–30 évben. Itt különösen az épületek tetőire, az autóutakra és az autókra gondolok. Becsléseim szerint ezek összes felülete közelít az elolvadó jég felületének csökkenéséhez, így mérsékelhetjük ezt a hatást. Mi kell hozzá? Minden felújításra kerülő vagy új építésű utat fehér aszfalt kopóréteggel kell ellátni! Láttam már fehér mészkő makadám utat, erős napsütésben sem volt vakító. Minden felújítandó vagy új építésű tetőt fehér vagy nagyon világos színűre kell alakítani! Minden autót fehérben kell legyártani! Tudom, hogy az egyéni színválasztás is az emberi szabadság egy eleme. De gondoljunk bele, hogy mennyivel lennénk boldogtalanabbak, ha mindenki fehér vagy nagyon világos árnyalatú autóban járna, és mindenki háztetője világos színű lenne?! Szerintem egyáltalán nem lennénk azok. Az autók oldalán lehetne változatos színeket választani, ugyanígy a házfalakon. Viszont ezzel is tehetünk a klímaváltozás ellen, ráadásul összefogva elég hathatósan!

8.11. Csoportos meditációk

Ma már tudományosan igazolt tény, hogy minden élőlény egy speciá-lis energiarendszer, melynek csak kis része az, amit az élőlény testeként látunk (Dispenza, 2020). Az energia szintjén egyszerűen belátható minden élőlény egysége, melyre a legtöbb megvilágosult spirituális vezető évezredek óta igyek-szik felhívni az Emberek figyelmét. A mai helyzet annyiban más, hogy a spiritu-ális guruk nézetei és a tudományos eredmények kezdenek összeérni, a tudomány kezdi megérteni és igazolni ezeket a „víziókat". Az élőlények energetikai szem-lélete segít nekünk abban, hogy minden élőt ugyanúgy tiszteljünk, mint önma-gunkat és Embertársainkat. Ugyanakkor az energiaszemlélet segíthet megnyílni a meditáció világának irányába is, hiszen ezen a módon válnak érzékelhetővé ezek a létező energiák.

A meditáció megtanulása és mindennapi gyakorlása volt, követve dr. Joe Dispenza Válj természetfelettivé című könyvének útmutatásait, eddigi életem legjobb döntése. Hihetetlen hatással volt a saját életemre és a környezetem életére is. Így folytatom ezt az utat, mely jelen sorok írásakor még csak hat hónapja tart, tehát kezdőnek számítok ezen a téren.

Dr. Joe Dispenza hivatkozott könyvében külön fejezetet szentel a csoportos meditációk hatásainak mérésekkel igazolt eredményeire és annak tudományos magyarázatára. A meditáció alatt az emberi tudat befolyásolni tudja a körülötte lévő energiarendszerek működését, és ezzel a környezetében lévő Emberek dön-téseit. A meditációk „hatótávolsága" nagyon nagy, városokat, megyéket is köny-nyedén magába foglal. A jelen könyvben bemutatott lelki rezgésszintek másokra gyakorolt hatása tulajdonképpen ugyanezen az elven működik. Annyi az eltérés, hogy meditatív állapotban a legmagasabb lelki rezgésszintre emelkedünk, amire csak képesek vagyunk, így a legnagyobb jóval hatunk a környezetünkre. A nagy csoportban végzett békemeditációk ideje alatt és az azt követő napokban csökken a bűnözések száma, vagy ha háborús övezetben végezték azokat, a halálos esetek száma. Ezek a csoportos meditációk ennyire hatékonyan működnek. Szóval meditációval nemcsak saját életünkre gyakorolhatunk nagyon kedvező hatást, hanem környezetünkre és a világ sorsának alakulására is van befolyásunk!

Mióta gyakorló meditálóként nap mint nap látom ennek a módszernek a hatásait, teljes bizonyossággal ki merem jelenteni, hogy **a klímaváltozás elleni harc egyik kiemelten hatékony eszköze a rendszeres, csoportos, az Élet védelmére fókuszáló meditáció.** Erre azért gyűlnek össze az Emberek, hogy irányított meditáció útján együtt koncentráljanak a földi Élet védelmére, annak egészségére és terjedésére. Bízom benne, hogy a társadalomban egyre több ilyen csoport fog alakulni, melyek naponta összejönnek és megteszik ezt együtt, közös jövőnkért! Nekem is vágyam egy ilyen csoport létrehozása...

8.12. Néhány helytelen gondolkodási mechanizmus

A jelenlegi akadályok hasonló tőről erednek, mint a többi program tárgyalásakor. A személyes önzés, a félelemalapú társadalmi berendezkedés és a végtelen biztonságra való törekvés okozza, hogy az egyén mindent, amit csak tud, meg akar venni és birtokolni akar. A szolgáltatásalapú társadalmi berendezkedéshez fokozatosan át kell állni erről a gondolkodásmódról. Az erőforrások nem korlátozottak (abban az esetben, ha nem egymás rovására és végtelen önzésünk kielégítésére használjuk fel azt), és nem kell félnünk sem a Természettől, sem pedig egymástól! Ezek a régi beidegződések helytelenek!

Természetesen a jelenlegi akadályok legfőbb része az, hogy az Emberiség egy szűk rétege még nem készült fel lelki szinten arra, hogy békében és megértésben éljen, és ez sok Emberben félelmet szül, amit a szenzációhajhász média fel is erősít.

Hasonló gondolatmenet érvényes a nemzetállami berendezkedés korlátjaira vagy a vallási kultúrák egymással való szembenállására. Miért lehet elhitetni velünk azt, hogy egy másik embercsoport (nemzet vagy vallási csoportosulás) ránk nézve veszélyes? Az amerikaiak jó része elhiszi azt, hogy az oroszok gonoszok. Pedig egy orosz átlagember és egy amerikai átlagember ugyanúgy semmi mást nem szeretne, csak békében és harmóniában élni. A hatalmi rendszerek demagógiája és uszítása negatív hatással van világszemléletünkre.

Nemrég mosolyogva néztem egy rövidfilmet az interneten, ahol kb. két tucat önkéntesen csináltak részletes genetikai vizsgálatot, és azt elemezték, hogy ki hány százalékban melyik nemzetiségből származik. Kifejezetten érdekes volt, hogy mennyire vegyes a kép, és mennyire sokféle nemzetiség vére folyik az átlagember ereiben. Ha genetikailag vizsgáljuk, akkor nem is igazán lehet már nemzetiségről beszélni, olyan nagymértékű a társadalmi keveredés. (Én elvileg magyar vagyok, de a genetikai vizsgálatom szerint nagyarányú bennem a germán, az olasz és a skandináv vér is. Sőt 1% japán génnel is rendelkezem.) Ebben a kisfilmben a legérdekesebb az a rész volt, amikor egy jelentős mértékben nacionalista érzelmű Ember genetikai kódjából derült ki, hogy a saját magasabb rendűként megélt nemzetiségéből van a legkevesebb benne, és amely nemzetiséget a legjobban utálta, onnan származik a jelenlegi genetikai állományának a legnagyobb része. Érdekes volt látni az arcán azt a megdöbbenést, amikor világossá vált előtte, hogy túlzottan felfokozott nemzeti identitása mennyire alaptalan és felsőbbrendűségi érzése mennyire nem jogos[1]. A nemzetiségi „öntudat" nagyon szép dolog, amíg az a kulturális sokszínűség megőrzését vagy az arra való büszkeséget táplálja. Azonban a nemzeti gondolkodás mind a világbéke, mind a társadalmi berendezkedés, mind a tudományos vagy gazdasági berendezkedés szintjén már az Emberiség fejlődésének a gátja.

---

1 Ennek a filmnek az eredetiségét többen cáfolják az interneten. Én nem tudom leellenőrizni, hogy kinek van igaza. Függetlenül a szkeptikus véleményektől a mondandó tökéletes!

Ugyanez a helyzet a vallások dogmatizmusával, amely az Emberek félelmére alapozva próbálja fokozni a hatalmát azzal, hogy más vallások ellen uszít. Gondoljunk a középkori keresztények pusztításaira a dél-amerikai kontinensen, vagy az inkvizícióra, esetleg a mai szélsőséges iszlám terroristákra, amelyek terrorista tevékenységet végeznek. Minden világvallás alapvetően humanitárius! Csak az egyházak szélsőséges követői nem azok, mert a hatalmuk csökkenését féltik, mely hosszabb távon létezésük szükségességét kérdőjelezheti meg. Mivel a hatalom féltése önmagában Emberellenes, ezért sajnos a legtöbb egyháznak bőven vannak Emberellenes vonásai, amiket itt az ideje kigyomlálniuk, ha fenn akarnak maradni a jövő társadalmában.

9. FEJEZET

A változás hatodik programja: Gazdaság Program

A jelenlegi gazdasági rendszer okozta társadalmi torzulások is komoly okai a jelen helyzetnek és az új rendszer bevezetését is nehezítik. Régebben az etika, a vallás és az egyéb szabályok fékezték a profitérdekeket. Ma már mindent szabad, ami profitot termel. Sőt, ami profitot termel, az jó. Ez teljesen megbetegíti a társadalmat, hiszen sóvárgást kelt és mindent a fogyasztás maximalizálására épít. Vegyél többet, éld meg, birtokold, hiszen bármit megkaphatsz... Ez csak „szlogen", a rendszer természetesen hamis! Becsapós délibáb, amelyet feleslegesen hajszolnak az Emberek. Az eredménye semmi más, mint egyre több boldogtalan és mohó Ember. Előttem van egy videó, amikor az egyik nagy mobiltelefon-gyártó kihozta a legújabb modelljét, és kihirdette, hogy reggel 8-kor kapható először egy adott boltjukban. Reggelre óriási tömeg volt az üzlet előtt, és amikor kinyitották az ajtókat, az Emberek egymást tiporták el, hogy előbb jussanak be. Többen durván összeverekedtek egy-egy kosárért vagy a belépési sorrendért. Elmebeteg szintre süllyeszti az Embereket ez a „kulturális" berendezkedés. A profitalapú „világkultúra" szép lassan mindent felemészt, ha nem szabunk neki határt. Ez a „kultúra" primitív fogyasztó-biorobot szintre süllyeszti azt a csodát, amit Embernek hívunk.

Ha megkérdezik, hogy szükség volt-e a múltban a jelenlegi gazdasági rendszerre, a fosszilis tüzelőanyag-alapú energiára, a nemzetállami szintű versengésre, a profit és a pénzvilág gazdaságfejlesztő hatásaira, akkor a válaszom egyértelműen: IGEN. Ezek voltak napjainkig a fejlődés motorjai. Ezek nélkül nem juthattunk volna el ilyen hihetetlen mértékű tudományos és műszaki fejlődési szintre. Azonban amely dolgok eddig a fejlődésünket szolgálták, már egy ideje gátjai a fejlődésünknek, sőt... Ezek a rendszerek már a pusztulásunk sírkövei. Olyan elavult őskövületek, mint ahogy a mai elektromos autóban ülő ember gondol egy 5 000 cm³-es, benzines ökoszörnyre. Az a mobilitásnak egy elavult, káros eszköze. Az új rendszer születőben van, csírái már jelen vannak a társadalomban, csak az kell az átálláshoz, hogy megértsük: nem ez a helyes út! Az alábbiakban nézzük meg együtt, hogy milyen eszközök szükségesek a változáshoz.

9.1. GDP helyett ÖBI

A mai pénzvilágnak mindenki a része. Nem tudjuk belőle kivonni magunkat, hiszen tényleg szinte mindent a pénz, illetve a pénz iránti vágy működtet. Azonban azt fontos leszögezni, hogy egy lelkileg kiegyensúlyozott Ember pénzfüggése jóval kisebb mértékű, mint egy lelkileg kiegyensúlyozatlan, rejtett vagy ismert lelki problémákkal küzdő Emberé. Minél kiegyensúlyozottabb egy Ember (mely egyenes arányban áll a lelki rezgésszint értékével), annál kevesebb felesleges dolgot vásárol, annál kevésbé szeretné a lelkében lévő ürességet szükségtelen javak sokaságával mérsékelni. A magas lelki rezgésszintű Ember léte így nem „érdeke" a mai gazdaságközpontú társadalmi berendezkedésnek. Hiszen az ilyen Ember nem vásárol olyan sokat, mint az alacsonyabb lelki rezgésszintű Embertásai. További „probléma", hogy a kiegyensúlyozott Emberben nehezebb sóvárgást kelteni reklámokkal és egyéb marketingeszközökkel. Pedig **a sóvárgáskeltés a legfőbb marketingelv, amivel fogyasztóvá lehet süllyeszteni az Embert.** Ez a sóvárgásgenerálás az üzleti világ motorja. Emberek milliárdjai vágynak újabb és újabb szolgáltatások és termékek után, és vakon habzsolják ezeket a javakat, miközben a Föld szép lassan elpusztul.

Ebben már semmi új sincs a számodra. Az is egyértelmű, hogy a GDP alkalmatlan arra, hogy egy Ember- és Természetközpontú boldog társadalom mérőszáma legyen! A GDP mellett be kell vezetni az ÖBI-t, mely sokkal fontosabb és átfogóbb mérőszám, mint ahogy erről már az előző programok kapcsán írtam. Pontosan mérhető, mint ahogy már láthattad. És ami a legfontosabb, hogy háttérbe szorítja a gazdaságközpontú kulturális–társadalmi berendezkedést. Itt az ideje újra tudatni a világgal, hogy az Ember sokkal-sokkal több, mint egy fogyasztó biorobot.

9.2. Az Ember felett álló cégek világa

A gazdaságcentrikus társadalmi rendszerünk egy másik izgalmas Gazdaságcentrikus társadalmi rendszerünk egy másik izgalmas és egyben veszélyes aspektusa az Ember felett álló cégek túlzó szerepe a társadalomban. Mit jelent az, hogy „Ember felett álló cég"? Ha egy nagyobb cég által képviselt tevékenység már nem az Emberiség érdekeit szolgálja, akkor sem szűnhet meg. Ezek a nagy cégek már önmagukért léteznek és nem az Emberiségért, annak ellenére, hogy jogi személyiségek, tehát nincs önálló tudatuk. Tudom, hogy ez furán hangzik elsőre, de azonnal igazolom az állításomat!

Azért, hogy ezt megértsük, tételezzük fel, hogy van egy multinacionális részvénytársaság, mely felettébb profitábilis, de erősen környezetpusztító és Emberkárosító tevékenységet végez. Például Afrikában rákkeltő körülmények között, gyerekek dolgoztatásával állítja elő azokat a termékeket, melyeket a világ fizetőképesebb felén ad el, vagy olyan számítógépes játékokat készít, melyek erősen rombolják a gyermekek pszichéjét. Lássuk be, a mai világban elég sok cégnevet fel lehetne hozni példaként. (Ha valakit komolyabban érdekelnek az ilyen cégek általi Ember- és Természetellenes cselekmények, ajánlom figyelmébe Klaus Werner „Márkacégek Fekete Könyve" című művét.)

Tételezzük fel, hogy egy ilyen cég vezérigazgatója megelégeli, hogy e szörnyű cselekmények árán termel profitot és megpróbálja helyesebb irányba terelni a céget, ami természetesen a profit csökkenésével jár. Ekkor a vezérigazgatót leváltja az igazgatótanács, és helyére új, agilisabb vezérigazgatót választ. Ha az igazgatótanács akarna ugyanilyen világmegváltó döntéseket hozni, akkor leváltanák őket a részvényesek, hiszen csökken a befektetésük hozama. Ha a részvényesek egy része úgy dönt, hogy nem hajlandó egy ilyen cégbe fektetni a pénzét, akkor mindig lesz olyan befektető, aki a részvény magas profithozama miatt megveszi a részvényeket. Ha esetleg a részvényesek, az igazgatótanács és a vezérigazgató együtt döntenek arról, hogy a profit ellenére nem hajlandók folytatni ezt a tevékenységet, akkor egy vagy több konkurens nagyvállalat azonnal ráteszi a kezét az így felszabaduló piacra, és növeli a termelési kapacitását.

Ez az Ember felett álló cégek működési problémáját bemutató rész jól szemlélteti a profitra épülő gazdaság problémáját. **A profit semmi más, mint az Ember rövidtávú önérdekének materializációja. A profit az önérdek lehető legnyersebb, leghatékonyabb gazdasági és társadalmi megnyilvánulása.** Ezért nem lehet önzetlenségről beszélni ott, ahol pénzügyi értelemben nyereség terem. Lehet beszélni kölcsönös előnyökről vagy mások hátrányba kerülése árán szerzett előnyökről, de önzetlenségről semmiképpen. Szóval a probléma gyökere egyszerű. Közvetetten az önzésen keresztül pusztítja el az Emberiség a környezetét és önmagát, hiszen a profit iránti versengés az egész rendszer motorja.

Ebből az jelent kiutat, ha a Globális Társadalom Program címkézési kötelezettsége nyílttá teszi az üzleti világot. Akkor hamar el fog dőlni, hogy a vásárlók rossz Emberek-e vagy csak a rendszer csapja be őket. Én biztos vagyok benne, hogy a mai multinacionális cégek pillanatok alatt átállnának egy tisztább gazdaságra, ha a kényszer ezt hozná! Addig, amíg ez nem történik meg, sokat tehetünk egyéni vásárlási döntéseinkkel, és azzal, hogy ha rájövünk valami elrejtett turpisságra, akkor azt tudatjuk, akivel csak tudjuk. Az alulról jövő kezdeményezések ereje óriási...

9.3. Profit kontra pénzmentes világ

Hiszek a feltétel nélküli emberi önzetlenségben, bár amikor még önző Ember voltam, akkor meg voltam győződve arról, hogy ez nem is létezik. Viszont abban a pillanatban, hogy pénzről van szó, ez már lehetetlen. Ebben az esetben már két lehetőség van: az önérdekek párhuzamba állítása vagy az Emberek bizonyos mértékű kihasználása. Erre a kettőre épül a kapitalizmus. Ezt a gondolatot meg is lehet fordítani... **Amíg a pénz uralja a világot, addig nem lesz tömeges az önzetlenség.** A pénzvilágról való fokozatos átállás az önzetlenség fokozódásával fordított arányban valósítható meg.

Egy távolabbi jövőben a pénzre sem lesz szükség. Egyes szolgáltatások önfenntartóvá válnak azáltal, hogy a cégek szakmai szervezetekké alakulnak, melyekben az Emberek nem pénzért, hanem a társadalmi hasznosság érzetéért dolgoznak. Mivel mindenki ezt teszi, ezért mindenkinek mindenből jutni fog: élelemből, vízből, lakhatásból, egészségügyi szolgáltatásból, oktatásból stb. Tudom, hogy mai szemmel ez utópisztikus, de ha az emberi lélek valós működését nézzük, ez sokkal közelebb áll az Emberhez, mint a mai kapitalista kizsákmányoló szemléletű rendszer. A mai rendszer a félelemre, az önzésre és arra a kényszerképzetre épít, hogy a javak korlátosak. Ezek egyike sem igaz, és ezt már jó ideje tudjuk! És egyre többen leszünk, akik ezt tisztán fogjuk látni!

Hogy megértsük ebből a kiutat, tekintsünk egy távoli, ideális jövőbe, ahol már másképp működik az emberi társadalom. Akkor akármennyire is meglepő, nem lesz pénz és profit, de lesznek cégek. Pontosabban nem cégek, hanem szakmai szervezetek. Az Emberiség modern technológiával felszerelt városokban él, melyekben az emberi motiváció a meghajtóerő. Minden lelkileg kiegyensúlyozott Ember vágya, hogy békében élhessen és alkothasson. Az a normális lelkületű Emberek vágya, hogy olyat tehessenek, ami más Emberek vagy a Természet javát szolgálja. Ha az Ember minden anyagi szükséglete biztosított, és nem kell attól tartania, hogy a jövőben ez bizonytalanná válik, akkor képes így élni.

Persze ehhez kiemelt fontosságú a lelki sérülések gyógyulása. Hiszen az addikciókkal terhelt lélek nem képes feltétel nélkül befogadni a jót, az mindig valamilyen békétlenséget generál maga körül. De tételezzük fel, hogy ebben a távoli jövőben az Embereknek már nem kell mély lelki problémákkal küzdeniük, mert azok a generációk alatt szép lassan, fokozatosan begyógyultak. Egy ilyen világban az Emberek odaadásból, önzetlenségből dolgoznak. Az a vágy hajtja őket, hogy olyan dolgokat végezzenek, melyek más Emberek hasznát szolgálják. Mivel mindenki így él és így gondolkodik, ezért mindenki azt csinálja, amit szeret. Kötetlen munkaidőben dolgoznak, és a rendszer mégis tökéletesen működőképes. Az egész rendszer alapja az, hogy az Emberek biztonságban érzik magukat, ezért nincs szükségük profitra. Nem kell egymással és a Természettel harcolniuk azért, hogy több jusson nekik, mert mindenkinek mindenből van elég. Irreális vágyaik sincsenek, mert a komolyabb lelki sérülések hiánya miatt nem léteznek a ma olyan hétköznapinak számító túlzó emberi igények. Egy lelkileg kiegyensúlyozott ember nem vágyik végtelen hatalomra, sok pénzre, hibátlan külsőre stb.

A profit és az általa megszerezhető hatalom, valamint gazdagság iránti vágy alapja az a belső félelem, hogy bármikor bajba kerülhetünk. Pedig, ha jól belegondolsz, valójában már nincs mitől és kitől félnünk. Nem arról van szó, hogy a világnak nincsenek olyan részei, ahol az Emberek még ma is félelemben kell hogy éljenek. Arról van szó, hogy mind műszaki, mind tudományos értelemben képesek vagyunk félelem nélküli, biztonságos, békés és boldog világban élni. A lelki rezgésszintekre épített evolúciós alapelv kimondja, hogy a faj fejlődésének következő szintje pont az, hogy képes kilépni ebből az ősi gondolkodási mechanizmusból. Ehhez azonban fokozatosan szakítanunk kell azokkal a gazdasági berögződésekkel, melyeket a félelem és az önzés elavult képzetei alapoznak meg.

Természetes reakciód lehet ezen sorok olvasása közben, hogy jelen könyvet pont azzal kezdtem, jelenleg mekkora félelmet kelt bennünk a klímaváltozás okozta reális jövő. Pedig pont a félelemalapú berendezkedésünk a klímaválság és sok egyéb társadalmi válság okozója. Szóval pont a félelemalapú gondolkodási mechanizmusokról való leszokás, a félelemalapú társadalmi berendezkedések átalakítása hozza el azt a világot, amely megoldja a klímaválságot, és az Emberiséget egy hosszú távú fejlődési pályára állítja. Érdekes kontraszt, ugye?

A jelenlegi profitorientált gazdasági rendszerről hogyan lehet átállni a középtávú jövőben az előzőekben bemutatott motiváció alapú társadalmi berendezkedésre? Természetesen fokozatosan és sok apró lépésen keresztül, generációkon átívelő munkával. Nézzük ennek a munkának a főbb teendőit, motívumait!

9.4. A korlátlan növekedés elvének törlése

A modern közgazdaságtan a korlátlan növekedés elvére épül. Gondolom, nem kell sokat ecsetelni, hogy ez nem reális alapelv, legalább is addig biztosan nem, amíg el nem kezdi az Emberiség benépesíteni a világűrt. Ahhoz, hogy fejlődésünk akár odáig is eljuthasson, most előbb meg kell tanulnunk egy hosszú távú egyensúlyi pályára állítani az emberi társadalom fejlődését. **A korlátlan növekedés alapelvét törölni kell a mai modern közgazdaságtanból, és helyére a tökéletes egyensúlyra való törekvés elvét kell tenni.** Ez azt jelenti, hogy csak olyan irányban szabad fejlődni, mely nagyobb mértékű egyensúlyt hoz, mint az előző állapot. Az egyensúly és a végtelen kreativitás hozza a jövő fejlődését, nem a korlátlan növekedés elve. Ez alapjaiban szervezi át a közgazdaságtant, de nem túl bonyolult átalakítani ebbe az irányba. Ennek részletezése egy teljes könyvet igényelne, továbbá fontos a mikroökonómia és a makroökonómia szintjén is részletesen elemezni. Ezt jelen könyv terjedelmi korlátai nem engedik meg. Mivel az agglomerációk az egyediségre, a helyi kulturális és környezeti adottságokhoz való legjobb illeszkedésre törekednek, ezért az alapelvek eltérő gazdasági kidolgozását sem tartom elképzelhetetlennek, azzal a kitétellel, hogy a fő irányelvek azonosak.

9.5. Adó- és kamatkedvezmények

Ez egy olyan témakör, amit röviden említek, mert ezen a területen napjainkban már nagy áttörések tapasztalhatók. A rendszer lényege, hogy azokra a beruházásokra, szolgáltatásokra vagy termékekre vonatkozóan, melyek zöldebbek, klímabarátabbak, adókedvezményeket kell adni az egyes országokban. A beruházások esetében pedig a bankok kamatszintje aszerint csökken, minél klímabarátabb egy beruházás. Erre az eszközrendszerre az átmeneti időszakban a változási folyamat felgyorsítása érdekében lesz szükség.

9.6. A parlagadó

Az adók is az átmeneti időszak gazdasági eszközei. Amíg pénz van, addig ezek az adók is léteznek.

Az Agglomerációs Programnál beszéltünk a Területhasznosítási Rátáról. Ez mutatja meg, hogy egy agglomeráció mennyi felesleges területet tart fent, amit átadhatna a Természetnek. Ez mutatja meg, hogy mennyire pocsékoló módon bánunk a területeinkkel. A társadalmi hatékonysági elvárások és a Természet térnyerésének elősegítése szempontjából be kell vezetni ezt az adóformát. Az adót minden olyan területre ki kell vetni, ami az agglomeráción belül helyezkedik el, és nincs hasznosítva, azaz parlagon hever. Hogy álhasznosításokkal ne lehessen visszaélni a rendszerben, ezért természetesen ennek részletes szabályait is ki kell dolgozni.

Ma sajnos nagyon sok helyen befektetési céllal állnak parlagon a területek, elősegítve ezzel a mozaikosodást, miközben hasznos részei lehetnének az agglomerációnak vagy a természeti területek hálózatának. Az adó rákényszeríti a spekulánsokat arra, hogy ezeket gyorsan eladják olyannak, aki tényleg hasznosítani akarja. Ha egy bizonyos ideig ez nem adható el, akkor az agglomeráció kártalanítás mellett el kell hogy vegye a tulajdonostól, és ez az ingatlan is a természeti területek növelését célzó területcserélési folyamat részét fogja képezni.

Ez az adó tehát elősegíti, hogy az agglomeráció egyre kisebb területre húzódjék össze anélkül, hogy csökkenne az ellátási színvonal, és nagyobb teret tudjon adni a körülötte lévő természeti területeknek.

9.7. Környezetterhelési, emberkárosítási és címkeadó

Több helyen említettem az előző fejezetekben, hogy később a változások elindításához szükséges pénzügyi fedezetről is fogok beszélni. Az előző alfejezet is már erről szólt, és ez is ezt fogja tartalmazni.

Be kell vezetni a környezetterhelési adót, az emberkárosítási adót és a címkeadót. Ezeket minden olyan termékre és szolgáltatásra ki kell vetni, melyek vagy a Természetet, vagy az Embert károsítják. Az adókból befolyó összegeket csak a Természet védelmére és az Ember lelki fejlődésére lehet fordítani. Ezzel a bevétellel az agglomerációk önkormányzatai rendelkeznek. Miután a rendszer már globálisan is kialakult és létrejött a Globális Parlament, az adóbevétel egy részét az agglomerációk beteszik a közös kalapba. A szétosztás elveiről a Globális Parlament dönt a Bölcsek Tanácsa és a Tudományos Testület bevonásával.

Az előbb említett kétféle adónemet érdemes picit alaposabban körüljárni, hogy megértsük társadalmi jótékony hatásukat. Kezdjük a környezetterhelési adóval. Kétféle dologra kell ezt az adónemet fizetni. Az egyik a bárminemű nyersanyag kibányászása vagy egyéb természeti erőforrás kitermelése. Például ha szenet bányászunk vagy fát vágunk ki vagy termőtalajt használunk fel, akkor azért adózni kell. Ezzel a környezettől elvett dolgok ellenértékét kifizetjük a Természetnek, és az abból befolyó összegből visszaadjuk más módon a környezetnek. Hiszen ha a Természetnek jogai vannak, akkor nem tehetjük meg vele, hogy ingyen zsákmányoljuk ki. Ugye vicces, hogy jelenleg bármit ingyen elvehetünk a Természettől?! A másik **adónem az agglomerációk közötti szállításból eredő környezetterhelésből fakad**. Ha én Magyarország egyik agglomerációjában élve dél-amerikai aloé vera kivonatot akarok vásárolni, akkor ezt megtehetem, azonban a termék árára ráteszik a termékre jutó környezetterhelési adót. Szóval vásárlóként két lehetőségem van: ha nem akarok sokat fizetni, akkor helyben előállított alternatív terméket vásárlok. Ha viszont ragaszkodom ahhoz a termékhez, akkor vállalnom kell annak adóval terhelt magasabb árát.

Az agglomerációkon kívülről érkező termékek esetén azon múlik az adó mértéke, hogy mennyi környezetterheléssel jár a termék odaszállítása. Ha például egy cég olyan céggel szállíttat, amely kizárólag napelemmel működő hajókon fuvaroz, akkor arra a termékre vagy nem kell (ez a távolabbi jövő) vagy jóval kevesebb adót kell fizetni (ez a közelebbi jövő). Az adót meg kell hogy fizesse a gyártócég is és a vevő is, hogy mindkét fél érdekelt legyen abban, hogy környezettudatos irányba terelje a társadalmat. Az egyik azzal, hogy ökologikusabb szállítási módokra vált, míg a másik fél abban, hogy csak feltétlen szükséges esetben vesz messziről jött terméket.

Jogosan felmerülhet a kérdés a kedves Olvasóban, hogy az agglomeráción belül termelt termékre miért nem kell kivetni környezetterhelési adót, hiszen lehet, hogy a helyben gyártott termék gyártása jóval környezetszennyezőbb, mint szállítással együtt egy messzebbről érkező alternatív termék környezetterhelése. Ennek az az oka, hogy az agglomeráció felel azért, hogy a területén lévő tevékenységek környezeti hatásait egyensúlyba hozza a Természettel. Azt, hogy ezt a már ismertetett egyensúlyi stratégiák közül milyen módon éri el az agglomeráció, az az ő belügye. Azaz, ha az agglomeráció adót vet ki arra a gyártási módra, akkor az az agglomeráció közvetlen bevétele, nem egy globális adóforma. Azonban az is lehet, hogy gazdasági ösztönzőkkel vagy a jogi szabályozás változtatásával fogja elérni az ökotudatosabb gyártási módra való váltást, és nem adóval. De az is megeshet, hogy az adott agglomeráció olyan hatalmas természeti környezettel van körülvéve, hogy nem is kell tennie semmit, hiszen már egyensúlyban lévő agglomerációról van szó. Az agglomerációk globális szintű lehatárolása és azok emissziós mérlegének számítása után bizonyára sok olyan agglomeráció lesz, amely már most megfelel a természettel való egyensúly feltételének. Így ezekben az agglomerációkban már „csak" az ÖBI fejlesztésén kell munkálkodni. Térjünk most rá az **emberkárosítási adóra**. Ez egy még érdekesebb adóforma, mint az előző. Ezt minden olyan tevékenységre vagy termékre ki kell vetni, mely az emberi egészségre vagy lélekre károsan hat. Így adót kell kivetni például az alkohol-, drog- és dohánytermékekre, de ilyen adót kell kivetni minden olyan termékre vagy szolgáltatásra, amelyet önzéssel vagy egyéb lélekromboló reklámmal próbálnak eladni. Tehát a pornó- és horrorfilmekre vagy az agressziót tartalmazó és függésre hajlamosító számítógépes játékokra. Nem arról van szó, hogy nem lehet pornót nézni vagy agresszív számítógépes játékkal játszani vagy dohányozni. Ezt mind lehet, de mivel ezek a dolgok rombolják az Ember testét és/vagy lelkét, ezért a gyártója fizesse ki rá ezt az adót, ugyanakkor a használói oldal is adózzon annak vásárlásakor. Az ebből származó adóbevételt csak az Ember testi és lelki egészségének javítására lehet fordítani. Ezzel a vásárlói oldal támogatja a ÖBI fejlesztésével kapcsolatos tevékenységeket, de ugyanígy a termékek gyártói érdekeltté válnak abban, hogy Emberbarátibb vagy kevésbé károsító termékeket állítsanak elő, vagy ügyeljenek a reklámjaik etikai üzeneteinek tartalmára. Ez az egy adónem alapjaiban megváltoztatja a gazdaság fejlődési irányait abban az esetben, ha elég nagy ahhoz a mértéke, hogy komolyan vegyék a cégek.

A címkeadó a Társadalom Programban bemutatott címkék értékei alapján történik. Azok a cégek, amelyek az elérhető legjobb technika elve mellett megszerezhető legkiválóbb címkeértékek körül mozognak, adómentesek. A többieket meg kell adóztatni, annál inkább, minél jobban eltérnek tőle. Itt az adózás mértéke szintén agglomerációnként eltérő, hiszen egy helyben termelt termék globális környezetterhelése jó eséllyel alacsonyabb, mint a világ másik táján termelté. Szóval ugyanaz a termék vagy szolgáltatás minden agglomerációban más címkeértékkel rendelkezik. Így ez is mérsékli az irreális globális forgalmat és az esztelen globális piaci berendezkedést.

A három adónem között vannak átfedések, melyeket a szabályok pontosításánál rendezni kell. Erre számos mód nyílik, ezeket azonban nem érdemes részletezni jelen könyvben, hiszen a megoldás sokféleképpen érhető el. Nyilván mindhárom adónemre igaz: fokozatosan kell bevezetni, hogy a gazdasági átállásra legyen idő.

9.8. A gazdasági egyenlőtlenség mérséklődése az agglomerációs szabályok által

Az agglomerációk és a helyi ösztönzők kapcsán felmerül a kérdés, hogy mi van akkor, ha egy világ minden tájára termelő óriásvállalat (pl. autógyártó) van az agglomeráció területén. Ebben az esetben az agglomeráció hogyan tudja elérni az egyensúlyt a Természettel? A válasz elég egyszerű: csak azt az emissziót kell figyelembe venni, ami az adott agglomeráció területén közvetlenül képződik. Tehát ha ez a hatalmas cég túlzott emissziót generál és reális időn belül ezműszaki beavatkozásokkal nem csökkenthető a kívánt mértékre, akkor a gyár kénytelen a gyártási tevékenységének egyes részeit más agglomerációkba áttelepíteni. Ez a folyamat segít abban, hogy azokon a területeken, ahol munkanélküliség van, legyenek új munkahelyek, ahol meg munkaerőhiány, ott csökkenjen a termelés. A világ fejletlenebb része felé vándorol a tőke. Azonban azzal, hogy a gyár több kisebb gyáregységre osztja szét a tevékenységét, az alkatrészeket összeszerelő üzembe sok agglomerációból érkeznek termékek. Ezek már globális környezetterhelési adóval terheltek. Viszont ezeknél is annál alacsonyabb az adó, minél kisebb távolságból, illetve minél kisebb környezetterhelést jelentő szállítási móddal juttatja el a termékeket a cég a célba. Ez a folyamat nemcsak a tőke szétterjedését generálja, hanem az ökologikusabb szállítási módok fejlesztésének is nagy motort jelent, továbbá kiegyenlítettebbé teszi a társadalmak gazdasági eltéréseit, csökkentve ezzel a társadalmi feszültségeket is.

9.9. A szolidáris adó – avagy a közvetlen és közvetett kibocsátás elve (környezetkárosító iparágak lobbyerejének letörése)

Minden agglomeráció esetében definiálható a közvetett, illetve a közvetlen kibocsátás. Közvetlen kibocsátáson értjük azt, ami az agglomeráció területén történik meg. Közvetett kibocsátás az, amit az agglomeráción kívülről érkező termék generál az agglomeráció fogyasztása miatt. Az agglomeráció csak a közvetlen kibocsátásáért felel, azaz a körülötte lévő természeti környezettel az egyensúlyt a közvetlen kibocsátásokra vonatkozóan kell biztosítania.

Azonban az agglomeráció morális kötelessége, hogy aktívan tegyen a közvetett kibocsátásainak mérsékléséért is. Erre a legjobb mód az Agglomerációs Programnál részletezett fogyasztói szokásokra ható célirányos propaganda vagy nevelés. Ugyanakkor gazdasági eszköz lehet az ún. **szolidáris adó.** Ennek az adónemnek a lényege, hogy ha egy agglomeráció segíteni akar egy másik régió problémáján, akkor ezzel megteheti. Nézzünk rá egy egyszerű példát. Tudjuk, hogy nagyon komoly élelmezési nehézségeket okoz és hatalmas ökológiai katasztrófával fenyeget az afrikai tengerpartok környezetében az európai óriáshajók okozta túlhalászás. Ezért egy európai agglomeráció dönthet úgy, hogy szolidáris adóval sújtja a tengerihal-készítményeket. Az ebből származó bevétel fele az adót beszedő agglomerációnál marad, míg a másik felét átutalja azoknak az agglomerációknak, amelyek ettől a problémától szenvednek. Ezzel az agglomerációk segíteni tudják egymást, és fokozatosan kialakulhat egy olyan együttműködési hálózat, mely ellen tud állni a környezetpusztító lobbierőknek, továbbá fokozza a békét a világban.

9.10. CO_2 kivonása a légkörből

A CCU/CCS technológiákat már többször említettem a könyvben. Ezek fejlesztése elengedhetetlenül a mi generációnk legsürgősebb feladataihoz tartozik. Ez azért van, mert ma már tudományosan igazolt, hogy a klímakatasztrófa elkerülése érdekében nem elég 2050-ig globálisan karbonsemlegessé válnunk, hanem ki kell vonnunk rengeteg – a múltban mesterségesen odajuttatott – CO_2-t a légkörből.

Ezen fejlesztések felgyorsítására egy bizonyos cégméret felett szükséges a karbonadó kivetése. Ennek természetesen már vannak társadalmi csírái, előzményei, de ezt minél szélesebb körben szükséges intézményesíteni. Azokat a cégeket, melyek kivonják a légkörből a saját közvetlen és közvetett CO_2-kibocsátásukat, mentesíteni lehet az adótól. Ez segíti e fejlesztések fokozódását és piacot biztosít ezeknek a technológiáknak. Azoknak a cégeknek, amelyek nem végeznek ilyen tevékenységet, a kibocsátásuk mértékének 120–150%-ára karbonadót kell fizetniük. Azért szükséges a közvetlen kibocsátásuknál többre, mert a múltban a légkörbe engedett CO_2-kivételét és a cég közvetett kibocsátásainak CO_2-kivételét is finanszíroztatni kell. Az adóbevételt természetesen csak a légkörből való CO_2 kivonására vagy ilyen technológiák fejlesztésére lehet fordítani.

9.11. Regeneratív mezőgazdaságra való átállás

Az Emberiség népességszáma növekedésének következménye, hogy a mezőgazdaság újabb és újabb területek feltörését, elfoglalását igényli. Mindezt felgyorsítja, hogy a mezőgazdaság kihasználja majd a földet és amikor terméketlenné tette, otthagyja majd arrébb áll. A Föld természeti erőforrásainak több mint 80%-át fogja használni az Emberiség 2050-ben, ha így folytatjuk. Ez a természetes ökoszisztémák teljes összeomlásával járna. Szóval elemi érdekünk, hogy a mezőgazdaság ne terjeszkedjen tovább, vagy ha terjeszkedik, annak mértéke minimális és lassú legyen. Ezt várja el tőlünk a Revitalizációs és az Agglomerációs Program is. Mivel az agglomeráció határvonala adott lesz, ezért a mezőgazdaság belekényszerül abba, hogy ne pusztítsa tovább a talajt, hiszen végtelen időkre kell berendezkednie a mezőgazdasági területekre. Erre megoldás a regeneratív mezőgazdaság, melynek az az alapelve, hogy a talaj jó állapotban marad. Sőt, a kihasznált, rossz állapotú mezőgazdasági területek ezen mezőgazdasági módszerek segítségével regenerálódni tudnak. A módszer részleteit nem taglalom, mert erre számos irodalom áll rendelkezésre, mint például Paul Hawken Visszafordítható című könyve. Erről a témáról két jó filmet is találsz a könyv végén található filmajánlólistában.

9.12. Globális Szolgáltatási Lista és a gazdasági átrendeződés

Már beszéltem a Globális Szolgáltatási Listáról, itt csupán pár gazdaságot érintő gondolattal szeretném kiegészíteni. Mint már tudjuk, olyan szolgáltatások jegyzéke található ebben a listában, mellyel kapcsolatosan a termékek nem tulajdonolhatók a jövőben, és egy bizonyos időponttól csak szolgáltatásként bérelhetők.

A listát fokozatosan kell bővíteni, és az agglomerációk fejlesztésében meg kell teremteni a szervezeti alapot az átállásra. A cégek, melyek a gyártásból eredően hatalmas specifikus tudásra tettek szert a múltban, a termékvásárlás csökkenéséből eredő bevételkiesést a szakirányú szolgáltatási, bérbeadási portfólió irányába történő eltolódással pótolják. Az átállás során így biztosított a cégek jövője. Olyan szakcégekké válnak, melyek gyártják, szervizszolgáltatást végeznek és bérbe adják a terméket. Így együttesen nagyon profi és magas színvonalú szolgáltatás lesz kialakítható. Ennek a társadalmi átalakulásnak az a következménye, hogy a termékek fejlesztésének célja a lehető legnagyobb élettartam és a javíthatóság lesz, mert a szolgáltatás így lesz a leggazdaságosabb! Hiszen ha gyorsan elévülnek a termékek, akkor a gyártó nem tudja reális áron bérbe adni. Ezáltal a tartósság és a javíthatóság felé megváltozik a fejlesztés iránya.

Ennek következtében töredékmennyiségű hulladék keletkezik, és sokkal kevesebb lesz a felesleges anyag- és energiafelhasználás. Ennek az oka, hogy megszűnik az adott szektorban a túlvásárlás, másrészt mivel nem fogja mindenki birtokolni az eszközt, ezért az azonos szolgáltatási színvonalhoz jóval kevesebbet kell gyártani belőle! Nyilvánvalóan a megtakarítási arányok eltérnek, hiszen vannak olyan eszközök, melyeket egyszerre sokan használnak, és vannak olyanok, melyeket mindenki ritkán használ. Továbbá léteznek olyan termékek is, amelyek amortizációs ideje rövid, ugyanakkor akadnak olyanok is, melyeké jelentősen növelhető.

Ami még izgalmasabb, hogy a lakosság is jobban jár! Hiszen specifikus segítséget kap, hogy mindig az igényeihez igazított eszközt bérelhesse. Nézzünk erre egy egyszerű példát. Nem kell venni például egy autót és azt 10 évig használni. Minden héten más típussal járhatunk, ahogy épp a kedvünk tartja, vagy az aktuális utazási elképzelésünk igényli. Ha nyaralni megyünk az egész családdal, akkor kapunk egy mikrobuszt, ha pedig a városon belül furikázunk egyedül, akkor egy pici elektromos autót használhatunk. Ha hosszú üzleti útra megyünk, egy nagy hatótávú elektromos autót vezethetünk, vagy ha ezzel túl lassú lenne a tempó, akkor egy dízelt.

Mivel minden javítható, ezért rengetegféle szolgáltatásra van szükség, mely az összes Embernek érdekes, igényeihez és képességeihez illő munkát tud adni. Ez megoldja a munkanélküliségtől való félelem kérdését is! Ugyanannyi munkahely kell, csak azok sokkal igényesebb emberialkotás-központúak lesznek! Nem robotok kiszolgálói leszünk. A termék fejlesztésében nem lesz szükség profitorientált kényszerfejlesztésekre és profitorientált kényszer-anyagmegtakarításokra! Ezáltal nem lesznek becsapva az ügyfelek. A beépített elévülés jelensége is kiveszik a társadalomból, ami a jelenlegi gazdaságban a legnagyobb ökológiai önpusztítók egyike.

Amikor a szolgáltatások aránya túlsúlyba kerül, akkor a tulajdon már nyűg lesz és probléma. Hiszen a tulajdon röghöz kötést jelent. Nincs benne a változatosság és a választás szabadsága. Észre sem vesszük, hogy azzal, hogy tulajdonlunk egy házat, mennyire röghöz kötjük magunkat. Ez minden vagyonra igaz. **A biztonságunkért cserébe a szabadságunkat adjuk fel. A rendszer okozta szabadság tovább fokozza az Emberek boldogságát.** Képzeld el, hogy minden magántulajdonod elfér két bőröndben, és mindent bérelsz, milyen hatalmas szabadságot, mobilitást eredményez ez, és mennyivel könnyebb lesz az életed? Mi kell ehhez? A már említett félelemalapú gondolkodásról való leszokás. Ha mindent birtokolni akarsz, mert félsz az Embertársaidtól, rohamosan csökken a boldogságra való esélyed! Lehet, hogy elsőre furán hangzik, de így van. Az természetesen igaz, hogy az átállás nem megy egyik napról a másikra. Egy önző társadalomban az egymás felé való megnyílás csak fokozatosan történhet meg.

De ezt még lehet tovább is fokozni! Képzeld el, amikor elkezd a világ pénzmentesen működni, akkor a magántulajdonnal rendelkezők nem találnak Embereket, akik majd javítják, takarítják vagy átépítik azt. Egyszerűen azért, mert a magántulajdonra nem fognak működni a köz által felépülő önzetlen társadalmi rendszerek. Szóval a magántulajdon már nyűg lesz és probléma.

Ez a folyamat úgy kezdődik, hogy a nagyon gazdagok közül egyre többen mind több mindent fognak elajándékozni másoknak. Ez segíti a vagyoneloszlás javulását a világban! Az oktatási rendszerbe is bele kell építeni az önzetlen adakozás örömének átadását a fiatal generációk számára! Ez nagyon sokat segít abban, hogy ez a természetes folyamat gyorsabban menjen végbe.

9.13. A verseny fokozatos megszűnése

A 2. főfejezetben már tárgyalt verseny kérdéskörére a Gazdaság Programnál illik röviden kitérni. Mostanra már tudjuk, hogy az evolúció fő meghajtóereje nem a versengés, hanem az együttműködés. Így a darwini evolúciós modellt felhasználó klasszikus közgazdaságtan is megbukott. A versenyalapú gazdasági berendezkedés csak Életpusztító rendszer lehet. Az eddig bemutatott változás folyamatai mind a verseny gyengülését, fékezését fogják eredményezni. Az agglomerációk eleve nem versenyeznek egymással! A kölcsönös függés elve pedig jelentősen mérsékli a versenyt a gazdasági szektorban is. A verseny végső megszűnését a pénzről való „leszokásunk" fogja jelenteni a távoli jövőben, mely egyben a világbéke megvalósulását is generálja.

9.14. Körkörös gazdaság, hulladékmentes jövő

A profitalapú társadalom soha nem lesz alkalmas arra, hogy ne termeljen sok hulladékot, hiszen a társadalmi berendezkedés alapelve akadályozza ezt. A szolgáltatásalapú társadalomra való átállás azonban lehetővé teszi a régóta emlegetett körkörös gazdaság létrehozását, és a közel hulladékmentes emberi társadalom kialakítását. A csereszabatosság újra fontos eleme lesz a mai „minden eldobható" gondolkodású gazdasági rendszernek. Az eldobhatóság növeli a profitot, mert a gyártócég nem vállal felelősséget gyártott termékéért a teljes életciklusra. Mivel a Természettől elvett javakért adót kell fizetnünk, ezért jobban meg fogja érni az újrahasznosított nyersanyagot használni, mint a természeti erőforrásokat. Erre jó példa ez a könyv is, ami azért, mert újrahasznosított papírból készült, jóval drágább. Ugye, milyen nonszensz?

Ezek a folyamatok egyre közelebb viszik gazdaságunkat a körforgásos gazdaság ideális modellje felé. Minél jobban közelítünk ehhez, annál nagyobb eséllyel kerülünk egyensúlyba a Természettel.

10. FEJEZET

A 6 Program egymásrahatása, átállás egy új fejlődési irányra

A 6 Program mindegyike úgy lett kitalálva, hogy a jelenlegi társadalmi berendezkedésből kiindulva fokozatosan állítja új pályára az Emberiséget. Ami még jobb, hogy a 6 Program egyike sem működik önállóan, hanem egymást erősítve fejtik ki hatásukat. Képzeljük el, hogy az emberi társadalom jelenleg egy lefelé haladó spirális pályán halad. Ez **a 6 Program** egymást erősítve először feltartóztatja ezt a folyamatot, majd egymás hatásainak kiegészítésével **egy egyre gyorsabban emelkedő pályára állítja az Emberiség fejlődését.** Nem állítom, hogy a 6 Program tökéletes kidolgozottságú és tévedhetetlen. Ebben a könyvben a 6 Program koncepcióit mutattam be. Ha egyre többen elfogadjuk ezeket az irányokat, akkor hozzáértő tudósok, szakértők és kreatív gondolkodók bevonásával számos irányelvet kell létrehozni, amelyeket globálisan elfogadva vagy fokozatosan egyre nagyobb régiókban honosítva beindulhatnak a tényleges megvalósítások. Itt az idő cselekedni, változtatni! Ehhez pedig helyes célok kellenek! Remélem, ez a 6 Program segít a helyes célok felállításában.

Ugyanakkor ez a 6 Program mindannyiunkat elgondolkodtat azon, hogy jelenleg mennyire helytelenül élünk, és hogy gyermekeinknek mennyivel csodálatosabb életet tudunk biztosítani azzal, ha átállunk ebbe az irányba. **Ne feledd, kérlek, hogy a mi generációnk feladata a halaszthatatlan irányváltás! Így, kérlek, tedd meg te is, ami tőled telik!**

A különböző programokban, mint például a Revitalizációs és az Agglomerációs Programban az a jó, hogy **egyéni szinten, családszinten, településszinten, egyes országok szintjén, illetve országok közösségének szintjén is adaptálhatók.** Tehát ebben a programrendszerben mind az egyén, mind a család, mind a politikusok, mind a cégvezetők, mind az országok vezetői, illetve az országközösségek felső vezetése is megtalálhatja a helyét, és a maga szintjén hozzá tudja adni azt, amit képes vagy amit szeretne. Például, ha az Agglomerációs és Revitalizációs Program szintjén nézzük ezt a kérdést, akkor az egyén megteheti, hogy rendszeresen fát ültet vagy közösségi faültetéseken vesz részt, esetleg ilyeneket szervez, hogy a faültetéseken keresztül csökkentse az ökolábnyomát. De jelenleg ezekből a faültetésekből még kevés van, azok is ad-hoc jelleggel, össze-vissza történnek, ezért javítani kell e tevékenységet. Ha azonban az Agglomerációs és Revitalizációs Program szempontjából nézzük ezt a kérdést, akkor célszerű lenne ezeket a faültetéseket olyan helyeken megvalósítani, ahol a meglévő és még viszonylag ép ökológiai hálózat területei bővülnek. Tehát természeti, természetvédelmi területek határain, azok elvékonyodó részein kellene csinálni ezeket a telepítéseket annak érdekében, hogy ne csak a CO_2-kibocsátás ellen tegyünk, hanem megpróbáljuk az egyébként sérült, degradált, de visszaerősítésre váró ökológiai rendszereinket támogatni. Ha egy közösségi faültetésen 2 000 fát ültetünk a város szélén, az egyébként mezőgazdasági területekkel körülvett, ökológiai szempontból értéktelen területen, az nagyon jó, mert CO_2-t fog kivonni a légkörből és örülünk neki. Valamilyen szinten élőhelyet is kell teremtenünk, azonban ez az élőhely értéktelen lesz, ökológiai szempontból közelít egy sivatag szintjéhez. Ugyanakkor ha egy biodiverz, mocsaras, erdős természetvédelmi terület mellé ültetjük ezt a 2 000 db fát, akkor ez beleintegrálódik ebbe az ökológiai rendszerbe, és ezáltal nő az ott élő ritka fajok életterülete. Csökkentjük vele a mozaikosodásból eredő sokszínűség-vesztést, ráadásul az ökológiai hálózat növekedésével segítjük ezeknek a fajoknak a vándorlását, terjedését, ezáltal az egész ökológiai rendszer erősödését. Tehát az Agglomerációs és Revitalizációs Program együtt segít abban, hogy a kevés ökológiai és környezetvédelmi egyéni ambíciók a lehető leghatékonyabban hasznosuljanak.

A másik érdekes szempont, hogy a politikusok, városvezetők bizonyára rádöbbentek már arra, hogy milyen kevés pénzük és lehetőségük van arra, hogy környezetvédelemre, klímavédelemre költsenek. Egy átlagos önkormányzat képességei, anyagi lehetőségei ezreléke annak, mint amit valójában tennie kellene a klímavédelemért. Ugyanakkor hogyha agglomerációs rendszerben gondolkodunk, akkor a települések vezetői összefoghatnak, az agglomerációs program elvei szerint csinálhatnak egy településközösséget, ezáltal szisztematikusan, rendszerszinten gondolkodva hasznosulhat az összes kezdeményezés. Így összerakva az a kevés erőforrás a lehető legjobb helyeken és a lehető legjobb beruházásokban landol. Ennek jóval magasabb szintű az össztársadalmi hatékonysága, az ökológiai rendszerek védelme pedig a lehető leghatékonyabban történik. Nem mellesleg az egész agglomeráció mint közösség középtávon a lehető legjobban profitál azokból a környezetvédelmi, ökológiai és klímavédelmi fejlesztésekből, melyeket közösen hajtanak végre. Hiszen egy agglomeráció lehatárolása a körülötte lévő ökológiai rendszerek kataszterbe vételére épül, tehát nem biztos, hogy egy adott település közigazgatási határában vagy azon belül értékes ökológiai rendszerek vannak. Lehet, hogy azok két településsel arrébb vannak, és így a helyi településen belüli klímavédelmi beruházások sokkal kevésbé hatékonyak, mintha ugyanazt a beruházást két településsel arrébb valósítanák meg. Agglomerációs szinten ha máshol valósul meg ugyanazért a pénzért a kétszer, ötször, tízszer erősebb ökológiai beruházás, akkor az nem okozza az adott település hátrányát, amiért nem konkrétan a települési közigazgatási területen belül történt. Tehát városok szintjén és városok szövetségei szintjén is jól lehet alkalmazni ezt a programrendszert.

Ugyanez a helyzet az országok szintjén, ha az országok vezetése ökológiai agglomerációkra osztja fel a saját országát, és eszerint strukturálja a klímavédelmi és környezetvédelmi beruházások programjait, ahol sokkal hatékonyabb lesz maga a pénzköltés és az eredmény is sokkal gyorsabban fog látszódni. Az országok között is el tudnak indulni megállapodások, hiszen egy országhatár legtöbbször nem az értékes ökológiai rendszerek határai szerint alakult ki. Nagyon jó példa az Európai Unió Víz Keretirányelve, amely előírja, hogy ha egy adott folyónak van egy vízgyűjtő területe, ami több országot érint, ott az országoknak együtt kell működniük a vízgyűjtőn lévő vízfolyások, tavak vízminőségének javítása érdekében. Ha ugyanígy gondolkodunk egy ökológiai agglomeráció szintjén is, az ökológiai rendszerek hatékonyabb védelme érdekében meg lehet alkotni a különböző országokon átnyúló agglomerációt. Nemzetközi megállapodásokat lehet kötni, és így országközösségek szintjén is jól adaptálható az Agglomerációs és Revitalizációs Program. Ezek a különböző szintű aktivitások hozzák az agglomerációs és revitalizációs területek strukturált kialakulását, aminek a következménye az, hogy ebben a modellben tulajdonképpen az összes többi program agglomeráció alapú lehet.

Fontos még azt is megemlíteni, hogy az agglomerációs rendszer és a hozzá kapcsolódó további programok nagy előnye, hogy az agglomeráción belül a maiakhoz képest számos környezetvédelmi szabályozás enyhíthető, hiszen a természeti terület határán biztosítani kell a feltételeket. A települések fejlődését már ma is roppantul megnehezíti a túlzott környezetvédelmi szabályozás, ami a fejlődés gátja. Ha azonban az agglomeráción belül az emberi társadalom fejlődése a cél, és a Természet tisztelete, valamint védelme a természeti területekre tevődik át, akkor egyes szabályozások enyhíthetők lesznek az agglomeráción belül. Például Magyarországon van egy olyan településszintű szabály, hogy bizonyos zöldterületi arányok nem változtathatók a településen belül. Ha természeti területek veszik körül a települést, akkor ezek a szabályozások részben feloldhatók. Ezek a fajta szabályozási enyhítések segítik a fejlődési célok elérését.

Az agglomeráción belüli környezetvédelmi és flexibilitási előnyökhöz még egy gondolatsort szeretnék veled megosztani. Ha az agglomerációt körülvevő természeti területnek vannak jogai, ugyanakkor az agglomeráción belül az Ember élvezi az elsőbbségi jogokat, akkor az agglomeráción belül élő Emberiségnek „csak" annyi a dolga, hogy az agglomeráció és a természeti terület határvonalára biztosítsa azokat a környezeti célkitűzéseket, amelyekkel egyensúlyba hozza a természeti területet és az agglomerációt. Nézzünk erre egy egyszerű példát, hogy ez miért jelent számos előnyt a jelenlegi környezetvédelmi szabályozáshoz képest. Ma, ha az Európai Unió Víz Keretirányelvéből indulunk ki, akkor a legtöbb víztestet természetes állapotba kell hozni, kivéve az erősen módosított víztesteket, és az a cél, hogy ezek a víztestek mindenhol jó állapotba kerüljenek. Ez egy nagyon komoly környezeti célkitűzés, és az egész társadalomnak rengeteg pénzébe kerül a megvalósítása. Ha az agglomeráción belül nem kell természetközeli állapotba hozni a vízfolyásokat, mert csak agglomerációs szinten gondolkodhatunk, akkor ahol az agglomeráció és a természeti terület határára ér a vízfolyás, onnan kell olyan vízminőségi állapotot biztosítani, amely már összhangban van a természeti terület asszimilációs képeségével. Ebben az esetben tulajdonképpen az agglomeráción belüli vízszennyező kibocsátások csökkentését csak olyan mértékben kell megvalósítani, hogy figyelembe véve a településen belüli vízfolyás öntisztuló képességét is, együttesen betartsák ezt a határvonali határértéket. Ez egy óriási könnyebbség, jelentős beruházáscsökkenés, aminek értékét természeti területek felszabadítására és a természeti területek revitalizációjára lehet fordítani. Az agglomeráción belül ugyanígy lehet gondolkodni légemissszióban, hulladékgazdálkodásban és számos más környezetvédelmi területen is.

11. FEJEZET

Az egyén szerepe

Ebben a fejezetben **nem szeretnék komplett, teljes körű listát adni** arról, hogy mi mindent tehet az egyén azért, hogy a programok céljai megvalósulhassanak, hiszen minden Ember élete más és más, így lehetőségeik is eltérők. A honlapunkon és a blogomon folyamatosan bővülő információkat találsz erről, illetve különböző speciális területeken haladó tanfolyamokat is indítunk, hogy ha szeretnél, tovább mélyülhess az itt olvasottak gyakorlati adaptációjának mikéntjébe.

Fontos kiemelni, hogy az egyén szintjén mindig **a kreativitás, az egyéni ötletek** a legértékesebbek. Ez a fejezet egy amolyan **gondolatébresztő** összegzés, hogy az egyén saját életében mi mindent tehet azért, hogy egy szebb és ökologikusabb jövőben élhessünk, és elkerülhessük a klímaváltozás okozta gyötrelmeket. Arra szeretnélek kérni, hogy válogass kedvedre ebből a fejezetből, és amit tudsz, azt építsd be az életedbe! A másik kérésem, hogy kreativitásoddal **bővítsd ezt a listát, és kérlek, küldd el nekem az ötletedet** a könyv elején található e-mail-címre, mert készül egy személyeknek szóló gyakorlatias útmutató is, és abba örömmel beleteszem az ötletedet, hogy te is a Föld aktív megmentésének részesévé válj. **Én a közösség erejében és az egyéni kreativitásban hiszek a legjobban. Szóval benned hiszek a legjobban, kedves Olvasó!** No, de lássuk, a teljesség igénye nélkül, hogy én miket tudok ajánlani a számodra!

11.1. A karbonsemleges élet 4 fő alapelve

Ma már lehet tudományos és műszaki értelemben teljesen karbonsemlegesen és a környezetünkkel egyensúlyban élni, úgy, hogy egy átlagember igényeinek szintjén semmiféle kényelemről sem kell lemondanunk. Ha ezt el akarod érni, akkor négy tudatos lépésben juthatsz el ide:

1. Tudatosítsd magadban, hogy ez lehetséges, és ismerd meg a műszaki, pénzügyi és egyéb lehetőségeket!
2. Változtass a régi gondolkodási mechanizmusaidon és szokásaidon!
3. Készíts klímamérleget!
4. Kezdj el áldozni pénzt, munkát és időt azért, hogy fokozatosan, lépésről lépésre karbonsemlegessé válj!

Eddig az első lépésről szólt ez a fejezet. A műszaki lehetőségekről nagyon jó összegzést ad Paul Hawken Visszafordítható című könyve, de egyébként még rengeteg forrás található a témában az interneten. Nem kell mindenhez értened! Nagyon sok szakcég, szakértő, tervező ért egy-egy speciális területhez a társadalomban, akik segítenek neked, ha kitűztél egy-egy helyes célt.

A második lépésről szólt ez a könyv, és fognak szólni a hátralévő fejezetek is. Remélem, segítettem neked ebben!

A klímamérleg azt jelenti, hogy számításba veszed a családod vagy a céged összes ÜHG-kibocsátását, és megnézed, hogy mely tevékenységedből mennyi kibocsátás származik. Erre is már számos weboldal ad szakmai segítséget, sőt olyan cégek is vannak, amelyek kiszámolják neked, ha nincs rá energiád. Erre mi is szívesen vállalkozunk! Ha segítségre van szükséged, keress bizalommal minket!

A klímamérleg-számítás azért jó, mert pontosan láthatóvá válik számodra, hogy milyen sok ÜHG-kibocsátásért vagy felelős. De amiért ez még jobb, hogy azt is látod: egymáshoz viszonyítva melyiknek milyen mértékű a hatása. Szóval így célirányosan tudod kezdeni azokkal, melyek a legnagyobb kárt okozzák a Földnek. Mivel a környezettudatosság bizonyos esetekben drága dolog, ezért csak lépésről lépésre lehet haladni a fejlesztésekkel. Viszont ezáltal kialakul egy sorrendiség. Ha már a pénznél járunk, fontos kiemelnem, hogy egyre több lakossági és céges pályázat van a klímavédelmi beruházásokra, így azokon indulva érdemes mérsékelni a pénztárcád terheit.

A negyedik lépés innen már egyszerű, de mégis nehéz. Egyszerű azért, mert vannak pontos céljaid, van ütemezési elképzelésed. A megvalósításhoz azonban áldozatokat kell vállalnunk. Én kb. 10 éve kezdtem el ezeket a fejlesztéseket, és ez idő alatt családszinten több mint 70%-os ÜHG-kibocsátás-csökkentést értünk el. 2030-ra kitűztem a teljes karbonsemlegességet. De ennek nyilván ára van. Nem megyünk pl. a Bahamákra nyaralni, hanem közelebbi helyekre utazunk. Ezt a pénzt inkább napelemre vagy az elektromos autó törlesztőrészletére költjük. A mi családunk ettől boldogabb, tisztább a lelkiismerete és ettől úgy érzi, hogy önzetlenségével segíti a jövőt!

11.2. Az egyén döntésének és példamutatásának az ereje, avagy a hatástöbbszörözés elve

Van egy olyan magyar mondás, hogy: „először a saját házad táján seperj!" Ebben minden benne van, ami az egyénnek szükséges az iránymutatáshoz. Hiszen egyéni döntéseid gyorsíthatják a klímaváltozást, de lassíthatják is azt. Közel 8 milliárd egyén cselekedetének eredője alakítja a világot. Így **nem engedheted meg magadnak azt a luxust, hogy kivonod magadat**, és azt mondod, hogy az, amit én teszek, csak egy csepp a tengerben, és mit sem számít! Ez nem igaz! Azzal, hogy a saját tetteid terén „tisztábbra spered" az életedet, tisztább lesz a lelkiismereted és boldogabbá válsz! Ha nem teszed meg a klímaváltozás elleni küzdelemért, akkor tedd meg magadért! Ha nem teszed meg magadért, akkor tedd meg a gyermekeidért! Ha nincsenek gyermekeid, tedd meg a szeretteidért! Tedd meg az Élet tiszteletéért!

Az egyén szerepe óriási, akármilyen kicsinek is tűnik. Azzal, hogy valamit valahogy teszünk, nemcsak a saját életünket alakítjuk, hanem példamutatásunkkal másokra is hatunk. Gyermekeink, családunk, barátaink, kollégáink, rokonaink hallanak felőlünk, és a változás szele különböző mértékben őket is megérinti. Továbbá kihatnak döntéseink a cégek eladási szokásaira, termelésére, szolgáltatásaira is. Az Emberiség úgy működik, mint közel 8 milliárd összekapcsolódó fogaskerék. Ha valamelyik fogaskerék elkezd lassabban forogni vagy irányt vált, az hatással van a hozzá kapcsolódó fogaskerekek mozgására. Azok a fogaskerekek újabb fogaskerekekre hatnak, míg lassan az egész rendszer egy új mozgásegyüttesbe kezd! **Te vagy az egyik ilyen fogaskerék! Szóval, kérlek, kezdj el másképp forogni!**

Ami még izgalmasabb, hogy az Emberiség történelmében soha nem volt még ennyi lehetősége az egyénnek, hogy hatást gyakoroljon Embertásaira. Szóval egyszerű módszerekkel **többszörözni tudjuk a hatásunkat.** Az internet, a közösségi oldalak adta lehetőségek korlátlanok. Annyi rossz és helytelen dologra használják ezeket a rendszereket. Miért ne lehetne ugyanilyen hatékonysággal jó dologra is használni? Szóval miközben sepregetsz a saját házad táján, oszd meg élményeidet, tapasztalataidat Embertársaiddal, és feltétlenül adj hírt magadról nekünk is! A könyv elején található e-mail-címen örömmel olvasunk mindenféle jó hírt arról, amit elértetek a világ megmentéséért folytatott közös harcban!

11.3. Személyes boldogságod a legfontosabb!

Mint már tudod, az Ember első és legfontosabb dolga, hogy mindent megtegyen a boldogságáért! **A boldog és kiegyensúlyozott Ember a legkörnyezettudatosabb Ember és egyben Embertársaira nézve a legveszélytelenebb.** Azonban ha a boldogságot attól várod, hogy újabb autód lesz, nagyobb házad vagy több céged, esetleg doktori címed, sajnos tévúton jársz! A boldogság a belső lelki békéből fakad. Ha ezt megtalálod, akkor éred el a célodat. Szóval először a saját házad táján seperj! Légy boldogabb! Élj önmagaddal nagyobb békében, élj önmagaddal harmóniában, találd meg a lelki egyensúlyodat, és akkor békét fogsz kötni a világgal is. Ha ezt elérted, egyre kevésbé fogsz Életpusztítóan élni! Hogy hogyan lehet idáig eljutni, arról bővebben jelen könyvsorozat másik kötetében lesz szó, de nagyon sok spirituális irodalmat és segítőt találhatsz ebben a témában. Nem véletlenül annyira felkapott téma ez manapság. Az Emberek érzik, hogy ez a helyes út, még ha a kevés tapasztalat miatt picit tanácstalanok is, hogy merre induljanak el.

Ha elérted a boldogságot, akkor kezdj el tenni másokért! Először természetesen a szeretteid, barátaid boldogságáért! Ha már itt sem tudsz többet „sepregetni", akkor tegyél Embertársaidért, vagy tegyél a környezetedben élő más élőlényekért!

11.4. Minden, ami az önzetlenségedet fokozza, az a Földet menti meg

Minél többet teszel másokért, annál közelebb kerülsz a még mélyebb belső békéhez és a lelki harmóniához! Ez a könyv is teljes önzetlenségből készült. Nincs semmi más célja, csak hogy segítsen és ettől is érzem olyan jól magamat. Ez adja az extra erőt az alkotásra! Az önzetlenség hihetetlen energikussá tesz mindenkit. De ezt csak az érzi át, aki eljut arra a lelki rezgésszintre, ahol már létezik valódi önzetlenség. Sajnos egy bizonyos lelki rezgésszintig ezt nem hiszik el az Emberek. Pedig létezik, tudom, mert mindkét oldalt megéltem.

Az Ember alapvetően közösségi lény, bár az önzés lassan ezt elfeledteti velünk. Észre sem vesszük, hogy ezért vagyunk magányosak, és legbelül ezért nem stimmel valami! A közösségi tevékenységben korlátlan lehetőségek vannak! Próbálj minél többet részt venni ilyenekben, vagy szervezz te magad hasonlókat! Épp néhány napja voltunk a kollégáimmal és a családommal egy közösségi faültetésen. Nagyon vidám, jó hangulatú és a lelkünkre is pozitívan ható közösségi esemény volt. Nem mellesleg több száz fa elültetésével tettünk a klímaváltozás ellen. A rendezvényen mindenki önszántából vett részt, és mindenki mosolygós, jó hangulatban volt jelen. Nem kellett hozzá semmi, csak jó szándék, és mégis milyen hatékony volt!

Szóval vegyél részt klímavédelmi demonstrációkon, közösségi szemétszedéseken, közösségi faültetéseken, békemeditációkon, és még a végtelenségig sorolhatnám! Ne maradj közönyös, légy a közösség része... A honlapunkon is szeretnénk egy aktív közösséget összehozni, ahol csupa világért tenni akaró Ember jön össze. Velük igyekszünk majd sok ilyen megmozdulást szervezni. Néha látogass el az oldalunkra, örömmel látunk.

11.5. A személyes életmódváltásban hatalmas potenciál van

Amikor elkezdtem mélyebben foglalkozni a személyes életmód-változtatás klímahatásaival, én magam is meglepődtem, hogy ebben mekkora potenciál van. Jelen fejezet nem tud teljes lenni, inkább amolyan kedvcsináló jelleggel néhány témát feldolgoztam a számodra. Ha elolvasod őket, akkor remélem, kedvet kapsz arra, hogy a saját életedben tovább bővítsd ezeket az ötleteket!

11.5.1. A táplálkozási szokásaiddal megvédheted a Földet!

A két legdrasztikusabb környezetpusztító étel a marhahús és a pálmaolaj. Ha ezt a kettőt minden Ember kivenné az az étrendjéből, az önmagában megmenthetné a Földet. Sőt, az egész Emberiség számára megszűnne az éhezés fogalma. Ugye, hihetetlenül hangzik? Pedig így van! Lássuk, miért!

A pálmaolaj a legtöbb élelmiszerben megtalálható, mert ez a legolcsóbb étkezésiolaj-fajta. A nagy multinacionális élelmiszeripari cégek legnagyobbrészt ezért ezt teszik bele a termékeikbe. Ezért nagyon nagy árat fizetünk, mert a pálmaolaj-ültetvények miatt vágják ki az esőerdők nagy részét. Ezzel a két végén égetjük a gyertyát. Az egyik oldalon az esőerdők felégetésével óriási mennyiségű CO_2-t bocsátunk ki a légkörbe, ugyanakkor ezzel egy időben pusztítjuk azt az ökoszisztémát, mely a CO_2 megkötése által a klíma egyensúlyának fenntartását biztosítja. Hogyan lehet csökkenteni a pálmaolaj fogyasztását? Ez egy nehéz kérdés, hiszen a legtöbb tartós élelmiszerben van, és nyilván nincs időd és energiád az összes polcról levett élelmiszer apróbetűs részeit elolvasni, hogy van-e benne pálmaolaj. Ráadásul több nevet is kitaláltak már neki, hogy a gyártók így rejtsék el a fogyasztók elől. A pálmaolaj elkerülésének legegyszerűbb módja az, ha a multinacionális élelmiszeripari termékkel szemben helyben gyártott termékeket veszel. A helyben előállított élelmiszeripari termékekben ritkán van pálmaolaj. Ezzel más módon is teszel a környezetért, hiszen a termékeket kevesebb szállításból eredő környezetszennyezés terheli. Persze az is megoldás, ha elolvasod az apróbetűt, és elkezded kigyomlálni a pálmaolaj-tartalmú élelmiszereket az életedből.

Az esőerdők másik felének kiirtásáért a marhahústermelés felel. A marhahús még a pálmaolajnál is károsabb, mert nemcsak az esőerdők kiirtását okozza, hanem a marhák életük során nagyon nagy mennyiségű metánt is juttatnak a légkörbe. 1 kg marhahús megtermeléséhez 70-szer annyi földterületre van szükség, mint 1 kg zöldség vagy gyümölcs megtermeléséhez. Szóval, ha nem fogyasztanánk marhahúst, és azon a területen, ahol marhát tartanak vagy azok számára termelnek takarmányt, zöldséget és gyümölcsöt termelnénk, akkor nem lenne éhezés a Földön. Tudom, hogy ez sok más tényezőn is múlik. De ettől még jól mutatja, hogy a marhahúsfogyasztás milyen káros társadalmi trend. Egy darab marhahússal készült hamburger elfogyasztása annyi CO_2 kibocsátásáért felel, mint 24 órányi klímaberendezés működtetéséből fakadó kibocsátás vagy egy átlagos személyautóval 30–40 km autózásé.

Ha a marhahúst csirkehúsra cseréled, akkor ötöd akkora földterületet használtatsz mezőgazdasági takarmány termelésére, és az ebből fakadó ÜHG-kibocsátás a tizede lesz! Ettől még húsevő maradtál, de mégis rengeteget tettél a környezetedért!

Ezekből jól láthatod te is, hogy a vegetarianizmus ökologikus dolog. De nem kérem tőled, hogy legyél vegetáriánus, ha számodra ez esélytelen. Én az lettem.

Sokan nem azért élnek állati eredetű élelmiszer nélkül, mert meg akarják védeni a Földet, hanem azért, mert ez esik jól nekik. Ezzel én is így vagyok, de nem régóta. Előtte húsevő voltam. Szerettem a húst és nem is kívántam leszokni róla. Azonban kb. 5-6 éve elkezdtem tudatosan csökkenteni a fogyasztott hús arányát az étrendemben. A szervezetem meghálálta, hiszen jobban érzem magamat a bőrömben. Ugyanakkor ezzel hihetetlen mértékben védtem a Földünket is, és ez jó érzés volt a lelkemnek. Így több fronton jót tettem magammal is. Nem állítom, hogy nem ettem marhahúst, csak nagyon megritkítottam. Különleges ünnepnapokon, 2-3 évente egyszer megettem egy jó steaket, és nagy ritkán főztem egy-egy bogrács marhapörköltet is. De míg régen nagyon sok marhahúst ettem, miután tudomást szereztem a hozzá fűződő káros hatásokról, már csak különleges ünnepnapokon egy-egy alkalomra korlátozódik a fogyasztása. Az életminőségem pedig nem romlott semmit, sőt bizonyos szempontból még javult is...

11.5.2. Utazz közelebb! Csak akkor repülj, ha nagyon-nagyon muszáj!

Sok Embert ismerek, akinek az élete az utazás. Ez a nyugati civilizáció egyik kiemelt hobbija lett. Az Emberiség gazdaságilag jobban élő felében megtermelt felesleges pénz és idő elköltésére nagyon sokan az utazást találják a legjobb módnak. Utazni tényleg jó! Az új tájak, országok, kultúrák megismerése csodálatos élmény, a levegőváltozás pedig stresszmentesít. Az újdonság varázsának megélése, amit az új élmények okoznak bennünk, elfeledteti hétköznapi lelki problémáinkat. Ezen okok együttese révén aki csak teheti, utazik. A turizmus hihetetlen méreteket öltött, így az erre települt közlekedés és ipar klímaváltozásra gyakorolt hatása pedig jelentős.

Azt már tudod, hogy egy Budapest–New York repülőúton az utazás rád eső CO_2-kibocsátása annyi, mint amennyi a Föld egy Emberre jutó CO_2-megkötőképessége egész életed során! Ez azt jelenti, hogy ha elutazom repülővel New Yorkba, akkor annyi CO_2-kibocsátást generálok, amennyi a Föld ökoszisztémája által megkötött CO_2 rám eső része.

Mindig tudtam, hogy a repülés nagyon környezetszennyező, de sosem gondoltam volna, hogy ennyire az. Én nem vagyok egy nagy utazásmániás. Ha néhány nemzetközi konferencia és fiatalkori utazás repülési hosszát összeadom, akkor legalább 12 Budapest–New York távolságot repültem már életemben. Mióta ezt a fent leírt tényt olvastam, lelkiismeret-furdalásom van eddigi életem repülései miatt. Hiszen már feléltem az utánam következő 12 generációra jutó CO_2-kibocsátást! És ebben egyéb energiafaló tevékenységeim nincsenek is benne! Emiatt abba is belegondoltam, hogy a múltam összes repülőútjából hány volt olyan, ami elengedhetetlen lett volna. Sajnos így visszanézve kijelenthetem: egy sem! Szóval ezt mind megtakaríthattam volna a Földnek, ha tudatában lettem volna saját tetteim súlyának. Azt is bátran ki merem jelenteni, hogy semmivel sem lennék most boldogtalanabb, ha elmaradtak volna ezek az utak! Igaz, hogy kevesebb távoli világból származó élmény lenne az emlékeim között, de biztos vagyok benne, hogy lenne helyette más, ami pozitív dolgokkal kitöltené azoknak a helyét.

Ismerek több olyan Embert, akik több mint 50 olyan országban jártak életükben, ahová csak repülővel lehet eljutni. Nekik életükké vált az utazás. Ha a saját életük szemszögéből vizsgáljuk, akkor ez egy csodálatos dolog. Ha azt nézzük, hogy ezzel kb. 100 generációra jutó CO_2-t égettek el életük során, akkor már nem olyan szép ez az egész.

Nem hibáztatásképpen írom ezeket a sorokat, hiszen ők sincsenek tudatában tetteik súlyának. De remélem, ha ezeket a sorokat olvassák, akkor a következő útjuk során már mérlegelni fognak.

Mik a mérlegelési lehetőségeink? Ha utazol és több úti cél közül választhatsz, akkor válaszd azt, ahová repülő nélkül is el lehet jutni. Ha teheted, menj vonattal vagy hajóval! Ha mindenképpen repülővel kell menned, akkor válaszd azt az úti célt, amelyik közelebb van! Ha mindenképpen repülnöd kell, akkor válaszd azt a járatot, amely a legkorszerűbb géppel visz el a célba! Egy régebbi és egy újabb repülőgép CO_2-kibocsátása között 30% eltérés is lehet. Ha az utazásod üzleti célú, akkor gondold végig, hogy nem lehet-e megoldani online videókonferenciával, vagy nem gyűjthető-e össze több olyan tárgyalás, ami egy repülőúttal megvalósítható?!

Ezek mind mérlegelési lehetőségek, amelyekkel nagyon sokat tehetsz a Földért úgy, hogy nem romlik az életminőséged. Egyszerűen csak tisztában kell lennünk tetteink súlyával, és annak figyelembevételével kell döntéseket hoznunk. A klímaváltozás akkor lesz hatékony, ha minden Ember felelősséget vállal a tetteiért. Én biztos, hogy kerülni fogom a repülőutakat a jövőben és ezután csak akkor ülök repülőre, ha az tényleg elengedhetetlen... Nemrég láttam Greta Thunberg egyik videóját, amelyben bemutatta, hogy hajóval ment el egy nemzetközi klímakonferenciára, hogy ezzel is példát mutasson. Nagyon tetszett a gondolkodása...

11.5.3. Ne dohányozz (annyit)! Az életciklusok szerinti felelős gondolkodás példája

Épp Budapesten autóztam, mert egy tv-csatorna meghívásának tettem eleget, ahol környezetvédelmi témában kértek fel. Jólesett a felkérés, mert szeretek aktívan tenni azért, hogy jobb irányba forduljon ez a világ. Az előttem haladó autós a lehúzott ablakon kidobott egy cigarettacsikket. A tettét nem kívánom minősíteni, mindenki tegye meg saját belátása szerint. De ez a motívum adta az inspirációt ennek az alfejezetnek a megírására. **Azt is ki szeretném jelenteni, nem kezdem el bántani a dohányosokat,** mert tudom, hogy ez is egy addikció. Ismerem jól az addikciók lelki okait és tudom, hogy milyen nehéz kijönni az addikciókból[1]. De még egy dohányos is megteheti azt, hogy ha nem bírja lerakni a cigarettát, akkor kevesebbet szív. Minden egyes szál cigaretta koporsószög a szervezetének, de a nagyobb baj az, hogy a Földnek is. Megfordítva sokkal jobban hangzik: minden egyes elhagyott cigaretta esély a szervezetének, és plusz egy lélegzetvétel a Földnek. Tudom, hogy a legtöbb Ember ösztönös reakciója az, hogy ez túl apró tétel, hogy bármi is múljék ezen. De, kérlek, olvasd tovább, és utána dönts, hogy tényleg így van-e.

---

1 Az addikció más szóval függőséget jelent. Ha ez a fogalom bővebben érdekel, akkor tiszta szívből ajánlom neked dr. Máté Gábor A sóvárgás démona című könyvét vagy ezzel a témával foglalkozó nemsokára megjelenő 2. könyvemet.

Az írás elején említett esemény elindított bennem egy gondolatsorozatot. Hogyan jutott el az a kidobott cigarettacsikk idáig? Először is dohányt termesztettek, ami miatt rengeteg mezőgazdasági területet vontak el a Természettől. Aztán learatták a dohányt, amihez fosszilis alapú üzemanyagok hajtották a gépeket. Ezeket az aratógépeket is elő kellett állítani rengeteg nyersanyagból, és még több energia felhasználásával. A learatott dohányt elszállították, megint egy csomó emisszió, és a szállítójárműveket is le kellett gyártani. Utána szárítókba került a dohány, ahol hatalmas mennyiségű energiát használtak fel erre a folyamatra. Ezt aprítás és mindenféle adalékok hozzákeverése követte, ismét egy csomó energia felhasználásával. Ezután történt meg a csomagolás. A papírt és a füstszűrőt is külön gyárakban állították elő, és azokból is a gyártás helyére szállították. Ezt követte a dobozolás és a szállítás a nagykereskedőkhöz. Onnan a termék a dohányboltba került. A dohányboltban ment a világítás és a fűtés, ami szintén energia és szennyezést generáló tevékenység. A fogyasztó külön elautózott –valószínűleg benzines vagy dízelautóval – a dohánybolthoz, hogy cigarettát vegyen. Ezt követően minden egyes elszívott cigaretta után, miközben a dohány elégett, sok káros anyag mellett még több CO_2 távozott a légkörbe. A cigarettacsikk a magas nikotin, kátrány és egyéb káros anyag, valamint a fertőzés veszélyei miatt veszélyes hulladék kellene hogy legyen. De erről hallgatunk, mert társadalmi szinten nehezen oldható meg ezek kezelése. Szóval a csikkből hulladék lett. Ha végigsétálunk a városok utcáin, akkor látjuk, hogy a nagy részük utcai szemét lesz, amit mindenfelé hord a szél. A gond az, hogy az eső a vízfolyásokba mossa, és ott kioldódik belőle a sok szennyezőanyag. Ami még rosszabb, hogy a csikk egy része mikroműanyaggá válik, ahogy a víz a szállítás közben lassan elkoptatja. Ha a Földön a dohánytermesztésre használt földeken gabonát termesztenénk, és azt szétosztanánk a szegények között, akkor nem lenne éhezés. Ha a dohánytermesztésre használt földeket visszaadnánk a Természetnek, akkor jelentősen növekedne a Föld ÜHG-megkötő képessége. Ha nem dohányoznánk, akkor csökkenne az Emberiség ÜHG-kibocsátása. Teljes életciklusra vetítve a dohányzás a legkeményebb klímaváltozás-generáló tevékenységek közé tartozik! Ha magadért nem szoksz le, akkor tedd meg a Természetért, hogy csökkented az elszívott szálak mennyiségét! Ha a Természet nem érdekel, akkor tedd meg gyermekeid jövőjéért! Kérlek, ne mondd azt, hogy majd, ha más is...

Mindenkinek azonnal meg kell tenni, amit tud, mert nagyon nagy baj van! **A dohányzás egyébként egy szép emberi szokás (volt).** Amíg az indián kultúrákban rituálékhoz, ünnepekhez kötődött a dohányzás, addig ez egy kifejezetten kellemes dolog volt. Ezt is a sorozatgyártás és a profitéhség tette tönkre. A nyugati Embernek minden azonnal és mértéktelenül kell. De így pont annak az értéke veszik el, hogy ünnepek alatt rágyújtok egy pipára vagy egy jó szivarra. Ez a példa jól szemlélteti a tömeggyártás antikulturális hatását. Egy szép rituáléból tömeges addikcióforrás lett... Mindez úgy történt, hogy az Emberek önként és dalolva hozták létre ezt a helyzetet. Pedig ez senkinek sem jó, csak annak a szűk rétegnek, amely folyamatosan gazdagszik rajta. Itt az idő változtatni ezen! De ehhez az első lépés, hogy tisztában legyünk tetteink következményeivel. Ennek az írásnak mindössze ennyi volt a célja... Utána jön a következő lépés, hogy minden egyes szálnál eszedbe jut, mivel jár, ha rágyújtasz. Ezt követi az, hogy elkezded csökkenteni a napi szálak mennyiségét...

Ne feledd, kérlek, a tetteinkért való felelősségvállalás a klímaváltozás elleni harc következő lépése! Ugyanakkor a dohányzás csak egy példa arra, hogy fontos tisztában lennünk tetteink következményeivel, melyeket nem seperhetünk a szőnyeg alá... Itt az ideje szembenéznünk önmagunkkal más területeken is...

11.5.4. Három egyszerű szokás, amellyel több mint 10%-kal csökkentheted CO_2-kibocsátásodat

A címben említett 3 szabály a következő:

I.   Minimalizáld a marhahús- és tejtermék-fogyasztásodat!

II. Minimalizáld az olyan élelmiszer vásárlását, ami nem az európai kontinensről származik!

III. Ne dobj ki élelmiszert!

Ez a 3 egyszerű szabály 10–15%-nyi CO_2-kibocsátás megtakarítását eredményezi egy átlagos európai polgár esetében. Azért, hogy érzékeljük azt, hogy ez milyen nagy szám, nézzük például azt, hogy az EU 2010 körül azt vállalta: a 90-es évek szintjéhez képest 2020-ra 20%-kal csökkenti a CO_2 kibocsátását. Ezt sajnos nem minden tagország teljesítette, de vannak olyanok, amelyek túl is teljesítették. Ha csak erre az egyszerű szabályhármasra ügyelünk, már a fenti politikai vállalás felét-kétharmadát összehozzuk anélkül, hogy a társadalom különösebb erőfeszítést tenne érte. Szóval ez egy nagyon nagy dolog, ezzel tényleg sokat tehetünk! Egyébként is, minden apró megtakarítás egy esély arra, hogy végső összeomlás nélkül tovább húzza a Föld ökoszisztémája. Bármilyen pici, amit tehetünk, meg kell tennünk! Nem szabad néznünk, hogy az mekkora. 7,9 milliárd Ember pici tette hihetetlenül nagy összhatást eredményez.

A marhahús kimagaslóan klímapusztító jellemzőiről már írtam neked az előzőekben, így ezt nem kívánom részletezni. Mivel a tejtermékek előállításához rengeteg marhát kell nevelni, ezért a tejtermékek is kimagaslóan klímapusztítók. A marhahús egyszerűen kiváltható más hústípussal. Ha klímavédelmi szempontból vizsgáljuk, akkor a szárnyasok és a halak fogyasztása a legkedvezőbb. A disznóhús termelésének ÜHG-kibocsátása a szárnyasokénak többszöröse. Egyre ízletesebb, növényi alapú húspótló készítményeket is lehet kapni! Ezek közül párat megkóstoltam, tényleg szinte észrevehetetlen a különbség. Ezek a húspótlók a legkevésbé klímaterhelő alternatívák. Mióta ezt tudom, a család életéből teljesen kivettük a marhahúst.

Aztán a tejtermékek mérséklésén kezdtünk el dolgozni. Ezt már picit nehezebben oldjuk meg, mert pl. a rizstej vagy a kókusztej nem európai termék, így ugyanezen írás második szabályát ütnénk azzal, ha tejtermék helyett mondjuk kókusztejet vennénk. A tejtermékek helyettesítése ízre és állagra sem olyan egyszerű, mint a marhahús kiváltása mondjuk csirkehússal. De családszinten már egész jól megoldottuk ezt is. Sokat kísérleteztünk, és így egyre több tejtermék került ki véglegesen a vásárlási szokásainkból. Lehet például kapni növényitej-készítő gépet, ami egyszeri nagyobb beruházás, de utána megtérül. Mi most ebben az irányban próbálkozunk...

Sajnos a kávét nem Európában termesztik, így vannak olyan termékek, amelyek esetében a második szabály nem oldható meg. De kevés ilyen termék van. Nemrég levettem a polcról egy csomag „magyar pirospaprikát". Elolvastam az apróbetűst, és kiderült, hogy 90%-ban chilei és 10%-ban magyar paprika van a tasakban. Borzasztó gusztustalan módon próbálja eltüntetni a nyomokat az élelmiszeripar, illetve eladni egy terméket. Így eléggé résen kell lenni, hogy ne dőljünk be.

Ahhoz, hogy átalakuljanak a vásárlási szokásaid, sajnos időt és energiát kell szánni arra, hogy a termék megvásárlásakor picit utánaolvasol, hogy honnan származik. Ha messziről, akkor keresni kell alternatívát. Az igazság az, hogy mindig van másik lehetőség. A választék nagy, így semmiben sem fogunk hiányt szenvedni, ha figyelünk a második szabály betartására.

Ha élelmiszert dobunk ki, az azt jelenti, hogy azt már legyártották, becsomagolták, a boltig elszállították, és elhoztuk haza. A teljes láncolat CO_2-kibocsátása terheli. Ha nem eszem meg, akkor hasznosítatlanul kerül a kukába! A kukában általában légmentes környezetben bomlik le, ami azt jelenti, hogy javarészt metán fog kerülni a légkörbe, nem CO_2. Szóval, ha már kidobod, komposztáld le! A legjobb így is, úgy is az, ha nem dobjuk ki! Inkább adjuk ingyen a szegényeknek, ez klímatudatosabb és humánökológiai szempontból is jobb megoldás.

Ahhoz, hogy ne dobjunk ki élelmiszert, nem kell más, csak lelki tudatosság! Ha tisztában vagyok a tettem következményeivel, akkor mindjárt jobb érzés lesz megenni az ételt ahelyett, hogy kidobjam. A nyugati társadalomban az élelmiszerek 15–20%-a a kukában végzi. A német államfő azt nyilatkozta 2019-ben, hogy ha a németországi lakosság által egy év alatt kidobott élelmiszert feltennék egy vonatra, akkor olyan hosszú lenne a vonat, hogy Oroszországig elérne. Mindez a legtöbb esetben azért történik, mert a boltban túl sok mindent vásárolunk, no meg azért, mert jó dolgunkban már az a legnagyobb bajunk, hogy éppen ezt sem, meg azt sem kívánjuk, és így szép lassan megromlik a hűtőben. Én minden este megnézem, hogy mit kell sürgősen megennünk, hogy ne romoljon meg. Tegnap épp összedobtam egy tojásrántottát, amibe beletettem az összes fonnyadó zöldséget, amelyek már a kidobáshoz közeledtek. Fenséges vacsora lett belőle.

Szóval a kaja kidobása mögött általában trehányság, figyelmetlenség, nemtörődömség vagy lelki problémák állnak. Hiszen ha sosem azt kívánom, ami otthon van, akkor jó eséllyel a vágyakozás lelki rezgésszintjén szeretek tartózkodni. De az is lehet, hogy a lelki problémáim miatt, bár éhes vagyok, nem kívánok semmit, gőzöm sincs, mit egyek. Ha rendszeresen van benned ilyen érzés, akkor érdemes mélyebben magadba nézni, hiszen nagy eséllyel valamely Életpusztító rezgésszinten tartózkodik a lelked. Mióta ezekből a rezgésszintekből kijöttem, sosincs amolyan „nem kívánok semmit" érzésem. Előtte viszont nagyon sokszor volt. Ha rendszeresen több mindent vásárolsz, mint amit elfogyasztasz, akkor akár vásárlásfüggő is lehetsz. A függőségek szintén a vágyakozás lelki rezgésszintjének a tünetei.

Miközben 1 milliárd Ember éhezik a Földön, elég abszurd, hogy nem tudjuk, mit ennénk, és az még abszurdabb, hogy kidobjuk az ételt. Szóval lelkiismereti és etikai kérdés, hogy nem végzi a kukában az, amit már hazavittünk.

11.5.5. Gondoltad volna,
hogy a komposztálás ennyire hasznos?

A legrosszabb, amit a zöldhulladékkal tehetsz, hogy kidobod a kukába! Ha komposztálunk, akkor a lebomlás oxigén jelenlétében történik, így a kukába történő kidobásból keletkező metán helyett a lebomló anyagokból kizárólag CO_2 kerül a légkörbe. Ez hatalmas különbség a Föld légkörének felmelegedése szempontjából. Már ezért az egy dologért is nagyon megéri komposztálni, de még csak most jön a java.

A szerves anyagok kukába dobása azért is probléma, mert így a szerves anyagok hasznosítatlanul maradnak. Ami komoly pocsékolás.

Tudtad, hogy egy teáskanál komposztban annyi élőlény él, mint a Föld lakossága? Szóval, ha komposztálsz, akkor életteret hozol létre, amely élettér tele van nagyon hasznos miniatűr élőlényekkel. Ezek az élőlények folyamatosan azért dolgoznak, hogy egyensúlyban tartsák a földi klímát. Áldásos tevékenységük révén szén kerül ki a légkörből és kötődik meg. A humuszképződés folyamata során tulajdonképpen szenet raktározunk a talajszerkezetben. Szóval, ha komposztálunk és így intenzív módon humuszban gazdag talajt állítunk elő, akkor javítjuk a légkör szénmérlegét! Lehet, hogy rövid távon (a hulladék komposztba helyezése után) a szerves anyagok lebomlásából CO_2 kerül a légkörbe, de középtávon létrehozol egy CO_2 megkötését végző életteret.

A biodiverzitás-csökkenés egyik fő okozója a hihetetlen mértékű talajpusztulás. A felelőtlen emberi tevékenységek miatt az erózió, a mezőgazdaság az évmilliók alatt keletkezett talajt néhány évtized alatt tönkreteszi. A komposztálással talajt (humuszt) állítasz elő, mellyel e folyamat ellen hatsz. Különösen akkor, ha a képződött humuszt ki is juttatod a természetes körforgásba. Ugye, milyen klassz dolog ez a komposztálás?

Amikor elkészítettem a saját kerti komposztálónkat, a családomnak elmagyaráztam, hogy ezzel életet teremtünk és nem pusztítunk. A gyerekek is lelkesen gyűjtik és viszik ki a konyhai zöldhulladékot. Nagyon jó érzés ez az egész családnak, apró jó cselekedeteket jelent. A komposzttárolót egy előtető bontásából maradt deszkákból készítettem, amiket úgy vágtam be, hogy fésűszerűen egymásba kapaszkodjanak. Így amikor ki kell termelni szétszedhető, és újra összerakható. Az ötlet nem saját, azt a neten találtam néhány éve. Csodálatos érzés, hogy ennyi sok értékes erőforrás a kert végében landol, és Életpusztítás helyett Életet teremtünk vele. Remélem, te is kedvet kaptál a komposztáláshoz...

11.5.6. Újabb 5 étkezési szokás, mellyel 10-25%–kal csökkentheted klímaváltozásra gyakorolt hatásodat

A Földön élő kb. 8 milliárd Ember élelmezése nagyon komoly tényező a klímaváltozási okok között. Nyilvánvaló, hogy nem éhezhetünk azért, hogy megmentsük a Földet. Ugyanakkor rengeteg olyan fogyasztási szokásunk van, ami a Föld szempontjából irreális luxus. Ha ezekre odafigyelünk, sokat tehetünk gyermekeink jövőjéért, és a legtöbb esetben még egészségesebbek is leszünk tőlük. Ez az alfejezet 5 kiemelkedően hatékony módszert mutat be neked azokon túl, amelyekről már korábban olvashattál. Ha aktívan akarsz tenni a közös jövőnkért, akkor ezek közül bármelyiket választod, életminőség-romlás nélkül leszel klímatudatos:

1. szokás: **Soha többet nem eszem tengeri halat!** Nem tudom te hogy vagy ezzel, de én szeretem a tengeri halat, életem során elég sokfélét ettem. Sajnos helytelenül tettem. De már nem vagyok hajlandó fogyasztani! Tőled nem ezt kérem, hanem azt, hogy ha teheted, minimalizáld az ilyen irányú fogyasztásodat!

A tengeri hal egészséges. Ezt halljuk mindenhol. A legtöbbet az ómega-3 zsírsavak kedvező hatásait említik, meg a koleszterinszegény étrendet, és azt, hogy könnyen emészthető, ízletes fehérjeforrás. Ezek természetesen igazak. De a halászati ipar csak az USA-ban 35 milliárd dolláros iparág, mely hihetetlen sok pénzt költ arra, hogy tengeri hal fogyasztására buzdítsa az Embereket. Természetesen az érdekük az, hogy az előnyöket halljuk, lássuk, azonban elrejti a hátrányokat. No de nézzünk picit a színfalak mögé, hogy lássuk, miért is olyan nagy bűn tengeri halat enni!

A tengeri ipari halászat olyan magas szintre fejlődött, hogy hihetetlen termelékeny és hatékony halászó- és feldolgozógyárak ezrei úsznak a tengereken. Ezek a pusztító gépek soha nem látott tempóban tarolják le az óceánok élővilágát. Már csak a globális tonhalpopuláció 3%-a maradt fenn, de az összes magasabb rendű tengeri halfaj esetében is a természetes szinthez képest 15% alatti a jelenleg még megmaradt populáció aránya. Ezért az iparosított tengeri halászat felel, melynek számos kiemelten káros következménye van:

- Tudományos cikkek igazolják, hogy ha ebben a tempóban folytatjuk a lehalászást, akkor 2048-ra teljesen kipusztulnak a világ óceánjai.

- A Föld CO_2-megkötőképességének kb. 80%-áért az óceánok felelnek. Az óceán ilyen mértékű pusztulása hihetetlentempóban csökkenti az óceánok CO_2-megkötőképességét, ami miatt a klímaváltozás soha nem látott mértékben fog felgyorsulni.

- A hajók több focipálya méretű húzóhálókat alkalmaznak, melyek súlyuknál fogva letarolják a tenger fenekén élő növényzetet, és ez nemcsak a halak befogását, hanem a növényvilág pusztítását is eredményezi. Évente fél Európa-méretű területen teszik tönkre a teljes növényzetet és a korallokat a hajók.

- A korallzátonyok pusztulásáért kb. 50%-ban közvetlenül a tengeri halászat felel.

- A tengeri halászatban még ma is megszokott a rabszolgatartás és a kényszermunka. Hétköznapiak a gyilkosságok is, hiszen egyszerűen balesetre lehet fogni a történteket.

- A „mellé" halászat azt jelenti, hogy a húzóhálók kifogják a bálnákat, a cápákat, a delfineket is, amelyeknek nincs húsértékük. Ugyanakkor megölik őket, mert „konkurensek", és döglötten dobálják vissza a tengerbe őket. Ezeket az élőlényeket okolják azért, amiért kevés hal van az óceánokban.

- Afrikában fokozódott az éhínség a tengerparttól a szárazföld belseje felé 1 600 km távolságig, mivel a tengerparti zónában megjelentek az ipari halászhajók, és emiatt a helyi, hagyományos módszereket követő halászok nem tudnak halat fogni. Természetesen EU-s halászati cégek vannak a háttérben, melyeket az EU élelmiszerbiztonság jogcímen az adónkból dotációkkal támogat.

- A szárazföldi tengerihal-termelés is hihetetlen környezeti károkat okoz. Egy átlagos lazacfarm szennyezése felér egy 10 000 fős városéval. A nagy halkoncentráció miatt a halak a saját székletükben fürdenek, ezért nagyfokú a beteg egyedek aránya. Több mint 50%-ukat nem lehet feldolgozni, mert elhullanak. A többi, kevésbé beteg halból halpástétomot készítenek, amit jóízűen megeszünk.

- A tengeri halakban a bioakkumuláció révén nagy mennyiségű szennyezőanyag akkumulálódik. Kiemelten magas a tengeri halak higanykoncentrációja, és számos növényvédőszer-maradék is kimutatható belőlük. A sok tengerihal-fogyasztás nemhogy egészséges, hanem közelebb visz a rákhoz.

- A halmennyiség fogyása miatt 70%-kal csökkent a tengerekhez kötődő madárpopuláció.

- A mikroműanyagok 50%-áért a tengeri halászat eldobott, tönkrement hálói és egyéb eszközei felelnek. Szóval nem a szívószálak elhagyásával fogjuk megmenteni az óceánokat. Bár tény, hogy sok kicsi sokra megy...

Ezekről a tényekről és még sok tengeri halászattal kapcsolatos dologról ajánlom figyelmedbe a Seaspiracy című filmet, melyet a könyv végén lévő filmajánló-listában találsz.

Az óceánok kipusztítását az Emberiség nem képes túlélni, pedig ebben a tempóban a világ óceánjai halott vízzé válnak. Sajnos az egyetlen mód, hogy ebből a zuhanórepülésből kilépjünk, ha nem fogyasztunk tengeri halat, lazacot, annak ellenére sem, hogy szeretjük. Aki odavan érte és nem tud róla lemondani, igyekezzen csak ünnepnapokon fogyasztani az ilyesmit. Természetesen a szegény, éhező országokra ez nem vonatkozik!

2. szokás: Minimalizálom a konzervek fogyasztását!

A konzerveknél a csomagolóanyag előállítása 10–100-szor annyi energiába kerül, mint az élelmiszer, amit tárol. Egyes élelmiszereknél (pl. sűrítettparadi-csom-konzerv) ez az arány még magasabb. Szóval fajlagosan óriási mennyiségű üvegházhatású gáz kibocsátással jár, hogy a terméket hazavihessük. Ha hőkezelt a termék, akkor még rosszabb ez az arány.

3. szokás: **Leszoktam a kávéról!**

A kávéfogyasztás egy nagyon népszerű szokás. Sajnos Európában a kávéfo-gyasztás a legnagyobb klímaváltozást okozó élelmiszerek között benne van az első tízben. A kávé termesztéséhez nagy mennyiségű esőerdőt pusztítanak el, mely-lyel csökken a Föld üvegházhatásúgáz-megkötő képessége. Ugyanakkor annyira jól megy a kávéiparnak, hogy az Európában forgalmazott kávé legnagyobb hányada nem hajóval, hanem repülővel érkezik hozzánk. A kávénak ilyen irányú szállításá-ból eredő ÜHG-kibocsátás extrém módon károsítja a környezetet. A kávé pörkölése és főzése szintén nagyon sok energiát emészt fel. Ha életciklusban gondolko-dunk, máris nem nehéz elképzelni, hogy miért olyan klímapusztító dolog kávét inni. Nyilván itt sem az a cél, hogy szokjon le a kávéról, aki szereti. A cél az, hogy ne fogyasszuk úton-útfélen, hanem csak akkor, ha tényleg szükségünk van rá. Nem mellesleg gyorsan kialakul a koffeinfüggőség, és nagyon káros, szóval a szervezetednek is jót teszel, ha mérsékled vagy elhagyod a kávéfogyasztást.

4. szokás: **Nem eszem annyi jégkrémet és mirelitet!**

A jégkrém és a mirelitáruk is „híresek" kiemelt mértékű klímaváltozás-okozó hatásukról. Ezeknél a termékeknél az extrém magas energiaigény okozza a fő gondot. A jégkrémet már előállítani is csak hihetetlenül magas energiaigények mellett lehet. De gondold végig, hogy az elkészítés pillanatától kezdve hűtve kell tárolni. Szóval a gyárban egyből beteszik egy óriási hűtőházba. Onnan hűtött kamionokkal szállítják szét a világba. Utána egyből hűtőkbe teszik a bol-tokban. Egy átlagos jégkrémet, amit kiveszel a hűtőből az üzletben, 3–6 hóna-pon keresztül mélyhűtött állapotban tartották. Képzeld el, hogy ez milyen hihetetlenül sok energiapazarlás azért a 10 dkg finomságért. A helyben gyártott fagylalt hasonló élvezeti értékű, és a klímahatása a töredéke. Szóval életmódromlás nélkül ki lehet iktatni az életünkből a fagyasztott élelmiszereket. Ha tehetném, én az egész iparágat betiltanám, de nyilván ez nem az én asztalom.

5. szokás: A lehető legtöbb helyben termelt zöldséget, gyümölcsöt fogyassz!

Eddig csupa olyan dologról beszéltünk, hogy mit ne együnk, minek a fogyasztását mérsékeljük. Most térjünk rá arra, hogy egyaránt mi a legjobb a Földnek és neked. Fajlagosan a helyben termelt, feldolgozatlan zöldségek és gyümölcsök fogyasztásának van a legkisebb ÜHG- kibocsátása. Szóval az üzletláncok helyett vásárolj a helyi piacon sok zöldséget és gyümölcsöt. Ha nem is leszel vegetáriánus vagy vegán, akkor is minél nagyobb arányban illeszted be ezeket az étrendedbe, annál egészségesebb leszel, annál több lesz az életenergiád, és annál jobban véded a környezetet. Ha még le is komposztálod a növényi maradékokat, akkor még többet teszel. Mi a párommal minden szombaton elmegyünk a helyi piacra és bevásárolunk egy halom finom zöldséget és gyümölcsöt. Ez klassz a Földnek és nem mellesleg a szervezetünknek is.

11.5.7. Válts elektromosra, ahol csak lehet!

A fosszilis energiahordozók használata a klímaváltozás legerősebb motorja. Ezt nyilván mindenki tudja, akit egész picit is érdekel a klímaváltozás. Ennek ellenére az Emberek nem szoktak belegondolni, hogy a hétköznapi életükben milyen sok fosszilis energiahordozót égetnek el. Ha a házunk, lakásunk fűtése gázzal, olajjal, szénnel történik, akkor az a legnagyobb fosszilis kibocsátású tevékenységünk. De nagyon nagy kibocsátó lehet a tűzhelyünk, amennyiben gázzal főzünk. A másik óriási fosszilis energiahordozó-használatunk a közlekedés. A legtöbben benzines vagy dízelautóval járunk, mely hihetetlen sok fosszilis alapú üzemanyag elégetését okozza.

Szóval van mit tennünk a jó ügy érdekében, és mielőtt másokra mutogatnánk, először érdemes a saját házunk táján seperni. Persze ezt lehet kisebb dolgokkal is kezdeni. Például nemrégen lecseréltem elektromosra a benzines fűnyírómat. **A belső égésű motorra úgy kell tekintenünk, mint ahogy 50 éve tekintettek a lovaskocsira. Ez egy elavult őskövület.** Ki kell iktatnunk az életünkből! Szóval minden, ami belső égésű motorral megy vagy fosszilis energiahordozót égető kazánnal, klímagyilkos szerkezet. Nem mellesleg ezek mindegyikére van már gazdaságos alternatíva.

A házam eddigi fejlesztéseivel (hőszigetelés, fűtéskorszerűsítés, napkollektor, nyílászárócsere) kb. 70%-kal csökkentettem a fűtésből és a melegvíz-ellátásból eredő CO_2-kibocsátásunkat. De nagyon zavar az a fránya maradék 30%, ami még mindig földgáz elégetéséből származó kibocsátás. Annyira leesett a napelemes rendszerek ára, hogy úgy döntöttem, az összes szobába klímát szereltetek, és azzal fogok télen fűteni, nyáron hűteni. Már annyira jó a COP-értékük ezeknek a berendezéseknek, hogy csak minimálisan térnek el egy jó hőszivattyútól, és cserébe nem kell átcsövezni a fél házat. Ha elég napelemet veszek hozzá, akkor éves szinten 0 Ft-ért fűthetem és hűthetem a házamat. Ezzel végleg megszabadulok a gáztól mint energiahordozótól. Hiszen a főzés is elektromos alapú nálunk. Csodálatos érzés lesz, amikor a házunk kvázi klímasemleges lesz villamos és fűtési oldalról egyaránt. Hiszen az éves villamosenergia-fogyasztásunkat már most is a napelem termelése fedezi.

Jó, ha tudod, hogy 2019-től a napenergia-termelés lett a legolcsóbb a világon. Szóval mára már az atomenergia-termelést is leelőzi az „olcsósági" versenyben.

A közlekedés terén is itt az ideje elektromos autóra váltani. Eddig a hatótávprobléma miatt nem tudtam ezt megtenni, és nagyon zavart, hogy évente átlagosan 50 000 km-t autózom, ami kb. 3,5 m³ üzemanyag elégetését generálja. Hogy a lelkiismeretem rendben legyen, faültetésekkel szoktam kompenzálni. Ennek ellenére ez komoly lelkiismeret-furdalást okoz nekem minden alkalommal. Cégvezetőként sajnos sokat autózom, nagy távolságokra, és az elektromos töltőhálózat színvonala és sűrűsége még elég gyatra nálunk (2021-ben járunk ekkor). Úgy döntöttem, hogy addig nem váltok elektromos autóra, míg egy Pécs–Budapest oda-vissza utat meg nem tudok tenni minimális rátöltéssel. Ez kb. 480 km autózást jelent a városokban való furikázással együtt. Az idén év végén már több gyártótól is kijönnek 600 km feletti hatótávú autók, melyekkel takarékos autózással talán már meg lehet tenni ezt az utat. Így lassan az én fogyasztói szokásaimhoz illeszthető elektromos autók is kaphatók lesznek. Persze ilyenkor jön a kérdés, hogy megéri-e. Én kiszámoltam, és szerintem egyértelműen igen! Az én dízelautóm üzemanyagköltsége egy évben 1 450 000 Ft, emellé jön a szervizköltség, ami kb. 350 000 Ft, a casco és a biztosítások, valamint a parkolási díjak, ami még kb. 400 000 Ft-ot kóstál. Szóval az autózás elég nagy luxus az életemben, mert elvisz 2 150 000 Ft-ot egy átlagos évben. Ha veszek egy elektromos autót, amit a telephelyemen napelemről töltök, akkor az üzemanyagköltség 90%-át megspórolom (néha kell gyorstöltőn, útközben töltenem). Az elektromos autók szervizköltsége a dízelekének minimum a fele. Parkolójegy nem kell. A biztosítások is olcsóbbak. Ha ezeket összeadjuk, akkor az éves üzemköltségem kb. 500 000 Ft-ra csökken. Vagyis az éves megtakarításom 1 650 000 Ft. Egy új nagyobb hatótávú elektromos autó és egy dízel közötti árkülönbség kb. 8 millió Ft, mellé a napelemek ára támogatással 1 millió. Szóval a megtérülési idő 6 év. Ugyanakkor az autó élettartama nagyobb, mint egy dízelé. Szóval elektromos autót nem 5–8 évre veszünk. Ha erre a megtérülési időre rátesszük a lelkiismereti pluszt, no meg azt, hogy nem szennyezzük a közvetlen környezetünkben a levegőt, akkor ma már igazán jó befektetésnek tűnik egy elektromos autó. Persze saját fogyasztói szokásaid figyelembevételével érdemes végiggondolni ezeket a számokat!

A fűtésnél a gáz kiváltására is kedvező számítás jönne ki, ha egy hasonlót bemutatnék, de ezt az írás terjedelme miatt most elhagyom. Bár ott az én esetemben a megtérülési idők magasabbak, amit a napelemek 50%-os pályázati támogatásával vagy a 0%-os banki hitellel mérsékelni lehet.

Szóval a fűnyírótól a gázkazánon át az autóig mindent válts elektromosra, és maximáld a napelemeid mennyiségét! Ezzel nemcsak a Földnek teszel jót és gyermekeid jövőjét véded, hanem ma már a pénztárcádnak is kedvezel!

Érdemes megemlíteni azt is, hogy egy elektromos motor hatásfoka 80% fölötti, míg egy robbanómotoré 35%. Szóval ugyanannyi energiából minimum kétszer annyi mozgási energia adódik. Ez az elektromosság másik nagy előnye. Kevesebb energiafelhasználással tudom elérni ugyanazt a futásteljesítményt.

Természetesen az elektromosra való átváltás kapcsán hallani ellenérveket, melyekből szeretnék néhány gondolatot megosztani veled:

– *„Nem váltok elektromos fűnyíróra, mert nincs türelmem húzogatni a hosszabbítót"*: hát igen. Vannak dolgok, amiket meg kell tennünk azért, hogy jobb legyen ez a világ. Például hosszabbítót kell húzogatni. De meg kell jegyeznem, hogy egész elérhető áron vannak akkumulátoros elektromos fűnyírók is. Szóval ma már ez sem feltétlenül fontos. Az viszont biztos, hogy az átállás után ez engem is idegesített, de ma már teljesen megszoktam és egyáltalán nem zavar.

– *„Az elektromos autók töltési ideje túl hosszú"*: ez igaz! Emiatt nem mindenki tud váltani. Hiszen, ha valaki egy 4. emeleti lakásban lakik, nem tudja megoldani otthon az autója töltését. Azonban akinek van céges telephelye vagy családi házban él, teljesen fel tudja tölteni az autóját. Így megfelelő idő- és útvonal-tervezéssel minimalizálható az autótöltő-állomásokon való tankolás.

– *„Nem szeretem az elektromos tűzhelyet, én csak a gáztűzhelyen tudok jól főzni"*: édesanyám is ezt mondta régen. Aztán rávettem az elektromosra, és 1-2 hónap alatt megtanulta, hogy ez miben más. Már nem hiányzik neki a gáztűzhely. Én meg kifejezetten utáltam gázzal főzni, mert a sütő körüli környezetben a bútorokon mindig kialakult egy gusztustalan lerakódás. Így sokat kellett takarítani. A villanytűzhelynél ez nincs, és rengeteg olyan funkciót és szabályozási lehetőséget tud, ami a gáztűzhelynél fel sem merülhet.

– *„A gázfűtés kényelmes és olcsó, nem váltok elektromosra, mert rámegy a gatyám"*: ez akkor igaz, ha nem teszel fel napelemet. De ha elég napelemet teszel fel, akkor akár 0 Ft/év költségen is fűthetsz. Sőt ugyanazzal a berendezéssel hűtheted is a házadat a melegben. Szóval magasabb életszínvonalon élhetsz, klímabarátan és olcsóbban! Hidd el, megéri a befektetést! Kérlek, ne feledd, hogy szinte folyamatosan 50%-os állami támogatású pályázat van rá. Ha éppen nincs kiírva, amikor ezt az írást olvasod, figyeld a sajtót, mert rendszeresen kiírják.

– *„Nem érdemes elektromosra váltani a nagy hálózati veszteség és az erőművek miatt"*: ebben is van némi igazság, de ma már ez sem naprakész gondolat. Az igaz, hogy a villamosenergia-hálózaton hatalmas az áram nagy távolságra való szállításából, illetve a transzformálásból eredő veszteség. Az is igaz, hogy sok szén- és egyéb fosszilis alapú erőmű működik. De a legtöbb ország energiamixében már 20–80% között van a fosszilisenergia-hordozó-mentes energiatermelés. Bár Magyarország ebben nem jár élen, de itthon is évről évre nő a zöldenergia-termelés aránya. Ugyanakkor ha saját napelemmel kompenzálod a saját kibocsátásodat, akkor ezzel te már mindent megtettél. Továbbá fontos tudni, hogy idéntől nagyon keményen meg fogják adóztatni a CO_2-kibocsátást, és ezért meg fogja érni a fosszilis erőműveknek CCU/CCS technológiákat telepíteni. Ami azt jelenti, hogy az erőmű kéményén kilépő CO_2-t azonnal megkötik, mielőtt a légkörbe kerül. Szóval a következő évtizedben az egész szektor el fog mozdulni a CO_2-semlegesség felé. Így itt az ideje leállni a gázhálózatról való fűtés és a robbanómotor őskori megoldásáról.

– *„Nem érdemes váltani elektromos autóra, mert a gyártásból és ártalmatlanításból eredő környezetterhelése jóval nagyobb, mint egy benzinesé"*: részben ez is igaz, de sajnos ez az érv sem áll meg a lábán. Különböző egyetemek életcikluselemzései azt hozták ki, hogy 80 000–150 000 km között van az a távolság, amikor már az elektromos autó behozza a gyártás és az ártalmatlanítás többletkibocsátását. Utána már az elektromos autó minden megtett kilométere környezeti nyereség. Mivel én 50 000 km-t megyek évente, ezért 2-3 év után már védi a környezetet az autóm.

Remélem, sikerült néhány értékes gondolattal szolgálni számodra! Az energia- és közlekedési szektor átalakításával a globális CO_2-kibocsátás 40–55%-át meg tudjuk spórolni. Szóval a te életedben is érdemes itt rendet tenni.

11.6. Felelős gyermekvállalás és gyermeknevelés

A Népesség Programnál olvasottak alapján azonnal érteni fogod az alábbi mondatok jelentőségét:

- Annyi gyermeket vállalj, amennyinek teljeskörű, önzetlen felnőttfigyelem-biztosítását meg tudod oldani!
- A gyermekvállalást felelősen és tudatosan tedd meg! Ha nő vagy, olyan partnert válassz, aki egyenjogúan kezel téged!
  Ha férfi vagy, akkor tegyél meg mindent a női egyenjogúságért!
- Mindig legyen nálad eszköz a fogamzásgátlásra!

11.7. Szavazz felelősen!

A legtöbben szerencsére demokratikus berendezkedésű országban élünk. Szóval, ha elmész szavazni, szavazz olyan pártokra:

- amelyek komolyan veszik a környezetvédelmet, a klímavédelmet, és nem csak beszélnek róla;
- amelyeknek tényleg fontos a demokrácia;

- amelyek a nemzeti öntudatot nem más nemzetek kárára képzelik el, és nem a globális célok rovására végzik;
- amelyek küzdenek a női egyenjogúságért, és
- ugyanígy minden kisebbségi embercsoport egyenjogúságáért is;
- amelyek az Emberiség egységében hisznek, nem a nemzetek közötti versengésben;
- és amelyek fontosnak tartják az etikai és kulturális értékek megőrzését.

Tudom, hogy ma nincs olyan párt a Földön, amely mindezeket komolyan veszi. De te a véleményed szerint ezekhez legközelebb álló pártokra add a voksodat, mert ezzel tudod a legjobb irányba terelni a Föld jövőjét.

11.8. Kölcsönös függés elve az egyén szintjén

Ne feledd: a kölcsönös függés a mély emberi kapcsolatok alapelve! A mély emberi kapcsolatok pedig a legfontosabb alapkövei a személyes boldogságodnak. Szóval merj másoktól függeni és merj nyitott lenni. Nyilván ehhez bátorság kell, de nem véletlenül ez a legelső Élettámogató lelki rezgésszint!
A magánéleted, a családod és a munkahelyed szintjén is nagyon jól működik...

11.9. Műszaki megoldási lehetőségek végtelen tárháza

Mérnökként ezen a területen van a legnagyobb jártasságom, mégsem erről szólt ez a könyv. Ez azért van, mert a műszaki lehetőségek tárháza szinte végtelen. Ma már annyiféle módon tudunk klímatudatosabban élni, hogy erről egy külön könyvet lehetne írni. De ebben a témában nagyon sok forrást találsz, és egyre több helyen tudsz szakértőktől tanácsot kérni! Szóval, bízz a mérnökökben! Megoldják a problémáidat. Neked csak a helyes célokat kell kitűzni, és mellé felvállalni azokat az anyagi áldozatokat, amivel ez jár... Nem mellesleg szinte napi szinten jönnek ki az újabb és újabb innovációk. A zöldipar az informatika után a második leggyorsabban fejlődő iparág a világon. Itt az idő neked is bekapcsolódnod ebbe a csodálatos fejlődésbe, melyet ma éppen átél a társadalom.

11.10. Védd, óvd, tiszteld és erősítsd a Természetet

Az egész könyv erről szólt! Így pontosan tudod, hogy a cím mit jelent. Csak a teljesség kedvéért emeltem ki ezt itt újra! Hiszen ezt nem lehet elégszer hangsúlyozni...

11.11. A csoportos és egyéni meditációk ereje

Meditálj naponta a Földön élő, megmaradt élővilág megerősödéséért. Ha teheted, végezd ezt csoportos meditációban!

11.12. Több mint 100 db gyakorlati lehetőség

Jelen fejezetben felsorolok több mint 100 db olyan lehetőséget, amelyet konkrétan megtehetsz azért, hogy a saját életed jobb legyen, és ezzel párhuzamosan aktívan részt vállalhatsz az Emberiég jobb jövőjéért. Képzeld, el, hogy ha mindegyik cselekedeted csak 1%-kal csökkenti a személyes ÜHG-kibocsátásodat, akkor mi történne, ha mindent beépítenél az életedbe. Ezzel kapcsolatban egyébként a javaslatom a számodra a fokozatosság. Hiszen nehezen változtatjuk meg a szokásainkat, és ahhoz, hogy azok természetessé váljanak, pár hónapig be kell gyakoroltatnunk az agyunkkal. Ehhez pedig odafigyelés szükséges. Én minden évben 1–5 db olyan dolgot bele szoktam tenni az újévi fogadalmamba, amit abban az évben a klímavédelem érdekében beépítek az életembe és megpróbálom erre kérni családtagjaimat is. Így fokozatosan egyre karbonsemlegesebben és egyre boldogabban élünk. Ezt már több mint 10 éve elkezdtem, ezért biztosan tudom, hogy működik. Minden apró lépés számít, és minden aprónak tűnő változás jobb irányba tereli az Emberiség fejlődését.

Most pedig következzen a bő 100 db-os lista, témakörökre bontva:

Közlekedés:

- Városban használj több kerékpárt, elektromos közlekedési eszközt vagy közösségi közlekedést!
- Amikor teheted, menj gyalog!
- Lépcsőzz, amennyit lehet, csak minimálisan használj liftet!
- Távolsági közlekedésnél mindig a vonatot és a hajót részesítsd előnyben a busszal vagy a repülővel szemben!
- Amikor csak teheted, használj távjelenlétet!
- Ha nyaralást tervezel, a nyaralási helyszínötleteid közül utazz a lehető legközelebbire!
- Csak akkor szállj repülőre, ha feltétlenül muszáj!

Épületek, energetika, ÜHG-kibocsátáscsökkentés

- Ne használj klímát, vagy minimalizáld a klímaberendezés-használatot! Kivéve, ha teljes mértékben megújuló energiából tudod fedezni az energiaigényét.
- Ne dobj ki klímaberendezést vagy hűtőt a benne lévő gáz ártalmatlanítása nélkül! Az ilyen berendezésekben a CO_2-nél több ezerszer erősebb ÜHG van!

- Hőszigeteld a házadat, lakásodat!
- Cseréld nyílászáróidat magas hőszigetelésűre!
- Használj energiatakarékos berendezéseket!
- Világíts leddel!
- A lehető legtöbb zöldenergiát használj, termelj!
- Ne fűts vagy főzz gázzal, szénnel és egyéb meg nem újuló erőforrással!
- Ne fűts vagy főzz fával!
- A lehetőségeidhez mérten tegyél meg mindent annak érdekében, hogy minimalizáld a saját és a családtagjaid szennyezőanyag-kibocsátását!
- Amit tudsz, igazíts az időjárási viszonyokhoz! (Pl. smart.)
- Fehér vagy nagyon világos tetőfelületet alakíts ki!

Vásárlási szokásaid
- A közelebb gyártott terméket vásárold!
- A tartósabb terméket vásárold!
- Amit lehet, javíttass meg!
- Ami nem kell, de használható, adományozd a szegényebbeknek!
- Részesítsd előnyben a használt termékek vásárlását!
- Feleslegesen ne vásárolj semmit!
- Amit lehet, termelj meg magadnak helyben!
- Amit lehet, bérelj!
- Mérsékeld, gyógyítsd a vásárlásfüggésedet!
- Az Ember- vagy Természetellenes tevékenységeket végző cégek termékeit ne vásárold meg, ha van másik termékalternatíva! Figyelmeztess erre másokat is!
- Ne vásárolj olyan terméket, melyet az etikai szabályok mellőzésével reklámoznak!
- Autóból és egyéb nagyobb felületű szabadon használt eszközeidből a fehéret vagy a nagyon világos színűt válaszd!

A Természet tisztelete és védelme

- Ültess, szaporíts! Teremts élőhelyeket!
- Óvd a természetet és buzdíts erre másokat is!
- Ültess legalább 20 fát minden évben! Utána gondozd is! Ha nem teheted meg, adj erre megbízást erre szakosodott szervezetnek!
- Tölts minél több időt a Természetben!
- Vegyél földterületeket és add át a Természetnek!
- Ha van felesleges földed, add át a Természetnek!
- Vegyél részt közösségi szemétszedéseken, faültetéseken, egyéb aktivitásokban!
- Ha látod, hogy valahol jogtalanul pusztítják, károsítják a Természetet, tegyél feljelentést a hatóságoknál! Ne maradj közönyös!
- Komposztálj és juttasd vissza a természeti körforgásba az értékes komposztot!
- Ne használj művirágot!
- Lakásodat, irodádat természetes növényekkel díszítsd!
- Támogasd a természetvédelemmel foglalkozó szervezeteket!
- Fogadd el, hogy minden élőnek ugyanolyan erős joga van az Élethez, mint neked. Igyekezz eszerint élni!

Lélek- és klímavédelem

- Ne hagyd, hogy a sóvárgás irányítsa az életedet!
- Tudatosan mérsékeld a hedonizmusodat!
- Tudatosan mérsékeld az önzésedet és a hiúságodat!
- Tegyél meg mindent lelki problémáid, addikcióid gyógyításáért!
- Segíts másokat is a lelki fejlődés útján!
- Mélyítsd az önismeretedet!
- Állítsd életed fő céljává a lelki fejlődésedet!
- Készíts mérleget Élettámogató és Életpusztító szokásaidról!

- Fokozd Élettámogató és mérsékeld Életpusztító tevékenységeidet!
- Próbáld ki az önzetlen adakozás örömét! Tedd rendszeresen életed részévé!
- Gyógyítsd belső félelmeidet, ne pedig menekülj előlük!
- Vállalj felelősséget tetteid klímahatásáért! Légy tisztában tetteid következményeivel! Mutass ezzel is példát!
- Légy boldogabb, kiegyensúlyozottabb, békésebb!
- Merj bízni másokban, merj közösségben gondolkodni!
- Bízz a kölcsönös függés elvében!
- Csak ott légy racionális, materiális, ahol annak tényleg helye van!
- Hallgass az érzéseidre, figyelj a megérzéseidre!
- Fejleszd a kreativitásodat!
- Merj önmagad lenni, légy őszinte önmagadhoz!
- Bátran nézz szembe belső problémáiddal!

Egyénként a társadalomban

- Támogass minden tevékenységet, amely több település összefogására épül!
- Minden tettedben a „cselekedj lokálisan, gondolkozz globálisan" elv érvényesüljön!
- Hallasd a szavadat a jelen egyenlőtlen gazdasági berendezkedése ellen!
- Tegyél meg mindent a demokráciáért!
- Ha olyan országban élsz, ahol népességfogyás tapasztalható, ne hagyd, hogy az ezzel kapcsolatos rémisztő propaganda hatással legyen rád!
- Ne hagyd, hogy a társadalom által sugárzott téves boldogságkép megtévesszen! (Nem a birtoklás a cél, és nem a külsőségek!)
- Tiszteld a tudományt!
- Tiszteld az idősebb Emberek bölcsességét!
- Élj a humánökológiai normák szerint!

- Élj környezetetikai elvárások szerint!
- Tiszteld a vallásokat! Tisztelj más vallásokat is, ne csak a sajátodat!
- Ne birtokolj!
- Hallasd a hangodat a békéért, a klíma védelméért, a másság elfogadásáért!
- Küzdj a női egyenjogúságért!
- Küzdj bárminemű kisebbség egyenjogúságáért!
- Ne engedj a nemzeti öntudat demagóg oldalának!
- Ha feltaláló vagy, tedd közkinccsé szabadalmaidat!
- Higgy az Emberiség egységében!

Gyermeknevelés és gyermekvállalás

- Ügyelj a fogamzásgátlásra!
- Tudatosan tervezd meg a gyermekeid számát!
- Csak annyi gyermeket vállalj, amennyinek elég önzetlen figyelmet tudsz biztosítani!
- Ha férfi vagy, támogasd az egyenjogúságot a párkapcsolatodban!
- Vond be a nagyszülőket és a dédszülőket a gyerekfelügyeletbe és a családi programokba!
- Legyél a lehető legtöbbet úgy a gyermekeiddel, hogy teljes önzetlenségben, 100%-ban csak rájuk figyelsz!

Média, kultúra

- Kerüld a reklámokat és az egyéb sóvárgást keltő marketingeszközöket!
- Ha tudomásodra jut egy cég Természet- vagy Emberellenes tevékenysége, akkor azt tudasd Embertársaiddal a közösségi felületeken keresztül!
- Az Élettámogató médiatartalmak arányát növeld az életedben, és mérsékeld az Életpusztítókat!

Vízzel való gazdálkodás

- Élj víztakarékosan, használj víztakarékos rendszereket!
- Hasznosítsd a csapadékvizet!
- Hasznosítsd a szürke szennyvizet!
- Gondoskodj arról, hogy a szennyvizeid megfelelő kezelés után kerüljenek a környezetbe!

Étkezési szokások

- Ne egyél marhahúst vagy birkahúst, vagy csökkentsd a fogyasztásukat!
- Mérsékeld a tejtermék-fogyasztásodat, vagy ha megy, hagyj fel vele!
- Ne vegyél más kontinensről érkező élelmiszert, vagy minimalizáld a mennyiségét!
- A lehető legtöbb helyben termelt, feldolgozatlan zöldséget és gyümölcsöt fogyassz!
- Minimalizáld a konzervek és egyéb tartós élelmiszerek
- fogyasztását!
- Minimalizáld a jégkrém és a mirelit termékek fogyasztását!
- Minimalizáld a kávé fogyasztását!
- Ne vegyél olyan terméket, amiben pálmaolaj van!
- Minimalizáld a tengerihal-fogyasztásodat!
- Ne dobj ki élelmiszert! (Ne vegyél felesleget!)
- A lehető legközelebb termelt élelmiszert részesítsd előnyben!
- Ne dohányozz, vagy mérsékeld azt!
- Ne igyál alkoholt, vagy mérsékeld azt!

Hulladék

- Csökkentsd a hulladékod mennyiségét!
- Gondolkodj a termék teljes életciklusában!
- Gyűjts szelektíven, segítsd az újrahasznosítást!

- Vásárolj hulladékszegény termékeket!
- Soha ne égess hulladékot!

Ha elolvastad ezt a bő 100-féle lehetséges aktivitást, akkor bizonyára sok olyat találtál, amely már az életed része. Ezekre légy büszke, és mutass velük példát. Azok közül, amelyeket még nem vezettél be az életedbe, gondold végig, milyen sok van, ami nem kerül pénzbe, vagy csak minimális anyagi áldozatot kíván. Szóval nem igaz, hogy a klímavédelem a gazdagok „sportja", **bárki tud tenni a klímaváltozás ellen, a maga lehetőségeihez mérten!**

12. FEJEZET

A 6 Program bevezetésének lépései rövid, közép- és hosszú távon

A könyv elején ismertetett vízióm olyan társadalommá való átalakulás, melyben az Emberek önmagukkal, társaikkal és a Természettel egyensúlyban, békében és harmóniában élnek. Ebben a jövőbeni világban pénzre sincs szükség. A társadalmi berendezkedés kreativitás- és motivációalapú. Nincs nélkülözés. Az Emberek alapvető fizikai, tudati és lelki igényeinek kielégítése alanyi jog, amelyet a tudományalapú, magas technológiai fejlettség biztosít. Mivel nincs szűkösség, ezért nincs félelem, nincs birtoklási vágy. Az Emberek a szellemi, tudományos és lelki fejlődést tekintik legfontosabb életfeladatuknak.

Erre tudományos és technikai értelemben felkészültek vagyunk. Csak a régi beidegződések, a helytelen gondolkodásunk okozza, hogy nem így élünk. Becsléseim szerint kb. 3–5 generáció ideje alatt elérhetjük ezt a felvázolt gyönyörű ideát. **Bízom benne, hogy ez már számodra is hihetővé vált!**

Nyilván sosem fogunk tökéletes világban élni, de amit itt leírtam, azt jól meg tudjuk közelíteni. Hogy hogyan? Erről szólt ez a könyv, és erről fognak szólni ennek a könyvsorozatnak a további kötetei is. Ebben a fejezetben lépésekre bontva mutatom be, hogyan épül fel az általad megismert 6 Program egymásra hatva, és hogy juttat el minket kb. 3–5 generáció alatt odáig. A mi generációnk feladata, hogy mielőbb elinduljunk ezen az úton, mert sajnos vészesen fogy az időnk. A pusztítás egyre jobban közelít ahhoz a határvonalhoz, ahonnan már nincs visszaút. **A mi generációnk dolga, hogy időt nyerjünk a többi generációnak. Itt az idő, mindenkinek minden tőle telhetőt meg kell tennie a maga lehetőségeihez mérten!** A 6 Program bevezetésének lépéseit időrendi sorrendben írom le. Egy újonnan alakuló agglomeráció szemszögéből nézve vázolom a folyamatot, mert ha arra várunk, hogy erről globális egyezmények szülessenek, akkor már biztosan elkéstünk. **Ez az egész rendszer csak alulról jövő kezdeményezésként indulhat el,** mert a települések vezetői rádöbbennek, hogy másképpen lehetetlen biztosítani polgáraik jövőjét. Amikor már nagyon sok agglomeráció lesz, amelyek elég nagy erőt tudnak képviselni, akkor fog felgyorsulni azzal a folyamat, hogy már globális irányelvek is létrejöhetnek.

Nézzünk tehát egy lehető leggyorsabb menetrendet az első alakuló agglomerációra, amelynek a példáját nagyon sokan fogják követni.

Napjainkban: Néhány település egyesüléséből megalakul az első agglomeráció a világon. Megalkotja önkormányzatát az őt létrehozó települések önkormányzatainak delegálásával, és elkezdődik a döntéshozatali munka.

A megalakulást követő lépések:

- A népességszabályozás alapszabályára épülő nevelési irányelv részletes kidolgozása (Népesség Program), amelyet ki kell terjeszteni az oktatási–nevelési és gyermekfelügyeleti rendszer ilyen irányú átalakítására is (Boldogság Program és Társadalom Program).
- Természeti Területi Kataszter összeállítása (Revitalizációs Program).
- Agglomerációs Irányelv kidolgozása, valamint ezzel összhangban a Természeti Területfejlesztési Irányelv kidolgozása (Agglomerációs Program). Az agglomeráció emissziós mérlegének számíthatósága érdekében ki kell térni az asszimilációs képesség számítási módjának kidolgozására is.
- Az Agglomerációs Etikai Kódex kidolgozása.
- Mindkét irányelv és a kódex elfogadása (Társadalom Program).
- Szolgáltatási Lista kidolgozása, annak időbeni ütemezésével, gazdasági és társadalmi ösztönző rendszerekkel (Társadalom Program).
- Házi mentálhigiénés rendszer kidolgozása és a házi mentálhigiénés szakemberek kineziológiai továbbképzése (Társadalom Program).

- ÖBI számításának, mérési és adatfeldolgozási rendszerének kidolgozása és elfogadása (Boldogság Program).

- A gazdasági modellekből törölni kell a korlátlan növekedés elvét és ki kell dolgozni a tökéletes egyensúly elvére épülő új közgazdaságtani irányelveket és módszereket. Ezeket el kell fogadni és be kell vezetni a közgazdasági oktatásba (Gazdaság Program).

- Globális Grid műszaki koncepció tervének elkészítése, globális megújulóenergia-fejlesztési programmal kiegészítve (Társadalom Program). Javaslatcsomagként elküldik a világ országainak, illetve bemutatják a következő klímacsúcson.

- Természeti Terület Kataszter általi területek védelmi irányelvének kidolgozása és elfogadtatása (Revitalizációs Program).

- Az önzést lelkesítő, támogató reklámok és egyéb médiatartalmak mérséklését célzó Médiaetikai Kódex kidolgozása és elfogadása.

- A közösségi megmozdulások, a közöségi lét, az önzetlenség, a társadalmi összetartozás erősítését célzó programok kidolgozása és folyamatos fenntartása (Boldogság Program).

- Meditáció, lélektan, önismeret és természetvédelem tárgyak bevezetése az oktatási rendszerbe (Boldogság Program).

- Az Élettámogató emberi tevékenységek listájának összegyűjtése és fokozatos bővítése. Ezek népszerűsítése és propagálása. Az Életpusztító emberi tevékenységek listájának összegyűjtése és fokozatos bővítése, minderről az Emberek folyamatos tájékoztatása.

- Olyan módszer kidolgozása, mely az egyén szintjén számolja az Élettámogatás és az Életpusztítás egyenlegét; valamint az Emberek oktatása és nevelése arra, hogy törekedjenek az Élettámogatás pozitív egyenlege felé alakítani az életüket. Ehhez megfelelő tanácsadó- és társadalmi támogató rendszert kell kidolgozni (Boldogság Program)

- Az egyéni boldogságkeresést segíteni kell tanácsadással,

lelkisegítség-nyújtással a kiépítésre kerülő házi mentálhigiénés rendszeren keresztül.

- Az Emberek lelki fejlődését középpontba helyező társadalmi szintű motivációs és népszerűsítő programok fokozott kezelése (Boldogság Program).
- A Naptársadalom elvének bevezetése, társadalmi szintű propagálása, népszerűsítése. Olyan adózási módok és egyéb gazdasági ösztönzők bevezetése, mely a fejlesztéseket ilyen irányba vezeti a cégek és a magánszemélyek szintjén is (Társadalom Program).
- A pszichoszomatika oktatását magasabb szintre kell emelni az orvosi egyetemeken, és népszerűsítő módszerekkel mélyebben be kell vinni a köztudatba. A pszichoszomatikus betegségek kezelésének intézményrendszerét ezzel meg kell erősíteni (Társadalom Program).
- Áruk és szolgáltatások címkézési előírásainak kidolgozása.
- A Gazdasági Programban bemutatott adók bevezetési módjának és ütemezésének kidolgozása és kihirdetése.

Kb. 1-2 évtizeddel később:
- Népességszabályozás Irányelv intézményrendszerének kiépítése, az irányelv beépítése a nevelésbe és az oktatásba, annak minél szélesebb körű propagálása.
- Tanfolyamok és közösségi programok tematikus rendszerével az irányelv javaslatainak népszerűsítése.
- Oktatási és gyermekfelügyeleti rendszer és a családtámogatási rendszerek fokozatos átalakítása úgy, hogy a népességszabályozás alapszabálya érvényesülhessen (Népesség Program).
- Szolgáltatási Lista elfogadott ütemezés szerinti bevezetése intézményrendszer felállításával és fokozatos fejlesztésével. Az érvénybe léptetett szolgáltatások listája fokozatosan bővül (Gazdaság Program).
- Egyensúlyi népességszám és valós népességszám kalkulációja minden

évben, visszacsatolása a népességszámmal foglalkozó stratégiai tervekhez, szabályozásokhoz. Az agglomerációs adatok összegzéséből adódnak később a globális értékek és a globális célok korrekciói (Népesség Program).

- Minden agglomerációra az abból később globálisan számítandó ÖBI nyilvántartása és abból visszacsatolás a stratégiai tervek és szabályozások fejlesztésére (Boldogság Program).
- Címkézések bevezetése.
- Gazdasági Program adótípusainak kivetése.

Kb. 2–4 évtizeddel később:

- Nemzeteken átívelő jogok adása az agglomerációs intézményrendszereknek, egyelőre csak az agglomerációs környezetvédelmi és klímavédelmi kérdésekben (Agglomerációs Program).
- Természeti Terület Kataszter általi területek védelméhez és a többi természeti terület fejlesztéséhez szükséges intézményrendszerek felállítása, finanszírozással együtt.
- Közösségi kezdeményezések politikai és társadalmi szintű felkarolása és erősítése.
- A Kataszter ki kell hogy térjen a természeti területek távlati összekapcsolódásának tervezésére is (Revitalizációs Program). Jogot kell adni a Természetnek, és a kialakítandó intézményrendszernek alkalmasnak kell lennie a Természet jogi védelmére. El kell készíteni a Természeti Jogvédelmi Rendszer Irányelvét (Társadalom Program).
- Minden önálló agglomerációnak el kell készítenie a jelenlegi helyzet részletes állapotfelmérését, mely rögzíti, hogy az agglomeráció jelenlegi kibocsátásai mennyivel térnek el a környező természeti területek asszimilációs képességétől (Agglomerációs Program).
- Minden önálló agglomerációnak ki kell számítania az ÖBI-értékét és

hosszú távú startégiát kell kidolgoznia az Emberek boldogságának fokozására (Boldogság Program).

- Egyensúlyi népességszám meghatározása és viszonyítása minden agglomerációban az aktuális népességszámhoz. A népesség alakulását szabályozó, elősegítő stratégiai terv kidolgozása minden agglomerációban (Népesség Program).

- Globális Parlament, Bölcsek Tanácsa, Globális Tudományos Testület, Globális Békefenntartó Erő létrehozása (amikor már van elég agglomeráció a kezdeményezéshez). Ezen szervezetek végzik az agglomerációk munkájának koncepcionális irányítását. A Globális Békefenntartó Erő aktívan részt vesz a természeti területek védelmének fenntartásában (Társadalom Program).

- A Globális Grid koncepciójának globális szintű elfogadása az egyik klímacsúcson. Kiépítés ütemezésének kidolgozása, nemzetközi összefogással (Társadalom Program).

- Minden önálló agglomerációnak létre kell hoznia egy középtávú stratégiát, mely tervszinten rögzíti, hogy 2050-re hogyan éri el az agglomeráció az egyensúlyt a Természettel (Agglomerációs Program).

Kb. 3–5 évtizeddel később

- A Természeti Terület Kataszter általi területek védelmének megvalósítása és folyamatos fenntartása, különös tekintettel a közösségi kezdeményezések lelkesítésére, támogatására intézményesített szinten. Természeti területek revitalizációs, illetve bővítési programjainak megkezdése és fokozatos növelése, összhangban az agglomerációs lehatárolásokkal (Revitalizációs Program).

- A Természetszeretet oktatási, nevelési és társadalmi szintű kiemelt propagálása (Boldogság Program).

- A Globális Grid kiépítése és az üzemeltetéshez szükséges

intézményrendszer létrehozása (Társadalom Program).

- Minden önálló agglomeráció jogainak kibővítése a környezetvédelmi feladatokon túl a globális társadalom és a globális boldogságprogram kérdéseit érintő feladatokra. Önálló rendőrség és hadsereg létrehozás minden agglomerációban. A nemzetállamok jogainak fokozatos áthelyezése az agglomerációk szintjére (Társadalom Program).

- Globális Békefenntartó Erő létrehozása az agglomerációk által delegálva (Társadalom Program). Globális agglomeráció-ellenőrző rendszer kiépítése, melynek célja az agglomerációszintű adatok globális szintű összegzése és abból következtetések levonása, majd visszacsatolása az agglomerációk részére (Agglomerációs Program).

- Agglomerációk missziós rendszerének kidolgozása és folyamatos fenntartása (Boldogság Program).

- Minden önálló agglomeráció véghez viszi a középtávú stratégiája szerinti fejlesztéseket, átalakulásokat (Agglomerációs Program).

- Globális agglomerációelemző rendszer működtetése és fejlesztése (Agglomerációs Program).

Utolsó teendők a teljes átalakuláshoz:

- Teljes átállás szolgáltatásalapú társadalomra. A cégek fokozatos átalakulása szakmai szervezetekké.

- A pénz megszűnése. Átállás a motiváció alapú társadalomra.

- A Naptársadalom elvei szerinti társadalmi működés.

- Az egyensúlyban lévő agglomerációk arányának folyamatos növekedése. A globális természeti egyensúly elérése.

- Folyamatosan emelkedő ÖBI-érték.

- Közös világnyelv kiválasztása és nemzetközi elfogadása (Társadalom Program).

- A világbéke elérése.

Záró gondolatok

Kedves Olvasó! Hálásan köszönöm, hogy idáig eljutottál! Ha most ezeket a sorokat olvasod, akkor ez azt jelenti, hogy megtiszteltél a figyelmeddel! Remélem, olyan Élettámogató gondolatokat ébresztettem benned, mely változásokat generál az életedben! Ha így van, akkor már megérte, hogy megszületett ez a könyv! Azonban fontos elmondanom, hogy az építő szándékú kritika és a kreatív gondolatok a legjobb barátai az alkotásnak. Így, ha a könyvvel kapcsolatban ilyenek motoszkálnak benned, kérlek, tudasd velem a könyv elején található e-mail-címen. Így közreműködéssel tovább bővülhet, finomodhat ez a könyv, és ezáltal még többet és meg hatékonyabban segíthet az Embereknek. Arra is szeretnélek kérni, hogy másoknak is mondd el véleményedet, és ezzel is tegyél a rendszer fejlődéséért, terjedéséért!

Jelen könyvben nagyon sok mindent alacsony kidolgozottsági szinten kezeltem. Ennek oka, hogy egy vázat szerettem volna bemutatni, egyszerűen, tömören, hogy áttekinthető legyen! A könyvsorozat következő kötetei között lesz olyan, amely részletesebben fejti ki az itt leírtak egy-egy részét.

Bízom benne, hogy majd akkor is velem tartasz ...

Ebben a rendszerben az a jó, hogy „nyitott forráskódú", tehát **bárki kedvére alakíthatja, formálhatja és fejlesztheti.** Bízom benne, hogy beindul egy gondolkodási hullám, mely az Emberek végtelen kreativitása révén továbbfejleszti ezt a rendszert. Én is folytatom a munkámat, hátha lesz a jövőben bővített és továbbfejlesztett kiadás is...

Köszönetnyilvánítás

Életünk során sok Emberre vagyunk hatással és nagyon sok Ember hat ránk. Az összes emberi hatás eredménye az, akik éppen most vagyunk. Akik rosszat tesznek velünk, azok által sokszor jobbak-többek leszünk, így tulajdonképpen a velünk szemben elkövetett rosszért is hálásak lehetünk. Így ebben a fejezetben minden Embernek hálámat fejezem ki, akivel valaha közvetlen vagy közvetett kapcsolatban álltam. Természetesen nagyon sok olyan Ember is van, akit itt ki szeretnék emelni, de a terjedelmi korlátok miatt sajnos le kell szűkítenem ezt a hosszú hálalistát, mely a fejemben-lelkemben él. Akiket itt nem nevezek meg, azoktól ezúton is elnézést kérek!

Kiemelt hatással volt rám néhány szerző, előadó, akik bár nem ismernek személyesen, mégis nagy hálával tartozom nekik. Közülük külön kiemelem hálám és tiszteletem jeléül: dr. Joe Dispenzát, Eckhart Tollét, dr. David R. Hawkinst, Eric Berne-t, Jacque Frescót, James Redfieldet, Neale Donald Walscht, Paul Hawkent.

Családom, szeretteim és batátaim támogatásán kívül ki szeretném emelni azt a három Embert, akik életemre a legnagyobb hatást gyakorolták: dr. Egerszegi Zoltánt, Tönkő Ildikót és dr. Szilágyi Ferencet. Hálám energiái remélem sokszor elérik őket és viszonozzák azt a sok jót, amit tőlük önzetlenül kaptam.

Köszönöm mindenkinek, aki hozzájárult jelen könyv fejlődéséhez, megjelenéséhez akár tudatosan, akár tudattalanul, akár aktívan, akár passzívan!

De legfőképp hálámat küldöm minden Embernek, aki aktívan részt vállalt és vállal az Emberiség legnagyobb küzdelmében, a klímaváltozás elleni harcban!

Felhasznált (és ajánlott) irodalom

KÖNYVEK

- **Agnus Forbes:** Bolygónk globális hatósága – Hogyan védhetjük meg a bioszférát. Pallas Athéné Kiadó, Budapest, 2019.
- **Beau Lotto:** Láss Csodát! Libri Kiadó, Budapest, 2017.
- **Christopher Stone:** Legyenek-e a fáknak jogaik? A természeti tárgyak törvényes jogai felé – forrás: Molnár László: Legyenek-e a fáknak jogaik? Környezet etikai szöveggyűjtemény – Typotex, 1999, eredeti forrás: Southern California Review, 1972.
- **C. G. Jung:** Az archetípusok és a kollektív tudattalan. Scolar Kiadó, Budapest, 2011.
- **Dr. David R. Hawkins:** Erő kontra erő. Agykontroll Kft., Budapest, 2004.
- **Dr. Máté Gábor:** A sóvárgás démona. Libri Kiadó, Budapest, 2010.
- **Dr. Joe Dispenza:** Válj természetfelettivé. Bioenergetic Kiadó, Budapest, 2020.
- **Eckhart Tolle:** Új Föld – Ráébredni Életed céljára. Agykontroll Kft., Budapest, 2006.
- **Eric Berne:** Emberi Játszmák. Háttér Kiadó, Budapest, 2009.
- **Ferenc Pápa:** Laudato Si' kezdetű enciklikája közös otthonunk gondozásáról. Szent István Társulat az Apostoli Szentszék Könyvkiadója, Budapest, 2015.
- **Jacque Fresco:** Designing The Future. The Venus Project Inc. 2007.
- **James Redfield:** Mennyei Prófécia. Alexandra Kiadó, Pécs, 2005.

- **John Bradshaw:** A mérgező szégyen gyógyítása. Casparus Kiadó 2015.
- **Klaus Werner:** Márkacégek fekete könyve. Art Nouveau Kiadó,2003.
- **Mike Berners-Lee:** Nincs B bolygó – kézikönyv a sorsdöntő évekhez, Pallas Athéné Könyvkiadó, 2019.
- **Muriel James – Dorothy Jongeward:** Nyerni születtünk. Reneszánsz Kiadó, Budapest, 2010.
- **Neale Donald Walsch:** A teljes beszélgetések Istennel. Édesvíz Kiadó, Budapest, 2018.
- **Orvos-Tóth Noémi:** Örökölt sors – Családi sebek és gyógyulási útjai. Kulcslyuk Kiadó, 2018.
- **Paul Hawken:** Visszafordítható. HVG Kiadó, Budapest, 2020.
- **Paul Ekman:** Leleplezett érzelmek. Kelly Kiadó, Budapest, 2011.
- **Zsolnai László:** Ökológia, gazdaság, etika. Helikon Kiadó, Budapest, 2001.

INTERNETES FORRÁSOK

- **Globális felmelegedés:** https://hu.wikipedia.org/wiki/ Glob%C3%A1lis_felmeleged%C3%A9s#cite_note-Prentice_et_ al._2001-16
- **IPCC:** Special Report on Emissions Scenarios - A Special Report of Working Group III of the Intergovernmental Panel on Climate Change. 2000. ISBN: 9780521804936
- **Timothy M. Lenton , Johan Rockström , Owen Gaffney , Stefan Rahmstorf , Katherine Richardson , Will Steffen & Hans Joachim Schellnhuber:** Climate tipping points — too risky to bet against. Nature 575, 592-595 (2019) doi: https://doi. org/10.1038/ d41586-019-03595-0
- **Marinov Iván:** Einstein és a méhek. 2013. https://www.urbanle- gends. hu/2013/06/einstein-es-a-mehek/
- **Európa Parlament:** Veszélyben a méhek - Környezetvédelem - 18-11-2008 - 12:13 https://hu.euronews.com/2019/05/20/ veszesen-fogynak-a-mehek
- **Tudatos Vásárló:** A magyarok az EU átlagnál is jobban tarta- nak a klímaváltozástól. 2019.09.17. https://tudatosvasarlo.hu/ magyarok-eu-atlag-tartanak-klimavaltozas-felelem/
- **Emrod:** Emrod vs. Tesla's Long-Range Wireless Power Technology., 2021. február 21. https://emrod.energy/ emrod-vs-teslas-long-range-wireless-power-technology/

Klímaváltozásról szóló filmek, melyeket különösen ajánlok

- David Attenborough (2021): Breaking Boundaries: The Science of Our Planet
- Seaspiracy (2021)
- Kiss the Ground (2020)
- Mérgezett Föld (2020)
- David Attenborough: Egy élet a bolygónkon (2020)
- Al Gore: Kellemetlen igazság I. (2006)
- Al Gore: Kellemetlen igazság II. (2017)
- Leonardo DiCaprio: Özönvíz előtt (2016)
- Leonardo DiCaprio: Forrongó jég (2019)
- David Attenborough: Klímaváltozás – a tények (2019)
- Yann Arthus-Bertrand: Otthonunk (2009)
- Josh Fox: How to let go of the world (2016)

Mellékletek

Minden Olvasó másképp áll a lelkiség kérdéséhez. Vannak, akiket nagyon mélyen érdekel, viszont vannak, akik elzárkózva ettől a kérdéskörtől nem hagyják el a racionalitás talaját. Jelen mellékletek azoknak az Olvasóknak szólnak, akiknek a könyvben olvasott lelkiséggel összefüggő főbb fogalmakkal kapcsolatban mélyebb az érdeklődésük, mint amit a főszövegben leírtam. Így a további oldalakon az egoról, az addikciókról és a lelki rezgésszintekről lesz bővebben szó. Készül egy külön kötet is, mely a lelki rezgésszintek emelésének módszeréről fog új ismereteket közölni, azzal a céllal, hogy személyes boldogságunk hatékony megtalálását és a klímaváltozás elleni harcot párhuzamba tudjuk állítani saját életünkben. Ezzel összefogva indítsuk el a Globális Boldogság Programot. Remélem majd annál a kötetnél is megtisztelsz a figyelmeddel...

1. MELLÉKLET

Az egoról bővebben

Ebben a könyvben nagyon sokszor jelent meg az ego fogalma. Mivel nem tudom, hogy az Olvasók közül ki milyen ismerettel rendelkezik ezen a téren, illetve ki mennyire érdeklődik a spiritualitás e fontos alapkérdése iránt, ezért mellékletbe tettem az ezzel kapcsolatos gondolataimat, tapasztalataimat. Bízom benne, hogy értékes és az életedre pozitív hatást gyakorló sorokat fogsz olvasni az alábbiakban. Ha bővebben érdekel a téma, a blogomon – melynek webcímét a könyv elején találod – még sok izgalmas írást találhatsz.

Az ego(d) megfigyelése

Mindig sokkal könnyebb mások kedvezőtlen lelki folyamatait észrevenni, mint a sajátunkat. Vajon miért van ez így? A válasz nagyon egyszerű, mégis, ha nem foglalkoztál eddig ilyesmivel, lehet, hogy elsőre furcsa lesz. **Az egod a lelked parazitája.** Ezt a megnevezést Eckhart Tollénál olvastam, akinek összes írását örömmel ajánlom minden lelkileg fejlődni vágyónak. A legtöbb Ember, ha ilyet olvas, felháborodik vagy ellenérzése támad, de éppen ez bizonyítja, hogy ez igaz. Kérlek, olvasd tovább, hogy átláss a szitán, és ezzel is könnyebbé váljék az életed!

Kezdjük azzal, hogy mit jelent ez a mondat, és utána rátérek a bizonyítására is. A parazita olyan élőlény, amely úgy használja ki a gazdatestet, hogy a legtöbb esetben az észre sem veszi. Gondolj a fagyöngyre, amely beleépül a tölgyfába. A tölgyfa azt hiszi, hogy a fagyöngy az ő testének része és táplálja azt. A fagyöngy semmi előnyt nem okoz a tölgyfának, sőt, létével felgyorsítja a halálát és növeli a szenvedését. A tölgyfa nincs tudatában annak, hogy a fagyöngy nem ő maga, ezért táplálja, amíg bele nem pusztul. Ha tudatában lenne, ki tudná zárni önmagából. Az ego ugyanilyen, csak nem növény, hanem egy negatív energiacsomag. Beleépül a lelkedbe, és elhiteti veled, hogy az egod te magad vagy! Utána semmi mással nem foglalkozik, minthogy elhitesse veled, hogy az ő léte milyen fontos a számodra, és nem az számít, hogy neked mi a jó valójában! A lelkedre települve parazitaként csak a saját létével és fontosságával törődik. És itt a nagy baj! Az egod léte nem a te léted, hiszen **az egod nem te vagy!** Amikor először olvastam erről, feltettem magamnak a kérdést: ha az egom nem én vagyok, akkor ki vagyok én? Ekkor még elég szkeptikus voltam. Az egom annyira elhitette velem, hogy ő én vagyok, hogy hirtelen gőzöm sem volt, hogy ki is vagyok valójában. Kérlek, tedd fel te is magadnak ezt a kérdést, és gondolkodj el rajta! Nekem hónapok kellettek, mire kialakult rá a válasz.

Az ego egy lelki síkon létező negatív energiacsomag, mely a lelked boldogtalanságáért felel. Mindezt úgy teszi, hogy közben pont az ellentétét hiteti el veled. Azt is elhiteti veled, hogy megvéd, ő az, akinek köszönheted a létedet és neki köszönheted, hogy most ott tartasz, ahol éppen tart az életed. Vigyázz, ezek hamis sugallatok! Ezeket csak azért kapod, mert az egod félti a saját létét, és ezt igyekszik benned erősíteni.

Tehát az önismeret egy mélyebb szintje az, hogy rádöbbensz: az egod nem te vagy! Miért nagyon fontos ez? Azért, mert az egod irányítja az összes olyan lelki folyamatodat, melynek a boldogtalanságodat köszönheted! Vagyis a valóság pont a fordítottja annak, amit az egod neked sugall. Mivel az egod csak a saját létével törődik, nyilván azt kell hogy sugallja feléd (te vagy a gazdatest), hogy ego nélkül nem is léteznél, vagy nélküle alkalmatlan lennél az életre.

Ezek után térjünk rá a kiinduló kérdésre: miért könnyebb észrevenni mások káros lelki folyamatait, mint a sajátodét? Azért, mert az egod minden olyan dolgot, amely őrá nézve negatív, rejtve tart saját magad előtt! Ugyanakkor az egod kritikus másokkal, mert ha másokban negatív dolgokat találsz, akkor ő ezt is a saját létének megerősítésére használja fel. Azt sugallja neked, hogy: látod, ő milyen negatív, bezzeg én... Ugye, mindig átsuhan rajtad az a bizonyos késztetés, hogy magadat viszonyítsd másokhoz? Ez az egod, ő az, aki mindig viszonyít.

Az önismerethez kell az a felismerés, hogy milyen erős az egod és menynyire telepedett beléd. Amióta ilyen szemmel nézem az Embereket, látom, hogy szinte mindenkiben van. Azt is el lehet mondani, hogy minél jobban sérült valakinek a lelke, annál erősebb egoja van. Ne tévesszen meg, hogy nagyon sok gazdasági értelemben sikeres ember erős egoval rendelkezik. Ez azért van, mert roppant erős bennük az önérvényesítő képesség, de legbelül – legtöbbször mélyen elfojtva, tudattalanul – nagyon erős fájdalmak is munkálkodnak a lelkükben. Ezek az Emberek boldogtalanok vagy a boldogságuk önámítás, melyet az egojuk vízionál eléjük. Erős egoval kompenzálnak a világ és önmaguk előtt.

Bennem is nagyon-nagyon erős ego volt. Eddigi életem során minél erősebb volt bennem, annál jobban hittem, hogy helyes úton járok, mégis egyre boldogtalanabb lettem. Ma már kristálytisztán látom, hogy az egom és én mennyire eltérőek vagyunk, és az egom fokozatos leépítésén dolgozom. Boldogabb is vagyok... Sajnos még ma is vannak olyan helyzetek, amikor bekapcsol az egom, és valami olyat tesz, amit utána megbánok. De nem baj, az önismeretnek az már egy jó szintje, amikor ennek tudatában vagyunk és észrevesszük. Így van esély rá, hogy legközelebb ne kapcsoljon be egy hasonló helyzetben. Az egot lassan, fokozatosan célszerű nyugdíjba küldeni. Nálam ez a folyamat kb. 3 éve tart, és még hosszú út áll előttem. Bár igaz, hogy Eckhart Tolle (akit a világ egyik legmegvilágosodottabb emberének tartanak), amikor ráébredt, hogy az egoja a boldogtalanságának a középpontja, egyszerűen szakított vele. Annyira undorodott az egojától, hogy képes volt erre. Nem tudom, hogy csinálta, nekem csak lassú, fokozatos leépítéssel megy. Egy biztos, ő is és én is tudjuk, hogy ez a helyes irány. Minél gyengébb lesz benned az egod, annál boldogabb lesz a lelked, hiszen annál gyengébb parazita fogja terhelni.

Az ego(d) jellemzői: az elkülönülés

Az ego egyik jellemző tulajdonságával foglalkozom ebben az alfejezetben. Indításképpen leírok neked egy mondatot, melyet ha elolvasol, kérlek, figyeld meg, milyen érzéseket kelt benned. Csak az érzéseidre, a reakcióidra figyelj:

„Érzem, hogy tökéletesen egyenlő vagyok minden emberrel."

Milyen érzéseket keltett benned ez a mondat? Azt, hogy ez az állítás tökéletesen igaz? Vagy inkább azt, hogy ez nem igaz? Amikor jött az érzés, hogy ez nem igaz, akkor esetleg olyan gondolataid támadtak, hogy mennyi mindenben különb, több, másabb vagy, mint mások? Vagy esetleg olyan gondolataid támadtak, hogy mennyivel gyengébb, kevesebb vagy, mint mások?

Aki a tökéletes egyetértéssel tudta megélni ezt a mondatot, abban nagyon gyenge ego van, vagy egyáltalán nincs is. Gratulálok hozzá! Ilyen Ember nagyon kevés él a Földön. Valószínűsítem, hogy ha te ezek közé tartozol, akkor boldog, békés és kiegyensúlyozott Ember vagy!

Azonban a legtöbb Ember reakciója nem ez lesz erre a mondatra! A legtöbb Ember érzései a különbözőségre fókuszálnak és ellenérzést keltenek a mondat olvasása kapcsán. Ez az ellenérzés az ego jelenlétének igazolása a lelkedben. Bennem is van (sajnos). Ha így éreztél, akkor benned is van.

Sajnos az ego szinte minden rossznak a gyökere, ami velünk történik, bár pont az ellenkezőjét hiteti el velünk. Az ego azt mondja, hogy ő az, aki megvéd a sok rossztól, ami téged érhet. Pedig ez nincs így! Az ego csak azt teszi, hogy félelemben tart téged, hogy elhitesse: szükség van rá.

Életünknek két fő szakasza van. A középkorunkig tartó időszakban keressük a helyünket és nyomot akarunk hagyni a világban. Ebben az életszakaszban kevés ember számára tűnik fel az egoja számos káros hatása. Hiszen az erős önérvényesítési vágy stabilizálja, erősíti az egot, és ezzel az adott személy még egyet is ért. Azonban életünk második felében nagyon sokan rádöbbenünk, hogy helytelen úton jártunk. A spiritualitás, a lelki fejlődés életünk fő vonalává válik, és ekkor ráébredünk, hogy mennyire buta és boldogtalan létforma az ego mögé bújva élni.

Az ego ugyanis az Emberek közötti különbözőséget erősíti a lelkünkben. Az ego állandóan másokhoz viszonyít minket. Állandóan azt keresi, hogy miben vagyunk különbek, eltérőek. A különbözőség negatív és pozitív is lehet. Ha például valaki szebb, mint én, akkor az egom irigységet kapcsol be bennem és ezzel sóvárgást kelt. Vagy az is lehet, hogy azt próbálja elhitetni magával, hogy az ő szépsége már „too much", és ezzel erősíti az én különbözőségemet. Az is lehet, hogy az ego alárendelő érzeteket kelt bennem mások „nagyságával" kapcsolatban, ami a negatív különbség rögzítése. Én például mivel erősen önbizalomhiányos voltam, hajlamos voltam másokat szinte istenségnek nézni, míg magamat egy értéktelen valakinek. Ugyanakkor amikor valami siker ért, akkor hajlamos voltam másokhoz viszonyítva túlzottan sokat gondolni magamról. Az önbizalomhiányom miatt ezek persze rövid időszakok voltak, melyeket mindig valami csalódás követett. Az egom ilyenkor ügyesen „belépett", és jelezte, hogy majd legközelebb megvéd az ilyenektől, és ezzel tovább erősítette bennem önmagát. Mindenkivel ezt teszi... Minden lelki sérülést felhasznál arra, hogy önnön létének fontosságát igazolja és engedélyt szerezzen arra, hogy még tovább erősödjék a lelkedben.

Vannak Emberek, akik emiatt harácsolják maguk köré a pénzt, mások a hatalmat vagy a hírnevet, esetleg kivételes külsőt, és még sorolhatnánk, hogy mit. Ezektől érzi magát biztonságban az ego. A fokozatosan erősödő ego azonban nagy árat kér ezért cserébe. Egyre inkább elhisszük, hogy különbözünk másoktól, és eközben egyre felszínesebbé válnak emberi kapcsolataink, így legbelül egyre magányosabbá válunk. Ha önmagunkhoz nem vagyunk őszinték, mitől lennének az emberi kapcsolataink azok? Például a sznobizmus és a beképzeltség a kérges, kemény ego egy-egy erős megjelenési formái. Itt már teljesen leváltunk valódi önmagunkról, itt már semmi ismeretünk nincs arról, hogy kik vagyunk valójában. Ez már az a szint, amikor az ego teljesen leválasztott minket a valódi személyiségünkről és elhittük, hogy valami külső megfelelési igényrendszerhez igazított énünk az igazi. A sznob Emberek mindegyike elhiszi magáról, hogy ő különleges. Miközben legtöbbjük tipikus és sablonszerű. De ezt természetesen nem képesek belátni, amíg nem mernek az egojuk mögé nézni.

Tehát minél erősebb az egonk, annál kevésbé tudjuk, kik vagyunk valójában, azaz annál kevésbé vagyunk önmagunkkal őszinték! Az ár pedig a belső lelki elmagányosodás. Hány Ember él párkapcsolatban úgy, hogy belül magányos? Hány Ember él munkahelyi vagy iskolai közösségekben úgy, hogy legbelül magányos? Hány Ember jár úgy baráti társaságokba, szórakozóhelyekre úgy, hogy legbelül magányos? Ez a belső, gyötrő magány az ego megerősödésének az ára! Ez a lelki eltávolodás valódi önmagunktól és ezzel együtt másoktól is. Ez a lelki távolságtartás... Ez az az ok, amiért erős ego létezésével nem létezik valós boldogság. Felszínessé váló emberi kapcsolataink egyre gyorsabban váltakoznak. Hiszen csak az újdonság hozhat a belső magánytól való megfelelő menekülést.

Az ego persze gyakran elhiteti velünk a boldogságot is. Amikor még jobb autót vagy még nagyobb házat veszek, vagy még nagyobb hatalomra teszek szert, esetleg elutazom egy még távolabbi helyre, az ego elhiteti, hogy ez a boldogság. Átmenetileg örömet is érzünk, de aztán jön az újabb vágy, mert valami mégiscsak üres maradt belül. Az elfojtott belső magány elől újabb birtoklásba vagy egyéb egot erősítő vágyteljesítésbe menekülünk. A rossz hírem az, hogy ennek a folyamatnak szörnyű vége lesz!

A végtelen hataloméhséggel bíró politikusok öngyilkossággal, börtönben, esetleg elmegyógyintézetben végezték, vagy kivégezték őket, amikor váratlanul összeomlott a hatalmuk. Ez a hihetetlen mértékben megkérgesedett ego összeomlásának egy tipikus megjelenési formája. Gondolj bele például Nicolae Ceauşescu kivégzésébe 1989-ben... Az egotól, ha túlkérgesedett, már csak óriási kudarcok árán lehet megszabadulni, mert hihetetlen szenvedések árán a legváratlanabb módon össze fog törni. Nekem háromszor tört össze teljesen az egom. Sajnos az első két esetben még erősebb, még ügyesebb, még körültekintőbb egot növesztettem. Elhitette velem az egom, hogy ezentúl majd minden jobb lesz! Az egom harmadik teljes összeomlása után már nem akartam újra összerakni! Ekkor már tisztán láttam az ego téves működését, lelki parazitarendszerét.

Miért hatékonyabb, egészségesebb és boldogabb az egomentes ember, mint az erős ego birtokosa, avagy az ego(d) 9 trükkje

Régebben az ego világában éltem. Az egom erős volt és önhitt. Meg voltam győződve arról, hogy minden úgy a legjobb, leghelyesebb és leghatékonyabb, ahogy én gondolom, ahogy én akarom véghez vinni. Hihetetlenül önfejű voltam, és mindig pontosan tudtam, hogy mi a helyes út. Arról is meg voltam győződve, hogy nekem nincs szükségem külső segítségre, akárhogy is hívjuk azt: Isten, Mindenható, Univerzum, szerencse stb. Azt gondoltam, hogy az csak a gyengéknek való. Én erős vagyok és külső segítség nélkül is, a saját erőmből átverekedem magam az Élet kihívásain.

Az életem egy állandó küzdelem volt, sok gyötrelemmel és sok mélybe süllyedéssel. A lelki mélyhullámok pedig sok-sok szenvedéssel jártak. Az ego világában élni olyan, mintha egy csövön keresztül néznél ki a világba. A cső végén lévő nyílás beszűkíti a látómezőt. Az ego révén hihetetlenül céltudatossá és fókuszálttá válunk a valóság egy nagyon pici részletére. Meg vagyunk róla győződve, hogy amit ott tapasztalunk, csak az létezik, és mindenki más, aki mást érez vagy érzékel, nem normális. Hiszen amit én tapasztalok, csak az az egyetlen igazság. Az ego révén beszűkült és önhitt világba zárjuk magunkat, ami nemcsak az életünket teszi tönkre, hanem a hatékonyságunkat is alacsony szintre sodorja. Hogyan lehetséges ez, miközben az erős egoval rendelkező ember pont ennek az ellentétéről van meggyőződve?

Dr. Joe Dispenzát az egyik előadásán megkérdezték, hogy lehet ennyire szerény, mikor ilyen híres és nagy ember lett belőle. Ő jelenleg a világ egyik leghíresebb spirituális vezetője. Erre azt válaszolta, hogy „hihetetlen sok munkát fektettem abba, hogy leromboljam magamban az egom. Semmi kedvem újra és újra ezt a munkát elvégezni!" Az ego mindig vissza akar épülni a lelkünkbe. Ő egy lelki parazita, akinek gazdatestre van szüksége. Az ego nem tud létezni nélküled, viszont te tudsz létezni az ego nélkül. Képzelj el egy élőlényt, amelyben paraziták élnek. Szerinted lehet hatékonyabb, egészségesebb, boldogabb, mint parazita nélküli társa? A fagyönggyel fertőzött fa és a mellette élő egészséges fa közül szerinted melyik növekszik, melyik üdébb, életerősebb?

De hogyan tesz minket bénává az egoparazita, miközben pont az ellentétét hiteti el velünk? Erre több pontban szeretnék neked válaszolni:

1. Csőlátás

Erről már írtam az előzőekben, de azért rögzítsük: ha a világnak egy szűk részét látom, és meg vagyok róla győződve, hogy az az egyetlen létező valóság, nagyon sok lehetőség megy el úgy mellettem, hogy észre sem veszem. Ha kevesebb lehetőség közül választhatok, drasztikusan csökken a hatékonyságom, hiszen lehet, hogy épp a legbonyolultabb úton jutok el a célba, miközben nem is sejtem, hogy sokkal rövidebb utak is vannak. Régebben ezt úgy éltem meg, hogy nem értettem: nekem miért kell tízszer annyit dolgoznom ugyanannak a célnak az eléréséért, ami másnak szinte az ölébe pottyan? Igazságtalannak éreztem az Élettől. Pedig csak a kérges, kikeményített egomnak köszönhettem, hogy állandóan így jártam. Pechesnek és szerencsétlennek éreztem magamat, melynek hatására még erősebb egot növesztettem.

2. A felesleges gondolatok energetikai hatása

Az ego állandó félelemben tart, hiszen így tudja elhitetni veled, hogy ő az, aki téged megvéd. Ezért pásztázza az agyad állandóan a jövő lehetséges alternatíváit, és gondolataiddal próbálod kiszűrni a számodra legkedvezőbb irányt. Ugyanakkor a jövőt elemző gondolataid 99,99%-a soha nem történik meg! Így a jövővel kapcsolatos gondolataid 99,99%-a teljesen felesleges. Ez azt jelenti, hogy kb. 10 000 gondolatból mindössze egynek van értelme. Akiknek nincs egojuk, azok bíznak a jövőben, ezáltal nem pásztázzák azt állandóan. Így ők ezt a 9 999 gondolatot sokkal értelmesebb dolgokra tudják használni. Az agymunka több energiát éget el, mint a futás. Nem véletlen, hogy egy sok gondolkodást igénylő kreatív alkotómunka után olyan éhesek vagyunk. Ezt még erősen tetézi, hogy az ego arra is sokat sarkall, hogy a múltról ágyalj. Ha valamit rosszul csinálsz, akkor ezerszer átgondoltatja veled, hogy nehogy a jövőben megint olyat tegyél. Ez megint az egot erősíti benned, de a lényeg az, hogy a múltban járó gondolataidnak 99,99%-a szintén felesleges. Ez hihetetlenül sok elpocsékolt energia és idő...

Anno, amíg erős egom volt, állandóan energiahiánnyal küzdöttem, de nem értettem, miért. Ma már egyértelmű... Bárcsak valaki így elmagyarázta volna nekem ezt, mint ahogy most én próbálok segíteni neked! Úgy éreztem, hogy nincs elég életerőm ahhoz, hogy a céljaimat véghez vigyem. Csak azért is megerőszakoltam magamat, és haladtam a céljaim felé, önmagam erején felül. Ez természetesen egy lefelé húzó energetikai spirálba sodort. Minden reggeli kelés egy kínlódás volt. Minden éjszaka, hogy még többet tudjak dolgozni, szenvedés volt. De csináltam... Az erőmet elszívta a sok-sok felesleges gondolat. Ma 8 órában többet csinálok meg, mint azelőtt 16 órában, és nem mellesleg nagyon ritkán vagyok fáradt. Reggel energikusan ébredek. Jól érzem magam szinte egész nap. Mindig arra a feladatra fókuszálok, amit épp elém hoz az Élet.

Régebben keményen megterveztem a napomat. Ha bárki vagy bármi el akart téríteni az eredeti időtervemtől, dühös voltam, haragos, és csak azért is az eredeti időtervem szerint haladtam tovább. Ez a sok harag, düh és erőltetett ütemezés is rengeteg energiát szívott el. Mindezt miért? Mert meg voltam róla győződve, hogy ahogy én kitaláltam a jövőt, az csak úgy helyes. De nagy balek voltam... Az Élet mindenkire vigyáz, aki nyitott rá! Ez egy mindent átható energiarendszer, amely az Élet minden mozzanatát szervezi. Csak az ego vak rá, de te és bárki más nyitott lehet erre! Csak az ego és a túlzott racionalitás az, ami kitaszít ebből. Nem véletlenül a kígyó és az alma vetette ki Ádámot és Évát a paradicsomból a Bibliában. Az alma a túlzott racionalitás, a tudásba vetett túlzott hit, míg a kígyó az ego jelképe.

3. A helytelen gondolatok egészségre gyakorolt hatásai

Minden betegség helytelen gondolatmintázatokból indul ki, azaz pszichoszomatikus eredetű. Ha tartósan sok negatív gondolattal vagyunk tele és ennek következtében sok negatív érzelmet élünk meg, akkor előbb-utóbb megbetegszik a testünk. Az ego kedvenc eszköze a negatív érzelmek keltése. Hiszen ha például félünk, akkor ő még jobban be tudja neked adni, hogy majd megvéd. Ez minden negatív érzelemmel így van. Az egonkba beépült a szégyen, a bűntudat, a fásultság, a félelem, a harag és legfőképpen a büszkeség. Az ego ezekből a negatív érzelmekből erősödik. Ezt pedig olyan gondolatokkal éri el, melyek ilyen érzelmeket generálnak. Régen, emlékszem, állandóan olyan jövőalternatívákon kattogtam (feleslegesen), amelyekben meg kellett védenem magamat, vagy el kellett kerülnöm mások bírálatát, kritikáját. Ugyanakkor állandóan dühös voltam, ha valami nem úgy alakult, ahogy elképzeltem, terveztem. Ha pedig valami mégis úgy alakult, akkor fenemód büszke voltam magamra. Az egom állandóan címkézett másokat és összehasonlításokat tett. Ezzel is vagy szégyenbe, bűntudatba sodort, vagy büszkévé tett. Ha valakinél jobbnak éreztem magamat valamiben, akkor az a büszkeségemet erősítette. Ha valaki jobban csinált valamit, mint én, akkor szégyent vagy bűntudatot éreztem. Szerinted ez a sok negatív érzés el tud múlni nyomtalanul? Nézz végig a 40 év feletti Embereken! Nézd meg a testük állapotát! Nézd meg, mi sugárzik az arcukból! Fiatalon lehet, hogy még nem érzed, de az évtizedek alatt a negativitás lassú méregként feléli az egészségedet. A 20-as éveidben fittyet hánysz ezekre, a 30-as éveidben nem foglalkozol a még enyhe tüneteiddel. Aztán a 40-es éveidben elkezded megbánni, hogy miért éltél ilyen helytelenül. Jönnek az egészségügyi gondok. Mindenkinél más, attól függően, hogy a fent leírtak közül milyen arányban élt meg negatív érzelmeket.

4. A helytelen gondolatok negatív érzelmi hatásai

A helytelen gondolatok negatív érzelmeket generálnak, ahogy az előző pontban már leírtam neked. De gondolj bele, kérlek, abba is, hogy ennyi negatív érzelem mellett mennyi esélyed van a boldogságra! Amíg erős volt az egom, nem értettem, hogy miért nem vagyok boldog, miközben mindent megteszek érte. Szorgalmas, céltudatos, munkabíró vagyok. Önmagamat is feláldozó módon küzdök a céljaimért. Mégsem vagyok igazán boldog. Hogy is lehettem volna az? Észre sem vettem, hogy mennyi negatív érzés volt bennem mindennap. Hiszen ez volt a megszokott. Ráadásul az egom állandóan megmagyarázta, hogy ezekről nem én tehetek, hanem az a fránya világ. Az ego ezzel is csak önmagát erősítette bennem és valójában pusztított engem. Ugye milyen becsapós?

5. Önhittség

Ez az ego legbecsapósabb része. Elhiteti velünk, hogy mennyire klasszak, szépek, okosak stb. vagyunk. Vegyünk például egy perfekcionista nőt, aki a saját tökéletes testének a rabja, vagy egy gazdag és nagyhatalmú vállalkozót. Nyilván számos más példát is lehetne hozni. A közös bennük az önhittség. Mind a kettő egoja elhiteti önmagával, hogy ő sokkal különb a többi Embernél. Ez a különbség pedig joggal érezteti vele, hogy különleges. A különlegesség hite pedig boldogságérzetet generál. A perfekcionista hölgy a külseje által felhizlalt hiúságában és a sok más Embertől érkező elismerések bájában díszeleg. A hatalom és a pénz kényelmet és biztonságérzetet ad, ami a példaként felhozott vállalkozónak boldogságérzetet nyújt. Kívülről nézve én mást látok. Én is voltam perfekcionista, és én is vállalkozó vagyok. A valóság az, hogy kifelé, a világ felé a legtöbb ilyen Ember boldognak tűnik, de legbelül rendszeresen előtör valami belső üresség. Ezeket ilyenkor lesöpörjük, még mélyebben menekülünk bele a perfekcionizmusunkba vagy a hatalomvágyunkba vagy egyéb más addiktív tevékenységünkbe. Csak ne kelljen szembenézni azzal az ürességgel! Az önhittség a boldogság felszínes délibábját adja, amit más nézőpontból kompenzálásnak is hívhatunk. Az ego ezzel hiteti el velünk, hogy helyes úton járunk. A többi

Emberrel pedig azt, hogy ők a társadalmi minták, és ők azok, akik a helyes úton járnak. Ez a legnagyobb csapda, és az egész társadalmi berendezkedésünk erre épül. De képzeld el, hogy mi lenne, ha az ego önhittsége helyett inkább begyógyítanánk a belülről feltörő ürességeket. Micsoda béke és harmónia jutna úgy az életünkbe... Ez a cél az egomentes irányba történő fejlődéssel érhető el.

6. Az eltorzult igények

Az ego tipikus jellemzője, hogy mindig mindent megtervez. Ha még a nyaralásodon is megtervezed, hogy mettől meddig mit fogtok csinálni, akkor sajnos erős egod van. Az ego másik jellemzője, hogy ha valami nem úgy alakul, ahogy eltervezted, akkor azt óriási gondként éled meg. Néha ámulok azon, hogy egyesek mekkora problémát csinálnak abból, hogy éppen nem lehet kapni egy bizonyos kávét a boltban, vagy nincs a kedvenc ízű fagyi a fagylaltozóban. Micsoda problémák, miközben a világban jelenleg egymilliárd Ember nem jut egészséges ivóvízhez és hárommilliárd Ember nem biztos abban, hogy holnap lesz-e mit ennie. Az ego túlértékeli önmagát és elhiteti veled, hogy az igényeid igenis fontosak. Nem állítom, hogy ez nincs így. Azt állítom, hogy az ego torz képet ad a valós igényekről. Az ego elhiteti, hogy az érzelmek világa nem fontos, vagy legfeljebb az én érzelmeim kielégítése fontos. Ugyanakkor az anyagi világ minden java kell az egonak. És csak ÉN számítok. Nehogy már ne érdemeljek meg egy 600 négyzetméteres házat és egy akkora városi terepjárót, amiben akkora motor van, mint egy teherautóban... Nehogy már ne legyen az, amit én akarok, bármi legyen is az... Észre sem vesszük, hogy az egonk mennyire eltorzítja az igényeinket. Egy ismerősöm, aki hirtelen lett gazdag, azt mondta nekem: „az a vágyam, hogy bármit megvehessek, amit csak akarok. Ha például az ezerkétszázadik aranyóra tetszik meg, akkor azt is megvehessem." Na, ennél a mondatnál lett vége a barátságunknak. Sajnálom őt, de nem tehetek érte semmit. Vakká tette az egoja. Persze ilyenkor jön az egonk reakciója, hogy a mi igényeink sokkal szerényebbek, tehát mennyivel normálisabbak vagyunk. Vigyázz! Az ego mindig a következő célt adja neked. Ha azt elérted, akkor picit örülsz, de már elkezd motoszkálni benned a következő cél. Így szép lassan, évtizedről évtizedre nőnek az igényeid. Észre sem veszed, hogy megváltoztál, mert ez lassan és fokozatosan épül be a személyiségedbe. A parazita is fokozatosan nő meg a gazdatestben, nehogy az letaszítsa magáról.

7. A megérzések hiánya

Az ego az örökös tervező, az akaratos tervező. Ennek a másik aspektusa az, hogy vakká válunk a megérzéseinkre, az intuícióinkra, pedig azok sokkal bölcsebbek, mint az ego tanácsa. Az ego elhiteti velünk, hogy az egy baromság. Pedig fordítva van: az ego léte maga a baromság. Nem állítom, hogy nem kell az ego akkor, amikor valós halálfenyegetettségben védem meg magamat. De szerencsére ez a legritkább esetben fordul elő az életünkben, hiszen béke van és közbiztonság a környezetünkben. Sok Ember úgy éli le az életét, hogy szerencsére sosem kerül ilyen fenyegetés közelébe.

8. A kreativitás csökkenése

Az ego állandó szisztematikus tervezése és a jövőn való kattogása a kreativitást is megöli. Minél kérgesebb valakinek az egoja, annál kevésbé kreatív. Ez nyilván drasztikusan rombolja a hatékonyság esélyeit.

9. Helytelen biztonságkép

Az ego gondolati síkon állandóan képzelt veszélyforrásokat kreál a jövőben, ezzel állandó veszélyérzetben tart téged, így a tested folyamatosan túlélő üzemmódban van. Ez fokozza a stresszt, és a tested folyamatosan kortizolt termel. Ennek köszönhetően sosem érzed igazán biztonságban magadat. Így hogyan lehetnél egészséges, boldog és hatékony? Ugyanakkor az egod pont azt hiteti el veled, hogy attól vagy hatékony, hogy ez a belső bizonytalanság állandóan éberen tart. Ez is egy parazitataktika. Ha biztonságban érzem magamat, akkor körültekintőbben tudok döntéseket hozni, ezáltal eleve kevesebb bajba sodrom magamat.

Képzeld el, ha ezek nélkül élsz, akkor mennyivel békésebb, harmonikusabb, egészségesebb, hatékonyabb és boldogabb az életed! Vigyázz, kérlek! Az egod millió okot ki fog találni, hogy ez az írás miért butaság. Pedig nem az! Én már leépítettem az egom egy részét, így biztosan tudom. Amikor viszont még erős egom volt, ezt az írást valami kitalált indokkal simán lesöpörtem volna.

Nyilván most felmerül benned, hogyan lehet az egot leépíteni. Erre nem könnyű a válasz. Hiszen egy olyan parazitát kell fokozatosan nyugdíjba küldened, amely valószínűleg 3 és 15 éves korod között valamikor beléd került, és szép lassan beléd ivódott. Az ego leépítéséhez az első lépés, hogy felismerd a létét, és azt is felismerd, hogy az életed hány pontján van erős hatása rád. Ezzel a témával kapcsolatban a blogomon találsz értékes írásokat. (A webcímet a könyv elején találod.) Ugyanakkor a boldogságkeresés módszereit taglaló blogrovatban sok olyan módszert találhatsz, ami segít neked az ego leépítésének útján.

2. MELLÉKLET

A játszmákról bővebben

A „játszma" szó sokszor fordult elő a könyv főszövegében. Biztos vagyok abban, hogy a legtöbb Olvasó tisztában is van ennek a szónak a pszichológiában használt jelentésével. Azonban lehet, hogy egyesek mégsem tudják pontosan, mit jelent. Ugyanakkor igyekszem nem pusztán egyszerű definíciókkal untatni itt téged. Így, remélem, akkor is érdekes lesz ez a melléklet a számodra, ha tisztában vagy ezzel a kérdéskörrel.

A játszmaelmélet megalkotója Eric Berne volt, a könyveit mindenkinek ajánlom, aki szeretné jobban megérteni az emberi lélek működését. Egyébként a szerző jóval egyszerűbb nyelvezettel ír erről a Nyerni születtünk című könyvben (szerzők: Muriel James–Dorothy Jongeward), melyet szintén tiszta szívből ajánlok mindenkinek, aki szeretné elsajátítani az alapokat az emberi lélek működésének megértéséhez és önismeretének fejlesztéséhez.

Amikor a harmincas éveim elején elolvastam Eric Berne Játszmák című könyvét, bár nagyon érdekesnek találtam, meg voltam róla győződve, hogy nekem nincsenek játszmáim. Nagyjából két évig érett bennem a könyv értelme, amikor elkezdtem rádöbbenni, hogy nekem is van egy-két játszmám. Ekkor újra elolvastam ezt a könyvet, és a Nyerni születtünk címűt is. 36 éves koromra már teljes értékű játszmatérképem volt önmagamról, és ki kell jelentenem, hogy nagyon sokféle játszmát „játszottam" akkoriban. Ekkorra már pontosan tudtam, hogy mikor milyen játszmát űzök, és azt is értettem, hogy melyik játszmatípusnak mi a lelki gyökere, mi a múltbeli okozója. Ezek a felismerések fontos mérföldkövei voltak az önismeretem fejlődésének. Rengeteg olyan Embert ismertem meg azóta, akik ugyan tisztában vannak azzal, hogy mit jelentenek a játszmák és más Emberek játszmáit is jól látják, a saját játszmáikról semminemű ismeretük, tudásuk nincs.

Eric Berne minden két vagy több Ember közötti kommunikációs módot, illetve másik Ember vagy más Emberek felé irányuló tettet tranzakciónak hív. Az emberi játszmák létrejöttéhez tranzakciók kellenek, vagyis a játszmákat tranzakcióink során hozzuk létre. A játszma azt jelenti, hogy a tranzakció során a felszínen látszó cél eltér a valós céltól. Ez nem jelenti azt, hogy szándékosan hazudunk, hanem hogy valójában mást szeretnénk elérni, mint amit a tranzakció során közlünk. Létrejön például két Ember között egy beszélgetés, amelynek a felszínen van egy célja, de valójában a felszín alatt egy más lelki cél adja a motivációt. Lehet, hogy ez így elsőre bonyolultan hangzik, de mindjárt letisztul.

Ahhoz, hogy alaposan megértsük a játszmákat, először a valódi lelki célt kell jól megérteni. Például tipikusan a magyarokra jellemző játszmarendszer a panaszkodás. Amikor az USA-ban éltem, akkor döbbentem rá a magyarok és az amerikaiak közötti óriási különbségre. A magyarok mindig panaszkodnak, és legtöbbször szomorúan vagy semleges arccal mennek az utcán. Az amerikaiak szinte mindig igyekeznek mosolyogni, és szinte sosem panaszkodnak. Ha egy amerikai Ember elkezd panaszkodni, azt azért teszi, mert szüksége van segítségre. Ez egy teljesen egyenes, azaz játszmamentes tranzakció. Hiszen azért panaszkodom, mert arra vágyom, hogy a másik fél segítsen. Szóval, ha a másik fél erre felajánlja a segítségét, akkor a panaszkodó örömmel elfogadja azt, és hálás, amiért a másik fél segítő kezet kíván adni. Ezzel szemben Magyarországon a legtöbb esetben a panaszkodás egy játszma. Elkezdünk panaszkodni, majd a másik amikor együttérzően elkezd tanácsokat adni vagy felajánlja a segítségét, akkor lerázzuk valami ilyesmivel: „á, hagyd csak, majd csak lesz valahogy...". Ez egy játszma, mert a felszínen lévő tranzakció egy segítségkérés, de a valós lelki cél az, hogy megerősítést kapjak arról a világképemről, hogy „szar az Élet". Mi, magyarok a generációkon átívelő vesztes történelmünk miatt szeretjük elhinni, hogy szar az Élet, és ragaszkodunk ehhez a világképünkhöz. Bár igaz, hogy az elmúlt 1-2 évtizedben talán elindult egy változás...

Nézzünk egy másik példát. A sok közül az volt az egyik játszmám, hogy nekem mindig sokkal többet kell szenvednem egy kis sikerért, mint másoknak, nekem mindig minden sokkal nehezebben megy. Ez úgy jelent meg a kommunikációmban (természetesen tudattalanul), hogy mindig úgy alakítottam a beszélgetéseket, hogy erre a világnézetemre vonatkozóan megerősítést kapjak. Ha valaki rá akart világítani, hogy lehetne egyszerűbben vagy könnyebben is élni, akkor ezeket elengedtem a fülem mellett, vagy arról győztem meg őket, hogy „az én esetem tényleg speciális". Pedig nem volt speciális az esetem, csak nem akartam eltérni a kialakult világnézetemtől. A játszmarendszer lényege az, hogy szeretünk olyan Emberekkel beszélgetni, akiktől ezt a lelki „nyereséget" megkapjuk. Ha valaki nem vesz részt a játszmánkban, azt legközelebb elkerüljük, sőt általában azok az Emberek nem szimpatikusak a számunkra.

Szóval a játszmák valódi célja mindig az, hogy önmegerősítést kapjunk! Akármennyire is helytelen, téves vagy önpusztító ez a világnézet, amit én érzek, akkor is a cél az önmegerősítés lelki „nyereségének" begyűjtése. Ugye, így már érthetővé válik, hogy az alkoholistáknak miért nem lehet megmagyarázni, hogy amit tesznek, az helytelen?

Ismertem egyszer egy hölgyet, aki egy nagyon tisztességes beállítottságú nő volt. Ezt olyan értelemben értem, hogy tényleg csak igaz szerelem, a bizalom kialakulása esetén tudna bárkivel ágyba bújni. Ennek ellenére a férfiak felé erősen kacér és kihívó volt a viselkedése. A felszínen lévő tranzakciói egy szexuálisan könnyed nő képét keltették. Azok a férfiak, akik erre rá sem hederítettek, az ő szemében gonoszak voltak, mert nem figyeltek rá. Azok a férfiakat, akiket vonzott a kacér viselkedés, és előbb-utóbb beindította a férfiúi fantáziájukat, elég durva módon eltaszította magától. A felszínen a tranzakció lényege az volt, hogy „gyere, udvarolj körbe, és csodás jutalmat kapsz cserébe". A tranzakciók valódi célja azonban az volt, hogy a hölgy megkapja a megerősítést arról a világképéről, hogy „minden férfi csak ugyanazt akarja, és ezért nem lehet bennük megbízni".

Mind a három példa ugyanazt mutatja. Lelki síkon a feltevésünkre vonatkozó megerősítéseket akarunk beszerezni másokról. Ugyanakkor, ha kívülről nézed ezeket a példákat, valószínűleg lenne tipped, hogy a példák szereplőiben milyen gyermekkori sérelmek okozhatták a jelenlegi játszmarendszerüket, világképüket. Szóval a játszmáid megismerése egy csomó mélyebb önismereti kaput is ki fog nyitni benned, amitől ez az egész egy izgalmas folyamat kezdete. Az mindenesetre kijelenthető, hogy valaki minél mélyebb lelki rezgésszinten van, annál több játszmarendszerrel „lavíroz" az Életben. Hiszen a világképének megerősítésére annál több energiát kell befektetnie.

Képzeld el, hogy annak idején a legtöbb kapcsolatomat a játszmáim tették tönkre! Mindez úgy történt, hogy a legtöbb esetben nem is tudtam a játszmáimról. Ma már a legtöbb emberi kapcsolatom játszmamentes. Persze tisztában vagyok azzal, hogy sosem lesz tökéletesen az, hiszen akkor egy teljesen megvilágosult Ember lennék. Azonban a játszmáim csökkenésével az emberi kapcsolataim jó része békés, harmonikus és egyenes lett. Ezáltal fokozódott a boldogságom. Az első lépés mindenkinek az, hogy beépíti az önismereti rendszerébe a saját játszmarendszereinek teljes feltérképezését! Sok sikert kívánok neked ezen az úton! Ne feledd! Az egod úgyis azzal fogja kezdeni, hogy neked nincsenek játszmáid... De ne hagyd magad becsapni...

3. MELLÉKLET

A lelki rezgésszintekről bővebben

A főszövegben a lelki rezgésszintekről egy tömör összefoglalót írtam abból a célból, hogy megértessem az alapfogalmakat, továbbá érthetővé váljék az Olvasó számára, hogy a különböző lelki rezgésszinteken mennyire eltérő az Emberek klímaváltozásról alkotott képe. Jelen melléklet azoknak szól, akiket ennél bővebben érdekelnek az egyes lelki rezgésszintek fokozatai. Lehet, hogy kis mértékű átfedés lesz a főszövegben olvasottakkal, de ez csak jelen melléklet kikerekített tárgyalási módját szolgálja. Lássuk akkor a főszövegben olvasottaknál bővebben az egyes lelki rezgésszinteket!

A lelked rezgésszintje azon múlik, hogy egy átlagos napon 17 lelki rezgésszint közül hol tartózkodik a legtöbbet a lelked. Nyilván mindannyiunknak ingadozik a lelkiállapota, ami miatt hol lelkesebbek és boldogabbak vagyunk, hol pedig mélyebb lelkiállapotokba süllyedünk. Azoknak az Embereknek, akik életük túlnyomó részét a szégyen vagy a bűntudat szintjén élik, a legalacsonyabb a lelki rezgésszintje. A David R. Hawkins mérési eredményei által rögzített skála szerint a szégyen szintjén élő Ember lelki energiaszintje 20-as értéken rezeg, míg a bűntudat szintjén élő Embereké a 30-as szinten. Az érzékeltetés kedvéért a 0 a halál szintje, míg a legmagasabb szint a megvilágosodásé, melynek értéke 1 000. Az Életpusztítók szintje 200 alatti, míg az Élettámogatóké 200 feletti. Ez egy tudományosan igazolt logaritmikus skála, melyről dr. David R. Hawkins már hivatkozott könyvében tájékozódhatsz bővebben. De nem untatok senkit a tudományos részletekkel, inkább térjünk rá az érdekesebb gyakorlati részre.

Ezen érzelmek felelevenítése és a saját életemben való újbóli megélése még közelebb hozott az Emberek megértéséhez. Mennyi Ember lehet a Földön, aki hasonló szenvedést fojtott el örökre magában, amelyet a lelke mélyén cipel, és ennek következtében öntudattalanul játssza őrültebbnél őrültebb játszmarendszerét?! Gyerekkori traumák, a szülők válása vagy elvesztése, a testvér megjelenése miatti figyelemvesztés, a lelket sárba tipró szülők, a nélkülözés, a kihasználtság vagy egyéb okok miatt. Ilyen és ehhez hasonló mély lelki sebek terhelik Emberek milliárdjait. Ez adta a felismerést, hogy nem ítélkezhetünk senki felett, mert sosem tudhatjuk, hogy az a másik Ember milyen okból olyan, amilyen. Ami még érdekesebb és izgalmasabb gondolat, hogy ha én lettem volna annak a másik Embernek az életében, valószínűleg én is úgy viselkednék, ahogyan ő most teszi. Erre utalnak Krisztus szavai, amikor azt mondja, hogy bocsáss meg az ellenünk vétkezőknek. Hiszen öntudatlanul, sérült lelke elfojtása következtében teszi azt, amit tesz. Azzal, ha visszavágok, csak mélyítem a sebét. Azzal, ha megbocsátok, segítem őt lelke gyógyulásában. Nyilván egy bizonyos lelki rezgésszint alatt nem lehet Krisztus ezen szavainak eleget tenni. Hiszen annyi lelki teher nyomja a vállunkat, hogy nincs erőnk másokkal foglalkozni, és a legkisebb minket érő támadásra is nagy ellenállással, hirtelenséggel reagálunk. A rendszeres megbocsátás világa a 200-as Élettámogató lelki szint felett kezdődik.

Szégyen és bűntudat

A szégyen és bűntudat szintje a legmélyebb, a legfeketébb, a legsötétebb érzés, amit Ember átélhet. Ott annyira közel vagy a halál szintjéhez, hogy önmagad értékét nullának tartod. Leggyakrabban ezen a szinten vágyja őszintén a halált az egyén. Önmagunk értéktelenségének érzése sajnos gyakran megvető vagy gyűlölködő reakciókat vált ki a világ felé. Ezen a nyomorúságos életérzésen keresztül nézve gonosznak látjuk a világot, és nagyon sötéten képzeljük el a jövőt. Az ezen a rezgésszinten élők szerint a klímaváltozás biztosan elpusztítja a világot, és ezt meg is érdemli az Emberiség.

Nem véletlen, hogy régen a felülkerekedők az Emberek megszégyenítésével igyekeztek végleg sárba tiporni ellenfeleiket, és ez sajnos még ma sem ritka. A megszégyenítés és a bűntudatkeltés a diktatórikus hatalmi rendszerek egyik kiváló eszköze volt a múltban, és az sajnos ma is.

A családokban is gyakran megjelenik a szégyen és a bűntudatkeltés. Nagyon sok szülő így igyekszik kordában tartani a gyermekét, miközben fel sem méri, hogy ezzel micsoda pusztítást végez a lelkében, aláásva a gyermek boldog jövőjének alapjait. Természetesen a szülő ezt öntudatlanul teszi, hiszen ő is küzd lelki sárkányaival, és mivel azok gyógyítatlanok, ezért mindebből mit sem felfogva átadja a terhét a gyermekének, aki tovább cipeli azt.

A bűntudat és a szégyen szintjén élő Embert gyakran kirekeszti a társadalom, de ha mélyebbre nézünk a folyamatban, az egyén maga rekeszti ki önmagát azzal, hogy teljesen értéktelennek éli meg saját magát, a környezetét pedig gonosznak és sötétnek érzi. Ezen a rezgésszinten a szemrehányás és a megaláztatás érzése gyakran átszövi az Ember lelki életét. Az ilyen Ember roppant mód befolyásolható és szinte bármire rávehető. Magasabb (de még Életpusztító) rezgésszinten lévő Emberek általában ilyen Emberekkel végeztetik el a piszkos munkát, bármi legyen is az. Az ilyen Emberek könnyen befolyásolhatók, de sok közöttük a fanatizált állapotú is. Minél nagyobb hatalom van egy ilyen Ember kezében, annál pusztítóbb a hatása a környezetére. Hiszen az ilyen Ember mindent el akar pusztítani, amit gonosznak lát, és szerinte az egész világ gonosz. Nagy valószínűséggel Hitler, Sztálin is ezen a lelki rezgésszinten éltek.

Fásultság és bánat

A fásultság rezgésszintjének mérőszáma 50, míg a bánaté 75. Ezek már jóval magasabbak, mint az előző részben bemutatott bűntudat és szégyen rezgésszintjei. Akármennyire meglepő, bánatosnak vagy fásultnak lenni jóval kevésbé negatív lelki rezgésszint, mint a szégyen és a bűntudat szintjei.

Eddigi életemben ezeken a szinteken is jártam hosszabb ideig, és természetesen senkinek sem kívánom. De, aki itt jár, annak is van kiút. Azonban ha a szégyen és a bűntudat szintje felől nézzük a világot, akkor a fásultság már egy komoly előrelépést jelent. Pont a fásultság, majd a bánat az, ami a lelkileg legmélyebb szintekről a kiutat jelenti. Ezért nem helyes, amikor egy fásult Embert bírálunk! Lehet, hogy épp szintet ugrott, csak mivel te a saját szűrődön keresztül ítéled meg őt (ami természetesen helytelen!), el sem tudod képzelni, hogy ez a mély állapot szintugrás is lehet. Hiszen előfordulhat, hogy az illető a bűntudat szintjéről ugrott a fásultság szintjére. Ebben az esetben ez egy óriási fejlődés, és azzal, hogy a fásultságát bíráljuk, újra visszataszíthatjuk a mélyebb rezgésszintekre. Hagyni kell őt, hogy egy picit megpihenjen a lelke ezen a szinten, és egyszer csak jönni fog egy olyan inspiráló erő, amely ki fogja ebből őt rántani. Akkor kell majd segítened neki, de akkor sem bírálattal! Természetesen az is lehetséges, hogy magasabb lelki rezgésszintről zuhanunk le erre a szintre. Ilyenkor hagyni kell magunkat elidőzni a bánat szintjén. Meg kell élnünk a bánatunk fájdalmát, ez fog segíteni az energiagyűjtésben, amellyel újra visszaléphetünk egy magasabb lelki rezgésszintre.

Az is lehet, hogy a bánat fájdalma annyira meggyötör minket, hogy a fásultság szintjére taszít, ahol a lelkünk megpihen, mielőtt újra fejlődni kezd a magasabb lelki rezgésszintek felé. Mindkét szintnek kell elég időt hagyni! Azoknak, akik ez elől menekülnek és elfojtják a bánatukat, ez sokszor vissza fog ütni az életükben. Azonban ha a fásultság vagy a bánat szintje már tartós, akkor itt van az idő arra, hogy külső segítséget kérjünk! Ez olyan mély lelki rezgésszint, hogy nehéz külső segítség nélkül kilábalni belőle.

A fásultság szintjén élő Embert már semmi sem érdekli és már semmi sem számít neki. Úgy érzi, hogy ez a világ már semmi olyat nem adhat számára, ami értékes lehet. Ezen a szinten teljes a reménytelenség, de legalább a szégyen és a bűntudat érzései már nem gyötrik annyira a lelket. Itt is gyakran előkerül a halálvágy érzete, és előjön a külső segítség iránti vágy is, csak nincs erőnk, nincs kedvünk tenni azért, hogy találjunk segítőt. Ezért jól jön a család, a jó barátok, akik ilyenkor segítő kezet nyújtanak. Mivel a jövőképünket leginkább a kétségbeesés és a reménytelenség itatja át, ezért ebben az állapotban a jövőképünk pesszimista és a világ jövőjét is sötétnek látjuk. A klímaváltozás egyben kipusztulást is jelent az ilyen Ember szemében. A felénk áramló pozitív dolgokat lemondással, gyakran fásult nemtörődömséggel fogadjuk. A negatív attitűd miatt, ami átitatja lelkünk minden zugát, elítélőek vagyunk környezetünkkel, ez pedig természetesen képes letaszítani magunkról a segítő szándékot.

A bánat szintje már előrelépés a fásultság szintjéhez képest. Bár ez még mindig egy nagyon mély lelki rezgésszint, itt már megjelenik valamiféle lelki aktivitás, hiszen aktív érzelmeink vannak, még ha azok nagyon fájók is. A fásultság szintjén már fájdalmat sem érzünk, vagy ha mégis, az sem érdekel minket. A bánat szintjén megjelenik a vágy arra, hogy elmúljék a lelki fájdalom. Ez segít majd hozzá ahhoz, hogy magasabb lelki rezgésszintre ugorjunk. Természeten az ugrás akkor lesz egészséges és tartós, ha a gyász vagy bármely más ok miatti hagyjuk átjárni magunkon a bánatot, **megéljük a lelki fájdalmat, és nem menekülünk el előle.** Ez meggyógyítja, nem pedig elpalástolja a lelki problémát. A bánat szintjén még mindig nagyon tömény a jövőképünk sötétsége. Lelkileg csüggedtek vagyunk és hajlamosak vagyunk az önsajnálat mély bugyraiban rekedni. Az életünket tragikusnak látjuk, és lenézően reagálunk a környezetünk segítő szándékára: „ő úgysem tudja, min megyek keresztül...". Ez az az állapot, amikor a lelki sebeinket nyalogatjuk, de pont ez fogja azokat meggyógyítani, ha kellő ideig csináljuk! Ebben az állapotban nincs erőnk ahhoz, hogy bármit tegyünk a klímaváltozásért, hiszen még a saját életünkért sem vagyunk képesek eleget tenni. De ezért nem bírálható az ilyen személy! Ha az ő helyében lennél, neked sem lenne erre erőd! Pont ezért kell őt segíteni abban, hogy magasabb boldogságszintre juthasson.

Félelem

Mindannyian féltünk már, ami lelkünk természetes reakciója. Ez önmagában egészséges és helyes dolog. Attól, hogy néha félünk, a lelkünk rezgésszintje még nem ezen a szinten van, hiszen az összes érzésünk átlagát kell tekinteni. Ha az önismeretünket abba az irányba szeretnénk fordítani, hogy vajon mi hol állhatunk ezen a skálán, akkor így kell nézni ezt a kérdést: akkor van a félelem szintjén a lelkünk, ha a gondolataink legnagyobb részét a félelem itatja át. Én is jártam tartósan ezen a szinten, és ezt sem kívánom senkinek. Ez a szint a 100-as értéken rezeg, amiből jól látszik, hogy az előző részben tárgyalt bánat szintje felett van.

A félelem szintjén élő Ember általában nem egyetlen dologtól fél, hanem összességében hajlamos a félelemre. Számára az egész világ egy félelmetes hely, és nagyon ritkán érzi magát biztonságban. Persze minden ilyen Embernek vannak kiemelt félelemtémái. Emiatt a félelem szintjén élő Ember szorongó típusú. Társaságban vagy minden olyan helyen, ahol nem érzi magát biztonságban, viszszahúzódó a viselkedése. De néha pont az ellentéte, és ahol teheti, ott nagy hévvel ismerteti félelmeinek okát a környezetével. Az ilyen Emberek jövőképe erősen pesszimista mind a saját életüket, mind az Emberiség jövőjét illetően. Ők azok, akik a koronavírus hatására még a kihalt utcán is maszkot viselnek, illetve a vészjósló klímahírek miatt a világ azonnali összeomlását látják. Gyakori, hogy a nemi betegségektől vagy a terhességtől való félelem annyira átitatja a lelküket, hogy távol tartják magukat a szexualitástól, vagy ha mégis megteszik, akkor sosem tudnak felszabadultak lenni benne. Ezek az Emberek szinte minden helyzetben fenyegetettnek érzik magukat. Az egojuk állandóan pásztázza a jövőt, hogy vajon honnan éri őket támadás. Emiatt a lelkük állandóan feszült készenléti állapotban van, és ritkán mernek önfeledtek lenni. Ennek pedig az a következménye, hogy sokkal gyorsabban billennek ki a nyugalmi helyzetükből, könnyen dühbe gurulnak, és gyakran tesznek olyan dolgokat, amelyeket később megbánnak. Hajlamosak a tudatmódosítók (alkohol, drog) fogyasztására, hiszen csak így képesek átélni a felszabadultság állapotát. A vallásos Emberek Istent büntető lénynek képzelik el, aki minden bűnért nagyon keményen elszámol velük és másokkal is. Ez tovább fokozza a félelmüket. Ha esetleg valaki felett hatalmat tudnak gyakorolni, akkor ők maguk is büntetővé válnak. Ezen jellemzők miatt az ilyen Emberek tudattalanul nagyon sok Életpusztító energiát sugároznak ki magukból, de már nem annyit, mint az alacsonyabb lelki rezgésszinten lévők.

Az eddig tárgyalt szégyen, bűntudat, bánat vagy fásultság szintjéről nézve komoly előrelépés erre a szintre lépni. Ennél a szintnél az egyén lelki aktivitása már jóval magasabb szintű. Így soha ne nézzük le a félelem szintjén élő Embert, hiszen lehet, hogy épp szintet ugrott, és ez egy nagy előrelépés volt az ő életében. Inkább bátorítsuk és támogassuk őt, hátha ebből erőt merítve egy boldogabb és magasabb szintre ugorva ezt a szintet is el tudja hagyni.

Természetesen magasabb rezgésszintről is lesüllyedhetünk erre a szintre, amiből nagyon nehéz visszakapaszkodni. Akik így járnak, nekik azt javaslom, hogy merjenek külső segítséget kérni! A legtöbb Ember szégyelli elmondani másoknak a félelmeit. Sőt, aki a félelem szintjén él, gyakran még a félelmeiről is fél beszélni.

Sajnos a félelemkeltés mind a hatalom, mind egyes egyházak komoly fegyvere volt a történelem során, és ma is az. Tudniillik a félelem rezgésszintjére taszított Embert könnyű kordában tartani és irányítani. Sajnos ma is vannak olyan politikai és egyéb hatalmi erők vagy vallási szekták, ahol a félelemkeltést komoly eszközként használják. Ezek a rendszerek nem maradhatnak fent tartósan, hiszen az Emberek alapvető ösztönüknél fogva szeretnének boldogan élni. És ez a rezgésszint nagyon messze van a boldogságtól és az Élet tiszteletétől is.

Vágyakozás

A vágyakozás lelki rezgésszintjének értéke 125. Mint ahogy már említettem, a 200 alatti rezgésszintek Életpusztítók, így ez a rezgésszint még mindig nagyon negatív, degradáló hatású mind az ezt sugárzó személyre, mind a környezetére vonatkozóan. Igaz, hogy a félelem (vagy az alatt lévő) rezgésszintekhez képest már magasabb szintet ér el az az Ember, akinek a lelke stabilan ezen a szinten rezeg. Ha a szégyentől a félelemig vizsgáljuk a lelki rezgésszinteket és onnan nézzük a vágyakozás szintjét, akkor itt végre megjelenik valamiféle hatékonyabb lelki aktivitás. Mivel ez rezgésszint már nem olyan alacsony, ezért erőteljessé válik a remény, és a lelkünk vágyni kezd a jóra. Így ez a rezgésszint a magasabb rezgésszintek felé ugródeszkaként is funkcionálhat. A vágyakozás erőt ad ahhoz, hogy elinduljunk a céljaink felé. Ugyanakkor a vágyakozás szintje magasabb rezgésszintekről nézve nagyon negatív. Ez a szint az addikcióktól burjánzó világ. Fogalmazhatok úgy is, hogy akik tartósan ezen a lelki rezgésszinten vannak, mind függőségekben szenvednek. A függőségek alapérzete a sóvárgás, és annyira hozzászokunk a vágy keltette hormonális pezsgéshez, hogy tulajdonképpen már nem is a cél elérése a fontos, hanem a vágy fenntartása. Ez a beteges lelkiállapot okozza azt, hogy a függők jó része nem akarja belátni, hogy addikciója gondot jelent, és arról le kellene szoknia. Ezen a lelki rezgésszinten annyira kötődünk a sóvárgás érzetéhez, hogy úgy érezzük, ha ez elveszne az életünkből, akkor az üresebbé, sivárabbá, unalmasabbá válna. Például a pornófüggők a filmek nézése közben imádnak sóvárogni az adott szexuális célok után, azonban ha élőben végre megélhetik azt, az élmény nem is olyan jó, mint ahogy azt elképzelték. A valós megélés során kiveszik a sóvárgás extra „íze", és így gyakran az orgazmus sem sikeres. Bár a pornóipar jó példa erre, de általában is elmondható, hogy a jelenlegi gazdasági rendszer és a társadalmi működés egyik fő motorja a sóvárgáskeltés. A reklámokon és egyéb médián keresztül ideálokat, izgalmas termékeket és szolgáltatásokat húznak el mézesmadzagként az Emberek előtt, melyek után sóvároghatnak. Ez a társadalmi berendezkedés okozza azt, hogy a világon élő Emberek hihetetlenül nagy hányada él ezen a rezgésszinten. Nagyon könnyű találni célokat a sóvárgásainknak, és mivel ezen a lelki rezgésszinten erős erre a hajlamunk, ezért a társadalmi rendszer eléri a célját, és fogyasztásra „gerjeszt". A pornó- és szexfüggőség jellemzően gyakoribb jelenség a férfiaknál, ami hormonális és egyéb okokból kiindulva érthető. Hány olyan nőt ismerek, akik elítélik és gusztustalannak tartják a férfiak ilyen problémáit, miközben vásárlásfüggésük és más függési formáik saját maguk előtt rejtve maradnak! A függési formák jellemzője, hogy a saját függésünk a „normális", mert az egonk elhiteti velünk, hogy az rendben van. Mások függése viszont elítélendő, visszataszító. Pedig a függés az függés, azonos lelki gyökérrel és azonos negatív lelki rezgésszinttel. Az ilyen Embert nem bírálni vagy elítélni kell, hanem segíteni abban, hogy magasabb lelki rezgésszintre juthasson. Azzal, hogy elítéljük őt, csak ezen a szinten tartjuk, hiszen újabb csalódás éri, amelynek révén a függésébe menekül.

Aki ezen a lelki rezgésszinten marad és esetleg mégis leszokik valamelyik addikciójáról (pl. annak belátott káros hatásai miatt), helyette ösztönösen másik addikciót választ. Több olyan Embert ismerek, akik egyik napról a másikra letették a cigarettát, de azóta más szenvedélyek rabjai lettek.

A vágyakozás rezgésszintjén élő Ember életfelfogása a csalódások körül forog. Ez elég logikus, hiszen, ha nem lennének az életében csalódások, akkor előbb-utóbb elérné célját, és akkor nem lenne mi után sóvárognia. Jómagam is sok-sok évig „tartózkodtam" ezen a lelki rezgésszinten, és rengeteg csalódás is ért. Mindig újult erővel estem neki a céljaimnak, majd azok összeomlottak, és kezdhettem mindent elölről. Ha az életem valamely területén esetleg célba értem, akkor más területek omlottak össze. Így mindig lehetett sóvárogni, vágyakozni a be nem teljesült célok után.

A csalódott életfelfogást nagyon gyakran Isten létezését tagadó felfogás kíséri. Ezek az Emberek úgy gondolják, hogy ha Isten létezne, akkor nem ilyen lenne a világ. Hiszen minderről mit sem tudva nem látják be, hogy a sok csalódásnak ők maguk az okai. Úgy látják, hogy az Élet összeesküszik ellenük, és szerencsétlen csillagzat alatt születtek. Nyilvánvalóan ebből a helyzetből is a kiút kezdete lehet az a felismerés, amikor rádöbbenünk, hogy minden bajnak mi vagyunk az oka, ami velünk történik.

Ezek az Emberek óriási erőkkel vágnak neki elérhetetlen céljaiknak, melyek végén meg is érkezik a kudarc, a csalódás. Tudatos énjük hiába vágyik a célra, a tudatalattijuk a kudarcot keresi, lelki síkon szükségük van a csalódásra. Ettől olyan Életpusztító az az energiarendszer, amelyet a környezete és önmaga felé sugároz ezen a szinten a lélek.

A másik fő ok az addikciók a környezetükre és az adott személyre gyakorolt káros hatásaival érzékeltethető jól.

Harag

Ennek a szintnek az értéke 150, melyből jól láthatod, hogy még mindig 200-as érték alatti Életpusztító szinteket tárgyaljuk. Az eddig bemutatott szintekről nézve itt már komoly szintű aktivitás jelenik meg. Ezen a szinten az egyén ugyan a környezetére és önmagára nézve is negatív, mégis már erőteljesen kifejezi az önvédelmét, és figyelemre méltó kiáramló energiák jelennek meg. A harag szintjén élő Ember egyik fő jellemzője az, hogy mindig másokat okol, és mindazt nagyon kemény kritikával fejezi ki. Mindenkit elítél a környezetében, aki nem úgy látja a világot, ahogy ő, és nem úgy reagál a dolgokra, ahogy ő elvárja. Az empatikus készség ezen a szinten nagyon alacsony. Haragosak mindannyian voltunk már, így bizonyára jól ismerjük ezt az érzést. Akik ezen a rezgésszinten élnek, életük jó részében így éreznek. Ennek a rezgésszintnek jó példája a Hupikék Törpikék című mesében Dulifuli, bár nyilván ott ezt szolidabban és szerethető módon mutatják be. A való életben ez sokkal pusztítóbban működik. A fő érzés a gyűlölet, amely átitatja a lelket. Az ezen a rezgésszinten élő Ember mindig keres célt (célszemélyt) a gyűlöletének. Gyakran keverediek verekedésekbe, egyéb agresszív jelenetek részese. Ő a szórakozóhelyek állandó kötekedője. Ezek az Emberek azok, akik szinte mindig pereskednek valakivel, és rendszeresen el is vesztik azokat, hogy utána a bírót is gyűlölhessék. Így a gyűlöletláncolat nem szűnik meg. Ezen a lelki rezgésszinten van a legtöbb olyan klímaaktivista, aki erőszakkal, veszekedéssel, kemény szavakkal próbál hatni a világra annak érdekében, hogy változzon meg végre. Természetesen nekik is igazuk van egy bizonyos szinten, hiszen valahogy ki kell billentenünk a világot ebből a rossz irányba haladó helyzetből.

Ezen a rezgésszinten élő Embernek a lényeg maga a gyűlölet érzése, még ha kifelé legtöbbször pont az ellentétét is kommunikálja. Az egyén minden helyzetben ösztönösen a szembenállás lehetőségét keresi. Meg van róla győződve, hogy a világ tele van rossz dolgokkal és gonoszsággal, melynek zöme az ő kárára van. Amennyiben hívő, akkor ezen a rezgésszinten meg van győződve arról, hogy Isten egy bosszúálló lény, aki minden rossz tettet megbosszul.

Ha valaki ennél alacsonyabb rezgésszinten él, annak a harag lehet a fejlődés következő lépcsője. Ez az az első szint, ahol már keményen ki merünk állni magunkért. Az ennél alacsonyabb rezgésszinteken élő Emberek inkább önemésztők: nagyon ritkán tudnak kiállni az érdekeik védelmében. Általában meghunyászkodnak, visszahúzódnak, alkalmazkodnak, megalázkodnak. Ezen a rezgésszinten azonban megjelenik a szembenállás, amely révén az egyén keményen kiáll az érdekei védelmében.

Ugyanakkor ha egy magasabb rezgésszintről süllyedünk le ide, akkor komoly veszélyeket rejt a tartós itt ragadás. Nyilván rövid ideig ide lehet süllyedni, hogy magunkat kidühöngve újult erővel induljunk valami magasabb lelki rezgésszint felé. Ha így nézzük, szükség is van arra, hogy kidühöngjük magunkat ahhoz, hogy feljebb léphessünk. Az elfojtás semmiképpen nem lehet megoldás, az tartósan ezen a szinten tart minket, vagy még mélyebbre taszít. Tartós itt rekedés esetén javasolt szakember segítségét kérni! A világgal való szembenállás valós oka legtöbb esetben nem külső tényezőkben keresendő, hanem önmagunkban. Általában az önmagunkkal való belső elégedetlenségünket, az önmagunkkal szemben érzett haragunkat vetítjük ki a világra. Sokkal egyszerűbb másokat okolni, másokra haragudni, mint önmagunkba nézni és ott rendet tenni. Ha már tartósan jártál itt és elmozdultál erről a szintről, akkor átérzed, mit értettem ez alatt. Ha az írás alapján magadra ismertél és úgy érzed, ezen a rezgésszinten élsz, akkor lehet, hogy azért olvasod ezeket a sorokat, hogy elindulj a magasabb, boldogabb rezgésszintek felé. A harag legjobban önmagunkat pusztítja és belülről éget el minket, így tartósan komoly lelki és testi betegségek forrása. Ezért fontos fejlődni és magasabb szintre lépni!

A harag az egyik olyan alapérzés, amelyre bármikor képesek vagyunk, hiszen ez a velünk született alapérzések egyike. A harag, a szégyen, a gyűlölet, az undor, az ijedtség, a kétségbeesés, az öröm, a szeretet és a kíváncsiság Paul Ekman Leleplezett érzelmek című könyvéből vett olyan alapérzelmek, amelyeket nem kell relációban, másokkal való kapcsolatban, másoktól tanulnunk. Az Ember nyitott anyag- és energiarendszer, ezért folyamatosan szüksége van mindkettő utánpótlására, azok áramlására. Az energia az anyag felett áll, jelenlegi materialista nézeteink szerint bármennyire is gondoljuk fordítva. Ha nincs energia, nincs megtestesülés, nincs anyagi reakció, aktiválási energia. A harag az az egyik, bármely esetben bevethető végső aktiválási energia, amelyhez öntudatlanul vagy épp tudatosan nyúlunk, hogy erőnk legyen, hogy legyen erőnk valamivel szembeszállni vagy kiállni magunkért vagy csak úgy egyáltalán létezni. Ez az egyik oka, hogy nagyon sokan beleragadunk a harag szintjébe.

A haragban létező Ember a leggyakrabban azért nem „mer" továbblépni erről a szintről, mert attól fél, hogy kiüresedik, unalmassá válik az élete, ha elengedi az állandó szembenállás izgalmas érzésvilágát. Pedig ettől nem kell tartani! Magasabb rezgésszinten boldogabb az Élet és nem unalmasabb... A haraggal élő attól is fél, hogy ha nem másokra haragszik, akkor önmagába kell néznie, és azt – egyelőre – nem meri megtenni. Fél attól, hogy mit talál önmagában. Így a kifelé áramló gyűlölet nem más, mint az önmagunk elől való menekülés egy hatékony módja. Pedig amit ott bent találsz, az lesz a boldogságod kulcsa! Így elég bátornak kell lenni, hogy benézz oda...

Büszkeség

Ezen a szinten az emberi lélek a 175-ös értéken rezeg, de ez az utolsó Életpusztító rezgésszint.

Bár az ego minden Életpusztító rezgésszinten erőteljesen jelen van a lélek szerkezetében, mégis ez a rezgésszint az, ahol az ego a legerőteljesebb teret kapja. A büszkeség rezgésszintjén élő Ember érzelemvilága úgy van beállítva, hogy ösztönösen igyekszik elkülöníteni saját magát a többi Embertől. Mindig úgy állítja be a helyzeteket, hogy különbnek, többnek, másnak tűnjék fel, mint a bírált célszemély vagy csoport. Az érzelem fő iránya a lekicsinyítés. Mások lekicsinyítésével igyekszünk magunkat jobb színben feltüntetni. Ehhez az érzelemvilághoz a gőg, a felfuvalkodottság társul. Az ezen a rezgésszinten élő személy, ha elég intelligens, általában jól álcázza végtelen önzőségét. Hiszen az önző érdeke pont az, hogy ne lássák önzőnek. Így gyakori, hogy az Életpusztító rezgésszint ellenére egy kedves és a felszínen figyelmes Embert ismerünk meg. Csak az egyén mélyebb megismerésével lehet az önérdekből kialakított páncél mögé látni. Sok párkapcsolat is ezért jut kudarcra, mert az elején olyan kellemesnek tűnő társ egyébként alkalmatlan az önzetlenségre, ami pedig a meghitt kapcsolatok alapja.

Mivel a mai világ állandóan azt sugallja felénk, hogy legyünk önzők és csak magunkkal foglalkozzunk, ezért a legtöbb Ember ezen a rezgésszinten él. Mivel ez Életpusztító lelki rezgésszint, ezért ennek a ténynek a közvetett következménye, hogy soha nem látott környezetpusztulás és vészjósló klímaváltozási prognózisok látnak napvilágot. Az internet és a média „áldásos" tevékenysége miatt a legtöbb serdülő és fiatal is ezen a rezgésszinten él. Ennek tudható be, hogy a fiatalabb generációkban szétesnek a valós közösségek, megszűnőben van a tényleges közösségi lét, továbbá 80% feletti a válások aránya. Mindenki magával foglalkozik, és mindenki azt várja el, hogy mások ővele foglalkozzanak. Így elég esélytelen valós és mély emberi kapcsolatokat építeni. Természetesen mindig a másik fél az oka annak, hogy a kapcsolat zátonyra futott. Ezen a rezgésszinten nem tűnik fel az egyénnek az a tény, hogy minél önzőbbé válik, annál inkább eltávolodik a valós és minőségi emberi kapcsolatoktól, és nem mellesleg annál jobban pusztítja a Föld természeti erőforrásait is. Hiszen az önző Ember behabzsol, megél mindent, amire vágyik! Nincs benne elég önkontroll, és nincs is szüksége erre. Ezen a lelki rezgésszinten minden élmény megélése, minden vágyott cél elérése, az anyagi javak birtoklása a lényeg, minden, amit csak el lehet érni.

A büszkeség rezgésszintjén élő Ember mindent csak önérdekből képes csinálni. Egyetlen motivációja saját maga, illetve saját céljainak elérése. Nem képes önzetlenül szeretni sem. Azért szeret valakit, mert cserébe viszonzást vár. Sőt, az ilyen Emberek meg vannak győződve arról, hogy nem létezik önzetlenség, mert az önzetlen Ember is csak azért önzetlen, mert tudatában van annak, hogy előnye származik az önzetlenségéből. Az ilyen Emberek szoktak azonosulni a „minden szentnek maga felé hajlik a keze" mondással. Amikor ezen a rezgésszinten éltem, én is meg voltam erről győződve, és nem értettem azokat, akik a valós önzetlenségről beszéltek. Azt gondoltam, hogy nekem van igazam, és ők csak idealizálják, szépítik az önzetlenség fogalmát. A valódi helyzet az, hogy ha a büszkeség rezgésszintjén élő Ember amennyiben életében még nem volt magasabb rezgésszinten, akkor nem képes elhinni, hogy létezik valós önzetlenség, hiszen ő még sosem tapasztalta meg ezt. Ezáltal nem ítélhető el beszűkült látásmódjáért. Ez olyan, mintha valaki egész életében egy szűk szakadék mélyéről nézné az eget, és el akarnánk neki magyarázni, hogy milyen a napfelkelte.

Ezen a rezgésszinten nagyon sok olyan Ember él, aki sikeres a munkájában, az anyagi vagy a politikai világban. Ez a siker sokakat megtéveszt, nehéz róluk elképzelni, hogy Életpusztító energiákat sugároznak önmagukra és a környezetükre egyaránt. Pedig így van. Az Életpusztító energiák gyökere pont abban rejlik, hogy a társadalmi, ökológiai vagy egyéb közérdekeket nem képesek maguk elé helyezni, és önzőségük következtében megfeledkeznek életük valós céljairól. Azokkal csak akkor képesek azonosulni, ha azok összhangban vannak a személyes céljaikkal. Ezért nyilvánvaló, hogy azokat a nézeteket és ideákat fogják vallani és magukévá tenni, amelyek támogatni tudják az önérdeküket. Mindig abban hisznek, ami az önérdeküket és az énképüket erősíti, és állandóan erről akarják meggyőzni a környezetüket. Bármivel kapcsolatban, ami az egoba beépül, így viselkedünk. Így hihetetlenül beszűkül a tudat, anélkül, hogy észrevennénk. Sőt, a legtöbb esetben teljes tudatossággal tudjuk és hisszük magunkról, hogy mi mennyivel okosabbak, szebbek, jobbak vagyunk, mint mások. Az ilyen Emberek teljes öntudatossággal tudják, hogy meg is érdemlik a kitűzött céljaikat. Mindent megtesznek a céljaik elérése érdekében, gyakran még a szabályok kikerülésére is hajlandók.

Az életfelfogásuk követelőző, ami azt jelenti, hogy minden téren kikövetelik maguknak a „jussukat". Ezt egyébként addig kiválóan palástolják, amíg jól haladnak a célok felé. Addig udvarias és a felszínen nyugodt a viselkedésük. Azonban ha kérdésessé válik a célok elérése, akkor ténylegesen is követelőzővé válnak. Úgymond kimutatják a foguk fehérjét... Ezek között az Emberek között a leggyakoribb az ateizmus vagy az Istennel szembeni közönyösség. Hiszen az istenkép önzetlenséget sugároz, és az összes nagy világvallás arra is nevel. Ez azonban nem egyeztethető össze az önző személyiséggel és annak céljaival. A legtöbb ilyen Ember úgy véli, hogy a vallási alapelvek nem neki szólnak. Ő több annál, hogy a saját életére nézve kötelező érvényűnek tartson ilyen „butaságokat". Természetesen nem arról van szó, hogy a Tízparancsolat egyik tételét sem tartja be. Csak ha mégis átlépne egy-két határt, akkor megindokolja magának, hogy az miért kivétel és miért helyes. Az ego önmagát erősítve a szabályok felett áll, és még abban is segít, hogy ezért ezen a rezgésszinten általában lelkiismeret-furdalása sincs az egyénnek. Ha mégis lenne, akkor az ego kimagyarázza a problémát, és elfojtja a lelkiismeret-furdalást.

Sokat éltem ezen a rezgésszinten. Meg voltam győződve az igazamról, és fel sem tűnt, hogy milyen Életpusztító módon élek. Hihetetlenül torz volt a szűklátókörűségem, mégis az ellentétét gondoltam magamról. Azt hittem, hogy helyes úton járok, de ma már tudom, hogy az önzés nagyon messze van a helyes úttól, ha a valódi boldogságot keressük. Ezen a rezgésszinten elvakítanak minket a szakmai, pénzügyi vagy egyéb sikerek. Az egonk elhiteti velünk, hogy amit teszünk, az helyes, hiszen ezáltal másoknál többnek tarthatjuk magunkat. A kiút ebből a rezgésszintből az, ha képesek vagyunk az egonk mögé nézni, és át tudunk látni egonk délibábján. Erre nagyon kevesek képesek, ezért a legtöbb Ember megreked ezen a rezgésszinten. Az igazán sikeres és boldog Emberek azonban mind túlléptek ezen a szinten, hogy magasabb szintre kerüljenek.

Ha ezt a rezgésszintet egy magasabb rezgésszintről nézzük, akkor egy szűklátókörű, önző és beszűkült személyt látunk. Ha magasabb rezgésszintről ide süllyedünk vissza, akkor rövid ideig megpihen itt a lélek azzal, hogy átmenetileg csak magával foglalkozik. Hiszen amíg lelki sárkányainkkal küzdünk, nincs erőnk az önzetlenségre. Látómezőnk pont azért szűkül be, pont azért leszünk önzők, mert a belső lelki problémáink elleni küzdelem túl sok lelki energiát emészt fel.

Ha azonban feljebb lépünk erről a szintről, akkor már csak Élettámogató rezgésszintre juthatunk. Így ez az utolsó olyan rezgésszint, amely felett már valódi értékteremtés, valódi siker, valódi boldogság vár ránk. Ez elég motiváció ahhoz, hogy az önámítás világából egy valósabb életet kínáló, értékesebb rezgésszintre léphessünk.

Ha a büszkeség rezgésszintjét a harag (vagy alsóbb) szintjéről nézzük, akkor ez komoly fejlődés és előrelépés. Hiszen itt az egyén már egy jóval kifinomultabb önkifejezési rendszert használ. Már nem a másoktól való félelem vagy a másokkal való szembenállás az ego hajtóereje, hanem „csak" a másoktól való elkülönülés. Ez már nem olyan agresszív, kevésbé ön- és környezetpusztító. Nem véletlenül ez a szint a legmagasabb az Életpusztító szintek között.

Ugyanakkor erről a szintről a legnehezebb kilendülni és feljebb lépni, mert itt az egonk elhiteti velünk, hogy minden rendben van, hiszen különbözünk azoktól, akikhez viszonyítunk. Jobbnak, szebbnek, okosabbnak érezzük magunkat. A tudatalattink olyan egyénekhez mér bennünket, akikkel szemben érezhetjük ezt a fölényt. Ha megismerkedünk olyan egyénekkel, akik egyértelműen jobbak nálunk, általában igyekszünk az ilyen Emberek közelébe férkőzni, és a velük való ismeretségben díszelegve még jobbnak feltüntetni magunkat. Másik stratégiánk, hogy ürügyet keresünk rá, miért nem akarunk olyan jók lenni. Mivel ez a rezgésszint egy önámító délibáb, sokakat annyira becsap, hogy nem is kívánnak ennél a szintnél feljebb kerülni. Szóval az öntudatlan vesztesek tábora ez a csoport, miközben a győztesek tudatosan élik meg saját magukat.

Fontos, hogy azt is tudd: a büszkeség rezgésszintjén élő Ember mindig magányos legbelül. Az önzés mély lelki szinten elkülönít, hiszen az egyén nem hisz az egység erejében. Ezen a rezgésszinten élő Ember valójában fél legbelül. A félelem gyökere a másokkal való egység, a másoktól való függés félelme. Senkitől nem akarunk függeni, mert félünk, hogy megsérülünk. Senkit nem merünk annál jobban szeretni, mint ahogy viszonozza, mert félünk, hogy visszaél vele. Az egonk állandó készenlétben figyeli, hogy ki milyen mértékben viszonozza azt, amit felé adunk, és a legkisebb jelre, hogy a másik fél nem az elvárás szerint cselekszik, visszahúzódunk elkülönült, önző világunkba. Ebből a szemszögből jól látható, hogy a büszkeség egy önvédelmi páncél, amelyet gyermekkori vagy egyéb sérelmeink miatt építettünk ki. Mint sok más Életpusztító lelki rezgésszint, ez is a félelem mélyen elfojtott gyökeréből táplálkozik...

Bátorság

A bátorság szintje az, ahol a lélek Élettámogató rezgésszintre emelkedik (ennek értéke 200). Így a büszkeségből a bátorság szintjére történő lépéskor jelentős minőségi változás jelenik meg az Ember életében. Persze fokozatosan, hiszen a múlt problémáinak megoldása sok időt vesz igénybe.

A bátorságot nem szabad összekeverni a vakmerőséggel. A vakmerőség az Életpusztító rezgésszintek egyik tünete. A vakmerő Ember sokféle okból tűnhet bátornak (sarokba van szorítva és ezért vissza- támad, vagy eltekint a lehetséges következményektől stb.). A bátorság szintjén lévő Embert így nem feltétlenül arról ismerjük meg, hogy milyen mértékben mer szembeszállni az ellenségeivel. Sőt, pont fordítva. A bátorság szintjén lévő Ember fel meri vállalni gyengeségét, tévedését, hibáit mások előtt.

Nemrég mesélt nekem egy diák egy tanáráról, aki nyíltan fel merte vállalni az osztálya előtt, hogy azt a fajta matematikai megoldási módot, amelyet a 3 legokosabb matekos kitalált az óráján, nem érti. Ő egy egyszerűbb metódus alapján tanította. Meglepő módon a diákok mégis felnéznek erre a tanárra, és mégis kedvelik. Nem véletlen, hiszen ebből a gesztusból is látszik, hogy minimum a bátorság lelki rezgésszintjén él. Felvállalta a saját tanítványai előtt, hogy butább, mint ők. Ugyanakkor mégis van tekintélye és népszerű, mert az Élettámogató rezgésszint többek között így hat a környezetében lévő Emberekre.

Ezen a lelki rezgésszinten történik meg először (az eddig tárgyalt Életpusztító rezgésszintekhez képest), hogy az egyén őszintén szembenéz önmagával. Ez a legfontosabb változás az eddig tárgyalt rezgésszintekhez viszonyítva: ő már igazi tükröt mer mutatni önmagának, reálisan kezdi látni a saját hibáit, gyengeségeit, gyarlóságait. Sőt, a tudatalattijában elraktározott elfojtott félelmek és fájdalmak felnyitására is vállalkozni mer. Ezért a bátorság az első Élettámogató rezgésszint, hiszen itt kezd reális önismeretünk és reális világképünk lenni. Persze itt fontos megjegyezni, hogy az összes Életpusztító lelki rezgésszinten élő Ember meg van győződve róla, hogy jó az önismerete. Csak magasabb lelki rezgésszinteken kezdünk el ebben kételkedni. Itt kezdünk rálépni arra az útra, ahol már nem menekülünk önmagunk elől, és elfogadjuk önmagunkat olyannak, amilyenek vagyunk. Itt kezdjük el felvállalni önmagunkat a világ felé is, minden rossz és jó tulajdonságunkkal együtt, továbbá mély fájdalmainkkal szembenézve megszabadulni azoktól a lelki sárkányoktól, melyek annyi rosszat vonzottak az életünkbe. Óriási változás, hogy ezen a rezgésszinten az egyén végre teljes felelősséget vállal a tetteiért, és nem mentegeti magát mindig azzal, hogy másokat hibáztat. A vesztesekkel szemben ez a sikeres Emberek egyik alapjellemzője, hogy felvállalják tetteik következményeit, és amennyiben az negatív, akkor abból tanulva előrenéznek, nem pedig mások hibáztatásával bújnak ki a saját magukkal szembeni felelősség terhe alól.

Ez okozza, hogy ezen a rezgésszinten a szerencsétlen Ember szerencsés, a sikertelen sikeres lehet, az önző nyitni kezd az önzetlenség felé, és a szeretetet is elkezdjük merni úgy adni, hogy nem várunk viszonzást. Természetesen ezen a rezgésszinten ez még nem rutinszerű, de már megjelenik az életünkben, és kezdi pozitív hatását kifejteni. Ezek következtében a lélek leküzdi a lelki sárkányait, és így szabadabb és boldogabb irányba fordul. Itt már néha olyan dolgokra is marad lelki energiánk, amelyek a lelkünket építik, és egyre inkább igényünk lesz arra, hogy másokra is önzetlenül figyeljünk. Ilyenkor kezdünk a napi létfenntartás és a mindennapi küzdelem szenvedő világából kilépve a valódi életfeladataink szerinti irányba ható cselekedeteket véghezvinni. Itt természetesen nem arra gondolok, hogy sikerül venni egy jobb autót. Bár tény, hogy a siker abban is megjelenhet, hogy anyagi életünk kezd stabillá válni. Nekem eddig mindig nagyon hullámzó volt az anyagi helyzetem.

Természetesen ha az Ember a lelki fejlődése révén nemrég lépett át egy alacsonyabb lelki rezgésszintről erre a szintre, akkor még csak a boldogság kapujában jár. Ahhoz, hogy belépjen és tartósan ott is maradjon, keményen meg kell dolgoznia azokat a szembejövő nehézségeket, amelyek a saját önmagunkkal való szembenézésből erednek. A belső félelmeinktől, fájdalmainktól való megszabadulás nagyon kemény munka, és általában sok időt is vesz igénybe. Így ezen a rezgésszinten elég sokáig szoktak időzni a fejlődni kívánó Emberek. Viszont aki ezt átlépi, az általában egy gyorsuló lelki fejlődést tapasztalhat a még magasabb Élettámogató szintek, a még feljebb lévő boldogság felé.

Aki magasabb lelki rezgésszintről esik ide vissza, az pont azért süllyed ide, mert a lelkének bátorságot kell gyűjtenie ahhoz, hogy egy újabb – valószínűleg a tudatalattiból – feltörő lelki problémával megküzdjön annak érdekében, hogy a zuhanás előtti rezgésszintnél magasabbra ugorhasson.

A bátorság szintjén élő Ember fő érzelme a megerősítés. Bátorítja, megerősíti önmagát, és másokkal is így viselkedik. Az ilyen Ember alapvetése, hogy képessé váljon céljai elérésére. Fejlődését ezen képességek elérésének szolgálatába állítja. Amennyiben ebben sikeres lesz, akkor érthető okból magasabb lelki rezgésszintre fog ugrani. Az ilyen Ember aktívan tesz azért, hogy megvalósítsa a vágyait, de mindezt már mások kára, mások negatív feltüntetése, kihasználása vagy becsapása nélkül és saját fejlesztése mellett teszi. Többek között ez az, amiben alapvetően eltér a büszkeség vagy annál is alacsonyabb rezgésszintjén élő Embertől. Amennyiben az egyén hívő, akkor ezen a rezgésszinten megbocsátó lénynek látja Istent, aki felől az áradó szeretet annak is jár, aki néha hibázik és néha gyarló. Ezért ezekre az Emberekre már igazán nem tudnak hatni az egyházak megfélemlítő és az egyes szekták demagóg befolyásolási taktikái.

Pártatlanság

Ha feljebb lépünk lelki fejlődésünk során, akkor a pártatlanság 250-es szintjére érünk. Ezen a szinten az egyén már belépett a boldogság kapuján, és stabilizálódnak az életében a dolgok. Életének fő motívuma a pozitív történések megélése lesz. Az ezen a rezgésszinten élő Emberek már általában különösebb kínlódás nélkül érik el a sikereiket, és ami még fontosabb, itt már végképp nem jelenik meg mások megkárosítása, a másokkal szembeni túlzó önérvényesítés. Gyakran a büszkeség szintjén élő Emberek is sikeresek, azonban ott mások kihasználása, lekicsinyítése vagy egyéb módon történő csorbítása mindig a saját sikerük része. De ezen a rezgésszinten ez már fel sem merül. Alsóbb rezgésszintekről nézve csodálni szoktuk ezeket az Embereket: vajon hogyan csinálják? Régebben én sem értettem, hogy hogyan lehet ilyen kevés küzdelem és kínlódás nélkül egyről a kettőre jutni.

Alsóbb rezgésszinteken az Élet a mindennapok küzdelmeiről szól, ezen a rezgésszinten azonban már az Élet pozitív és békés megélése kezd erőteljes lenni. Ezen a szinten fontos a küzdelem, de a problémák miatti feszültség nem igazán jellemző.

A rezgésszintek közül a pártatlanság szintje az első, ahol önámítás nélkül már viszonylag elégedettek vagyunk az életünkkel és önmagunkkal. Hiszen a büszkeség lelki rezgésszintjén ugyanez történik, de önámítások által. Ez nagyon nagy szó, mert eddig egyetlen olyan rezgésszintet sem tárgyaltunk, ahol ez igaz lett volna. Amikor ide „megérkeztem", hirtelen megváltozott a világról és a jövőről alkotott képem, az Emberekhez való hozzáállásom, és elkezdtem belül valami nagyon mély és megnyugtató békét, illetve harmóniát érezni. Azelőtt ez a fajta lelki biztonságérzet teljesen ismeretlen volt a számomra. A jövőképem pesszimistából optimistába váltott át. Bárcsak mindenki legalább ezen a szinten élhetne! Ha így lenne, akkor biztos, hogy világbéke lenne a Földön, és nagyon alacsony szintre süllyedne a környezetszennyezés is.

A pártatlanság rezgésszintjén élő Ember, amennyiben hívő, akkor Istent egy olyan lénynek éli meg, aki azért adta neki az egyedi képességeit, hogy azokat mások javára kamatoztassa. Ezen a rezgésszinten döbbentem rá, hogy én tanítónak születtem, és hogy ez az a képesség, amelyet kiemelten kaptam az Élettől. Mióta ezt teljes bizonyossággal tudom, azóta még nagyobb átéléssel és lelkiismeretességgel tartom az óráimat az egyetemen, és ez inspirált ennek a könyvnek a megírására is.

Ezen a rezgésszinten a lelkünk fő fejlődési folyamata a felszabadulás. Itt válunk meg lelki sárkányainktól, az addikcióktól, melyek eddig lefelé húztak minket. Bár ezektől még nem teljes a megszabadulás, hiszen még van hova fejlődni, de nagyon sok, a mélyebb rezgésszint felé húzó szokás, játszma, addikció itt véglegesen kikerül az életünkből. Ez egy olyan mértékű felszabadulást okoz, amely hirtelen rengeteg energiát old fel bennünk. Eddig a szintig állandóan küzdöttünk a belső problémáinkkal, ami tudatosan vagy tudattalanul is rengeteg energiát vett el tőlünk, és folyamatosan harcoltunk az ösztönösen elkövetett rossz döntéseink következményeivel is. Itt a felszabadult lelkünk hirtelen könnyedebbé válik, és az életfeladatunk szerinti fő irányok felé tör. Végre Élettámogató és önzetlen tettekre fordítódnak az energiák. Ennek a könyvnek az írása is Élettámogató és önzetlen, mégis nagyon jólesik, mert ez a sok pozitív energia ki akar törni belőlem és tenni akar azért, hogy jobb legyen ez a világ.

Ezen a szinten még abban is megjelenik a nagy áttörés, hogy itt válik az Élet szerves részévé a teljes mértékű bizalom. Egy büszkeség szintjén lévő cégvezető egyetlen alkalmazottjában sem bízik, és mindent kézben akar tartani. A pártatlanság szintjén lévő vezető hisz a kölcsönös függés sikerében, és ezáltal nagyobb sikereket is ér el. Hiszen ez a magas szintű csapatmunka irányításának az alapja, hogy megbízom a csapattársam döntésében. Ez a siker természetesen nem profitban mérendő, hanem az általa irányított csapat társadalmi hasznosságában vagy a csapat tagjainak lelki és szakmai fejlődésében. Az ezen a rezgésszinten élő Ember a párkapcsolatában sem féltékeny, és teljes mértékben képes megbízni társa döntéseiben. Fontos kiemelni, hogy ha csak úgy ráhagyok valamit a páromra vagy teljesen megbízom a döntéseiben, az messze nem ugyanaz. Ezen a rezgésszinten az egyén elkezd bízni az Emberek jóságában és a pozitív jövőben is. Ez is újdonság, mert az eddig tárgyalt rezgésszinteken sem a jövőbe vetett erős bizalom, sem az emberi jóságba vetett hit nem volt jellemző.

Akik alacsonyabb rezgésszintről nézik az ilyen Embert, gyakran naivnak vagy idealistának látják őt, hiszen arról a rezgésszintről lehetetlennek tartják, hogy az ilyen optimizmus objektív és megalapozott lehet. Pedig lehet!

Ez egy csodálatos lelki rezgésszint. A ma élő Emberek többsége sajnos soha életében nem jut el ide. Hogy miért nem? A válasz nagyon egyszerű. Azért, mert a legtöbb Ember nem a lelki fejlődésével, hanem más külsőségekkel tölti el életét. A pénz, a karrier vagy a szebb külső hajszolása nem rossz dolog, de semmiképpen nem vezet a boldogsághoz. Pedig ez az állapot már tényleg a boldogság szigetére lépett Ember lelki rezgésszintje. Mivel én már jó pár éve beléptem ide, tudom, hogy ez milyen nagyszerű. Nagyon-nagyon szeretném, hogy te is megtapasztald ezt, ha tartósan még nem jártál itt, mert a saját boldogságodon túl ezzel tudsz a legtöbbet tenni a Föld jövőjéért is!

Hajlandóság

Nagyon örülök, hogy a lélek rezgésszintjeit tárgyaló fejezet olvasásában idáig jutottál velem. A jelen írásban soron következő lelki rezgésszint, és az ezután jövők már mind a boldogság valós színterei. Ezeken a szinteken csak a boldogság megélési módjában és stabilitásában lesznek eltérések.

A hajlandóság rezgésszintje a 310-es energiaszinten működik, így már jóval a 200-as határ – amely az Életpusztító és az Élettámogató rezgésszintek közötti határvonal – felett vagyunk. Amikor ezt a könyvet írom, még nincs három éve, hogy átléptem ezt a szintet, és életem ezzel egy még jobb életminőségbe érkezett. A hajlandóság rezgésszintjén élő Ember legfőképpen abban tér el az eddig tárgyalt rezgésszintektől, hogy alapvetően optimista. Az ilyen Embert már nagyon nehéz kibillenteni optimista látásmódjából. Itt ösztönössé válik, hogy a pohár teli felét nézzük, és ha valami rossz történik, abból is általában a pozitív következtetést vonjuk le. Az Ember itt magában hordozza a „jó időt", ami azt jelenti, hogy a külvilág eseményeitől függetlenül egy alap derűlátás jellemzi az életét. Természetesen ez nem azt jelenti, hogy ezen a rezgésszinten valaki nem lehet rosszkedvű vagy ideges, de azt mindenképpen jelenti, hogy ez ritkán és csak rövid időre fordul elő.

Az egyénben ezen a szinten már kifejezett a szándék arra, hogy tovább fejlődjék a spirituális világban. Már tudatosan szakítani akarunk mindennemű negatív rezgésszintet okozó belső lelki folyamatunkkal. Itt már egyértelművé válik számunkra, hogy a boldogság belülről fakad és szinte teljesen független a külső behatásoktól. Megértjük, hogy miről beszélnek azok a spirituális vezetők, akik állandóan ezt mondják. Szinte egész életemben más Emberektől habzsoltam be az elismeréseket, mert ezzel próbáltam kitömni a lelkemben elfojtott önbizalomhiányt és az önelfogadás hiányait. Sajnos ez nem volt sikeres. Bár a sok elismerés, beépülve az egoba, okozhat egyfajta önelégültséget. De ez sajnos nem hoz boldogságot, mert önmagunk becsapására épül. Legbelül nem fogadjuk el önmagunkat, csak mások visszajelzései által elhisszük, hogy értékesek vagyunk. Amikor a lelkem megváltozott belül, azaz fejlődött az önelfogadás és a saját magam szerethetősége, azonnal pozitív irányba változott a külső világlátásom is, anélkül, hogy külső megerősítésekre lett volna szükség. Így ez tényleges és valós megoldás a boldogsághoz vezető úton.

Ezen a rezgésszinten a jövőképünk reményteli és optimista. Itt mindig a megoldáskeresés és az Életbe (hívők esetében Istenbe) vetett bizalom jellemzi az egyén jövővel szembeni látásmódját. Amennyiben az egyén istenhívő, akkor ezen a rezgésszinten Istent egy inspiráló lénynek éli meg, aki arra motiválja őt, hogy tehetségét a világ pozitív irányú megváltoztatására fordítsa.

Ha valaki magasabb rezgésszintről érkezik ide, akkor az itt merített szándék fog erőt adni arra, hogy újra felsőbb szintre emelkedjen. Jelen rezgésszinten ezzel kapcsolatos belső munkám során olyan mély lelki elfojtások és problémák feloldásán dolgoztam, melyek jelenlétéről előtte sejtelmem sem volt. Így működik a lelki fejlődés. Amikor felfedünk egy réteget és megoldjuk az onnan feltörő lelki problémákat, újabb rétegek jelennek meg, melyek addig rejtve voltak. Természetesen ez a lelki fejlődés minden szintjén igaz. Azonban ámulatba ejt az az élmény, hogy 18 év tudatos lelki fejlődés után még mindig találni újabb és újabb megoldani valókat. Ez jól mutatja az emberi lélek végtelen sokszínűségét, melyből minél többet tapasztalsz, annál több kapu nyílik meg a számodra.

Ha valaki alacsonyabb rezgésszintről érkezik ide, akkor az önelfogadás egy új dimenzióját éli meg, ami egy belső egyensúlyt hoz az életébe. Ezen a szinten érziérti meg a személy, hogy miért a belső béke a boldogság alapja, és miért nem a pozitív élmények hajszolása. Itt már az egyensúly számít, nem az állandó élménykeresés. Ez az a bizonyos egyensúly, ami a könyvet átitatva a klímaváltozásra való megoldásrendszer kulcsa is.

Amikor egy spirituális vezető arról ír vagy beszél, hogy például nem jó őrülten szerelmesnek lenni vagy tudatosan menekülni minden rossz elől és habzsolni a jó élményeket, akkor a legtöbb Ember nem érti ezt. Sőt, a reakciójuk ellenséges, mert mindenki őrülten szerelmes akar lenni, mindenki csak a jó élményeket akarja megélni. Ezen a rezgésszinten megérti a személy ezt az üzenetet. A lélek itt egyensúlyt talál, amely egyensúly egy csodálatos belső békét eredményez. Ha akár pozitív, akár negatív irányba kibillen a lélek ebből az egyensúlyból, azonnal ide akar visszakerülni. Ez olyan, mint a hullámzó víz és a sima víztükör közötti különbség. Minél alacsonyabb lelki rezgésszinten él valaki, annál hullámzóbb, háborgóbb vízfelszínhez lehet hasonlítani a lelki folyamatait. A mély rezgésszinteken nagyok az érzelmi szélsőségek, a pozitív hullámokat mély negatív hullámok követik. Ezen a rezgésszinten a lélek már egyre gyakrabban hasonlít a sima víztükörre, amely a külső behatásokra még könnyen hullámozni kezd. Azonban itt újra gyorsan sima víztükörré simul a felszín, mert a lélek már ösztönösen ezt az állapotot keresi. Egy alacsonyabb lelki rezgésszinten élő Embernek ez unalmas, monoton. Ő nem a békét és a harmóniát látja ebben, hanem inkább az eseménynélküliséget. Neki szüksége van arra, hogy szenvedélyesen szeressen, majd utána mélyre zuhanva szenvedjen. Neki pezsgés kell. Ez természetes, hiszen pont ezek a szenvedések fogják előrevinni a lelki fejlődésében. Az ő lelke csak rövid időkre hasonlít a sima víztükörhöz, csak olyankor, amikor lelkileg annyira fáradt, hogy nincs ereje kilengeni.

A mai nyugati társadalom legnagyobb hibáinak egyike az, hogy megpróbálunk mindenek felett elhatárolódni a negatív dolgoktól, és szinte habzsolni akarjuk a sok jót, amit az Élet adhat. Eközben megfeledkezünk lelki fejlődésünkről, és az eredmény gyakran az, hogy a szenvedés töményen és tartósan érkezik életünkbe. Miért? Mert tartós pozitív hullám után még tartósabb negatív hullám jön. A lélek is egy energiarendszer, így a fizika alaptörvényei itt is működnek, de erről részletesen majd egy másik könyvemben szeretnék írni neked.

Elfogadás

Az elfogadás lelki rezgésszintje egy igazán csodálatos és boldog világ. Az elmúlt két évben itt tartózkodtam a lelki fejlődésem során. A szégyen és a bűntudat szintjéről 18 év alatt jutottam eddig a szintig, több erős visszaesési hullámot átélve. Ez a könyv és a későbbi könyveim azért is íródnak, hogy neked sokkal rövidebb lehessen ez az út! Ezt úgy értem, hogy ne kelljen felesleges vargabetűket tenned a fejlődésed során, hanem egy kitaposott ösvényen mehess végig.

Az elfogadás rezgésszintje a 350-es értéken fejti ki a hatásait. Ez már messze az Élettámogató tartományon belül van. Mivel a rezgésszintek emelkedése nem lineáris (hanem logaritmikus), ezért ez már olyan magas lelki rezgésszint, hogy akár 10 000 Életpusztító Ember negatív energiáját is képes semlegesíteni. Ezért van az, hogy ha beülsz egy olyan előadásra, ahol ilyen Ember ad elő, akkor magával ragad a szónoklat, szinte észre sem veszed, hogy telik az idő és furcsa mód az előadóterembe kívülről behozott belső feszültséged és ingerültséged szép lassan szertefoszlik. Ennyire komolyan működik a lelki rezgésszintek egymásra hatása.

Ezen a rezgésszinten jut el először oda az egyén, hogy elfogadja önmagát olyannak, amilyen. És nem az önszuggeszció vagy a beletörődés miatt. Az önszuggeszción amolyan bebeszélést értek, ahol bemagyarázzuk magunknak, hogy úgy vagyunk jók, ahogy vagyunk. A beletörődés pedig számomra az, amikor az egyén úgy érzi, nem képes megváltozni, és ezért önmagával szemben érdektelenné válik. Ezen a rezgésszinten az önelfogadás belülről jövő, őszinte érzés. Nem arról van szó, hogy beképzeltekké válunk, hiszen reálisan látjuk a pozitív és negatív tulajdonságainkat. De itt már a pozitív értékeinket szeretjük, ugyanakkor elfogadjuk a negatív jellemzőinket. Én szinte egész életemben önmagam elől menekültem. Ide eljutni egy csoda a számomra. Sosem gondoltam, hogy ez lehetséges. Önmagunk elfogadása belső békét és harmóniát hoz. Olyan, mintha a lélek végre hazaért volna. Itt kezdjük el megtalálni a valódi önmagunkat, és ezen a szinten már az életfeladatunk szerint élünk. Természetesen a negatív tulajdonságaink belső elfogadása nem jelenti azt, hogy nem kívánunk jobbak lenni, és nem akarunk azokon változtatni. Szeretnénk itt is jobbá tenni önmagunkat, de itt már nem marcangoljuk magunkat a bennünk élő rosszért. Itt már megszűnnek a belső frusztrációk.

Önmagunk elfogadása a környezetünk elfogadását hozza el. Ha belül megváltozik a rezgésszintünk, akkor a látásmódunk is átalakul. A környezetünkben lévő Emberekkel elnézőek leszünk, és a világot is elfogadjuk olyannak, amilyen. Természetesen ez sem jelenti azt, hogy nem akarunk javítani a környezetünkön. Inkább azt, hogy a felesleges ellenállás hiányából felszabaduló energiákat ténylegesen a világ pozitív irányú megváltoztatására tudjuk fordítani. Sokan kérdezik tőlem is: „Honnan van energiád ennyi teendőd mellett erre a könyvre?"

A válasz egyszerű: azok az energiák, amelyeket régebben az önmagammal és a világgal való küzdelemre fordítottam, mind fel- szabadultak. Régen szinte állandóan lelkierőhiányban szenvedtem. Manapság egy évben kb. 1-2 alkalommal érzek ilyesmit, akkor is legfeljebb néhány óráig. A belső küzdelmeink alacsonyabb lelki rezgésszinteken hihetetlen mennyiségű lelkierőt égetnek el feleslegesen... Ezen a rezgésszinten azonban a harmónia az életvitelünket átitató életfelfogás, így megszűnnek ezek a belső küzdelmek.

Ezen a lelki rezgésszinten az elfogadás mellett a fő érzelem a megbocsátás. Megbocsátjuk magunknak eddigi életünk bűneit, rossz tetteit, és mindent megteszünk, hogy a jövőben jóvá tegyük azokat. Ezen a rezgésszinten döbbenünk rá igazán, hogy mennyi rosszat tettünk eddigi életünk során. A büszkeség (vagy más Életpusztító) rezgésszinten ezt észre sem vesszük. Tudattalanul pusztítjuk a környezetünket, és mindezt úgy, hogy meg vagyunk győződve a személyes igazságunkról. Azokon a rezgésszinteken az egonk elpalástolja előlünk a rossz cselekedeteink hatásait, és indokot talál rá, hogy miért helyes az, amit tettünk. Az elfogadás rezgésszintjén már teljes őszinteséggel érezzük, látjuk, hogy mennyi ártó cselekedetünk volt és van. Itt már teljes mértékben vállaljuk tetteink következményeit, és mindent megteszünk, ami csak tőlünk telik, hogy jóvá is tegyük azokat.

A megbocsátás természetesen kifelé is működik. Vagy eleve nem is haragszunk igazán az ellenünk vétkezőkre, de ha mégis, akkor az rövid ideig tart, mert pontosan értjük, hogy a másik milyen mély lelki sárkányokkal küzd, és ezért tudattalanul teszi, amit tesz. Ha az egyén hagyja, akkor még segítünk is neki, de sajnos az ellenünk vétkező általában az ellenállás lelki rezgésszintjén létezik, ezért nem fogadja el a segítő kezet, sőt, legtöbbször nem is képes arra, hogy megértse az indíttatásunkat. Mögöttes hátsó szándékot talál ki, mert nem képes elhinni, hogy egy „ellenségtől" létezik önzetlen segítség. Számára ez felfoghatatlan. Mindenesetre ezen a szinten nyernek először valódi értelmet Jézus elhíresült szavai: „miképpen mi is megbocsátunk az ellenünk vétkezőknek!"

Ezen a szinten a lelkünk transzcendenssé kezd válni. Itt már élesen körvonalazódik a racionalitás szűklátókörűsége és a racionalitás határa. Mérnökként, kutatóként, egyetemi oktatóként nagy tisztelője vagyok a racionalitásnak. De ma már biztosan látom, hogy a racionalitás világa egy nagyon szűk világ. Attól, hogy valamit nem tudunk matematikai–fizikai összefüggésekkel leírni, még lehet létező. Sőt megfordítva ezt a gondolatmenetet, a létező dolgoknak csak nagyon-nagyon pici hányadát ismerjük annyira, hogy azokat matematikai–fizikai összefüggésekkel le tudjuk írni. Gondoljunk a szeretetre vagy ellenpárjára, a gyűlöletre. Minden Ember tudja, hogy ezek léteznek, mégsem foghatók meg racionálisan.

Ha valaki istenhívő, akkor ezen a rezgésszinten Istent egy könyörületes lénynek látja, aki megbocsátja a bűneinket, és támogat minket abban, hogy jóvá tehessük azokat. Az Élettámogatás itt abban jelenik meg, hogy mindennap aktívan dolgozunk azért, hogy jóvá tegyünk minden rosszat, amit eddigi életünkben elkövettünk. Mivel a belső feszültségeink helyére harmónia költözik, ezért van is szabad kapacitásunk, lelkierőnk ehhez az aktivitáshoz. Ha az Emberek 20%-a eljutna erre a rezgésszintre, akkor világbéke lenne a Földön, és olyan mértékűre csökkenne a környezetszennyezés, hogy megállna a természetpusztulás, és globálisan regenerálódni kezdene a bolygó. Mivel megjártam már ezt az utat, tudom, hogy lehetséges! Te is ráléphetsz erre az útra...

Észszerűség

Van egy közeli barátom, aki ezen a rezgésszinten él jó régóta. Mindig csodáltam érte. Ez a rezgésszint a 400-as értékkel jellemezhető, és már nagyon magas Élettámogató szintet jelöl. Ezen a rezgésszinten élt Einstein és Newton is. Ha ez a rezgésszint magas agyi képességekkel párosul, akkor igen kimagasló teljesítményt hoz magával. A jó barátom is komoly szinten űzi, amit csinál, mégha nem is az előbb említett tudós hírességek szintjén.

Ehhez a rezgésszinthez óhatatlanul hozzátartozik a hivatásunk magas szinten történő művelése.

A léleknek ezen az energiaszintjén jut el a személy a tényleges objektivitás világába. Nagyon sokan úgy képzelik, hogy ők ezen a rezgésszinten élnek, pedig kb. egymillió Emberből egy jut el ide. Ennek az az oka, hogy a legtöbb Ember meg van győződve a saját objektivitásáról, pedig az Emberek 99,99%-a messze nem objektív. Az egyén érzékelését alacsonyabb rezgésszinteken beszűkült látásmódja és érzelmei torzítják. A legtöbb esetben ez öntudatlanul történik. Ezeken a rezgésszinteken az Emberek inkább racionalizálók, mint racionálisak. Ez azt jelenti, hogy a tudatalatti szinten érzelmi vagy tapasztalati alapon már régen megtörtént a döntés, és az egyén racionális gondolatokkal támogatja meg, utólag. Eközben a felszínen azt hiszi, hogy azt a dolgot racionálisan döntötte el. Ezt használják ki a profin elkészített, az érzelmeinkre ható reklámok is. És ez az oka annak, hogy a legtöbb esetben annál jobban hatnak ezek a reklámok, minél alacsonyabb rezgésszinten van a célpont. Én például mindig büszke voltam arra, hogy elhatárolódom a reklámoktól, amennyire csak lehet, tehát nem hatnak rám. Ami teljesen téves „objektivitás" volt annak idején. Hiszen pont azért határoltam el tőlük magamat, mert nagyon erősen hatottak rám, és ez zavart. Ez a példa jól mutatja, hogyan racionalizáljuk meg a dolgokat, amelyet utána teljes önhittséggel objektívnek gondolunk, és meg is vagyunk győződve az igazunkról. A bátorság rezgésszintje az, ahol elkezdünk merni ezek mögé látni.

Az észszerűség rezgésszintjén az egyén képes az érzékelése által bejövő információkat az érzelmeitől függetlenül, teljesen objektíven értékelni és elemezni. Erre azért képes, mert el tud vonatkoztatni a hétköznapi problémáktól, a gondoktól és minden mástól, ami nem az adott érzékeléshez kapcsolódik. Így ezen a rezgésszinten az egyén következtetései torzító hatásoktól mentesek. Ettől a kívülállók gyakran érzéketlennek élik meg az ilyen Embert. Mivel magas Élettámogató szinten járunk, ezért itt az ilyen Ember a szabad energiáit és következtetéseinek gyümölcsét a környezete jobbá tételére fordítja. Einstein is végtelenül idealista és humanista volt. Hihetetlen energiákat fordított az Emberiség jobb irányba terelésére. Fiatal koromban elolvastam azt a szöveggyűjteményt, amely a fizika tudományán kívüli írásait szedték csokorba. Sugárzott belőlük az idealizmus és a vágy arra, hogy jobb irányba fordítsa az Emberiség fejlődési tendenciáit. Ha jobban hallgatott volna rá az Emberiség, akkor rég nem itt tartanánk, de akkoriban háborúk és túlfűtött nacionalizmus szőtte át a világot. Ennyi negatív energiával szemben Einsteinnek esélye sem volt. A mai világban csökkentek ezek a negatív energiák, a globális kommunikációs rendszerek pedig segítenek abban, hogy a jó gondolatok teret nyerjenek. Szóval ma sokkal jobbak az esélyek a világ jobbá tételére, mint akkor. Jó lenne, ha Einstein most is itt lehetne velünk!

A fő érzelem ezen a szinten a megértés. Mivel ezen a rezgésszinten el tudunk vonatkoztatni a saját problémáinktól, a saját nézőpontjainktól, ezért képesek vagyunk mások teljes megértésére. Hasonló módon következik az is, hogy ezen a rezgésszinten élő Emberek a világ mások által megérthetetlennek tűnő folyamatait is képesek feltárni. Nem véletlenül él ezen a rezgésszinten a legtöbb Nobel-díjas kutató, feltaláló, illetve híres gondolkodók, filozófusok. Az ilyen Emberek életfelfogása a jelentőség. Úgy érzik, hogy azért kapták a képességeiket, hogy jelentőségteljes eredményekkel, példamutatással mutassanak helyes utat a társadalom részére. Amennyiben ezen a rezgésszinten élő személy istenhívő, akkor ő Istent egy végtelenül bölcs lénynek képzeli el, aki helyes és objektív döntésekkel igazgatja a világ sorsát.

Sokágig azon a véleményen voltam, hogy nincs tökéletes objektivitás, hiszen minden Ember a saját szűrőjén torzulva értékeli a világot. Ma már tudom, hogy ugyan létezik tökéletes objektivitás, de nagyon kevés Embernek adatik meg. Ezen a lelki rezgésszinten élő Emberek azok, akiknek olyan szerencséjük van, hogy ezt mindennap megélhetik, de ők is csak azokon a területeken, amelyekben megfelelő jártasságra tesznek szert.

Szeretet

Erre a lelki rezgésszintre csak rövid időkre tévedek, így tapasztalataim már vannak róla, de a mindennapok során még nagyon messze járok ettől, amikor e sorokat is írom. Ugyanakkor felettébb törekszem arra, több módszerrel is, hogy efelé a csodálatos világ felé fejlődhessek. Ezen a rezgésszinten az Ember megérti, hogy az önzetlen szeretet mindenen áthatol, és ez az Univerzum legfőbb ereje. Ez a „megértés" úgy zajlik az egyénben, hogy mindenhol és mindenben teljes átéléssel érzi a szeretet jelenlétét. Itt az egyénnek már nincs szüksége társra és családra ahhoz, hogy meg tudja élni a szeretetet, hiszen ő minden élő felé érzi ezt az érzést. Aki eléri ezt a szintet, az egész Univerzum „szeretetsugárzását" képes érezni. Nincs szüksége arra, hogy egyes egyénektől szeretet-visszacsatolásokat kapjon ahhoz, hogy megélje a szerethetőségét. Ezen a rezgésszinten élt például Teréz anya is. Az ilyen Emberek olyan szintű szeretetet sugároznak ki magukból, amely átragad a környezetükre, és a közelségükben bennünk is csodálatos érzések indukálódnak.

Az egész személyt átitatja a harmónia, amelyet ösztönösen érzel, ha a közelébe kerülsz. Náluk egyre többször megjelenik az összes élővel való egység érzete. Emiatt az ilyen Ember nem tud ártani még a légynek sem. Ők minden élőt végtelenül tisztelnek és szeretnek.

Ez már tényleg a magas szintű spirituális vezetők szintje. A rezgésszint értéke: 500. Ide nagyon kevesek jutnak el életükben. Ismerek egy ilyen hölgyet, aki megygyőződésem, hogy ezen a rezgésszinten él. Azzal foglalkozik, hogy erős fogyatékossággal született gyerekeket, akiket a szülés után azonnal elhagynak a szüleik, magához vesz a kórházból. A gyerekek a halálukon vannak, mert elhagyatottságuk fájdalma önmagában elég ehhez, nem beszélve a fogyatékosságról, amelyekre az orvosok a „gyógyíthatatlan" kifejezést használják. Ő ezekből a pici, halálközeli állapotban lévő csecsemőkből az önzetlen szeretet erejével önellátó, boldog felnőtteket nevel. A szeretet erejével gyógyítja meg őket, miközben az orvostudomány mai állása szerint ez lehetetlen. A hölgy végtelenül békés, harmonikus, türelmes és önzetlen. Régebben nem értettem, hogy lehet valaki ilyen, és hogy miből veszi a végtelen sok lelki energiát. Hiszen egyszerre 10–12 gyermeket nevel egyedül, csak adományokból, 65 évesen. Ma már át tudom érezni létének érzelemvilágát, és azt is átérzem, honnan nyeri ezt a sok-sok energiát. Bár még nem vagyok az ő szintjén, de már megértem és átérzem a lelkének működését. Tudom, hogy ez egy létező szint, mely nem „kuruzslás", hanem az igaz és egyben csodálatos valóság.

Bár ettől még nagyon messze van az átlagember, de amikor a távoli jövőben ezen a szinten lesz, az Emberiség teljes világbékében és tökéletes harmóniában fog élni a Természettel. Nem lesz önzés, agresszió, környezetpusztítás.

Ezen a rezgésszinten a fő érzelem az áhítat, amelyet az egyén az Élet (ide vallásod szerint Isten, Buddha, Mindenható stb. helyettesíthető) csodája iránt táplál. Az egyén végtelenül jóindulatú, és ezt igyekszik is kinyilatkoztatni, ahol csak értő fülekre talál. Ezen a rezgésszinten értelmet nyernek Jézus elhíresült szavai: „ha megdobnak kővel, dobj vissza kenyérrel". Itt már tökéletesen látja az Ember, hogy ha valaki másokat bánt, akkor neki valójában önmagával van a legnagyobb baja. A szembenállás helyett az egyetlen megoldás a szeretet, amellyel a szegény szenvedő a gyógyulás irányába fordítható.

Az ezen a rezgésszinten élő személy, amennyiben istenhívő, akkor Istent végtelenül könyörületes lénynek éli meg. Az ilyen Ember pozitív lelki rezgésszintje már olyan magas, hogy egymaga akár több százezer Ember negatív lelki rezgésszintjét is képes ellensúlyozni. Ezért van az, hogy szeretünk az ilyen Emberek környezetében lenni, mert olyankor mi is emelkedettebbek, harmonikusabbak vagyunk. Ez az oka annak is, hogy az ilyen Emberek köré hamar követők gyűlnek, akik messze viszik a hírét, amennyiben nyitottak rá. Bár, mivel a szerénység alapvető jellemző ezen a szinten, meggyőződésem, hogy a társadalomban sok Ember él elvonultan ezen a rezgésszinten, anélkül, hogy tudatában lennénk annak, micsoda erőt sugároznak, amellyel drasztikusan lassítják a Föld pusztulását. Persze ezen Emberek jó része mindezt önzetlenül és tudattalanul teszi, hiszen nincsenek birtokában az itt leírt kineziológia tudományos felfedezéseinek.

Öröm és béke

Az öröm (értéke 540) és a béke (értéke 600) rezgésszintjeit egyetlen alfejezetben írom le. Nyilvánvalóan mindannyian éreztük már ezeket az érzéseket, és minden reális értékrendű Ember szeret ebben a lelki állapotban lenni. Azonban a békének és az örömnek is vannak szintjei. Gyakran előfordul, hogy békésnek érezzük magunkat, miközben remeg a lábunk, vagy egy egyszerű internetes tesztből kiderül, hogy valójában enyhén ingerült állapotban vagyunk. Ez azért van, mert az agyunk önmagunkhoz viszonyít. Amikor békésnek vagy örömtelinek érzékeljük magunkat, akkor a megszokott ingerültségünkhöz képest érezzük magunkat olyannak. De a legtöbben nem is tudjuk, hogy milyen a teljes belső béke, hiszen sosem jártunk ott. Ezt hasonlóan kell elképzelni, mint az előző részben tárgyalt szeretet rezgésszintjénél. Nyilván a legtöbb Ember érzett már tiszta szívből szeretetet, azonban minden létező által érzett átfogó és tökéletesen önzetlen szeretetet nagyon kevesen, főleg folyamatosan. Akik igen, azok a szeretet lelki rezgésszintjén élnek.

Az öröm és a béke rezgésszintjein élők aránya még kisebb, mint a szeretet rezgésszintjén élőké. Minél magasabb rezgésszintet tárgyalunk, annál kevesebb Emberről beszélünk. Ezen a két rezgésszinten több tízmillió Emberből talán ha egy él. Az interneten rendszeresen hallgatom Gunagriha előadásait. Meggyőződésem, hogy ő legalább ezen a lelki rezgésszinten él. Az öröm rezgésszintjén élő Ember átéli saját maga teljességének érzését. Ami azt jelenti, hogy önmagát annyira tökéletesen elfogadta, hogy nem talál semmi olyat saját magában, ami nem szerethető. Ezt nem szabad összekeverni a beképzeltséggel. Ugyanakkor a belső lelki attitűd itt is kisugárzik. Hiszen az ilyen Ember az Élet teljességét éli meg.

A béke rezgésszintje még ehhez képest is egy ugrást jelent, hiszen ott az egyén az Élet tökéletességének csodáját éli meg kívül és belül. Mind az önelfogadás, mind a világ elfogadása tekintetében jut el erre a szintre. Ezeken a rezgésszinteken élő Emberek több százezer Életpusztító rezgésszinten élő Ember negatív energiáját képesek semlegesíteni. Ha egy városban él egy ilyen Ember, akkor ott békésebbek az ott lakók, anélkül, hogy tudatában lennének, ez azért van, mert a közelben él egy ilyen személy. Abban a városban kevesebb a baleset és a bűncselekmény is.

Az öröm rezgésszintjén élő Embert a derű érzése itatja át. Az ilyen spirituális vezetők arcán mindig ott van a mosoly, ami nem egy felvett páncél, mint sok hétköznapi egyénnél, hanem ténylegesen a benne élő állandó öröm és derű kivetülése. Ha egy ilyen személy a szemedbe néz, magas szintű békét és harmóniát érzel, bizseregni kezd a gerinced, és utána órákig a pillanat hatása alatt leszel.

A béke rezgésszintjén élő Ember az áldottság érzésében él. Önmagát és a világot áldottnak éli meg, és ebben a lelki biztonságban megtapasztalt óriási béke a lelke erős alapja. Ezeken a szinteken már nem létezik idegeskedés, nincs stressz, illetve a félelem és a lelki fájdalom egyéb formái sem. Életfelfogásuk tekintetében a végtelen jóindulat és az Élet teljességének megélése jellemzi ezeket az

Embereket. Amennyiben istenhívő, akkor az öröm rezgésszintjén élő Ember az Istennel való egység érzését éli meg, míg a béke szintjén élő Ember Istent mint mindenben létezőt látja. Az egyéni akarat beleolvad az isteni akaratba, ez a kettő már nem igazán különíthető el. Ezek az Emberek már felülemelkednek a hétköznapi vallásgyakorláson, már a tiszta spiritualitás világában élnek, ami minden vallás alapja, gyökere. Ők már nem tanulják a vallást, hanem gyakran átalakítják, formálják azt. Ugyanakkor többnyire elvonultan élnek, mert az istentudat nem teszi lehetővé a hagyományos hétköznapi életvitelt. Ők minden tettüket az Élet szolgálatába állítják, így nagyon sokat tesznek az Emberiség és a földi élet megmentéséért. Azonban végtelenül szerények, ezért a legtöbb esetben e cselekedetekről nem is tudunk. A béke rezgésszintjén élő Emberek közül sokakat szentté avattak a múltban, illetve új vallásirányzatok alapítói voltak.

Az észlelés ezen a szinten olyan, mintha a világ történéseit lassított felvételben látnád valami hihetetlenül átvilágított kontextusban, ahol minden történés értelmet nyer. A tudat itt már nem próbál meg mindenhez fogalmat alkotni. Az elme itt már csendes, az észlelő eggyé válik az észlelttel. Ezen a rezgésszinten már értelmet nyer és a mindennapi észlelés része az, hogy „minden összefügg mindennel". Az egyén folyamatosan a tökéletes jelenlét állapotában él, amelyet a meditációt gyakorlók állandóan keresnek, és néha percekre, órákra meg is találnak.

Ezek a rezgésszintek a csodák világát is jelentik. Ezen a rezgésszinten élők már olyan dolgokat képesek megtenni, amit a hétköznapi Ember nem képes racionálisan felfogni. Ezért egyesek csodáknak élik meg, míg a szkepktikusok állandóan keresik a racionális magyarázatot arra, hogy bebizonyítsák: a látott csoda csalás vagy kuruzslás eredménye. Pedig ezen a szinten már a spirituális vezetők közül is kimagasló személyiségek élnek, itt találhatók az igazi spirituális gyógyítók is, akik akár kézrátétellel is képesek gyógyítani. Olyan magas szintű lelki energiákat tudnak mozgósítani, amelyek a fizika ma ismert törvényei felett állnak.

Gyakori az is, hogy olyan Emberek kerülnek erre a szintre, akik halálközeli élményeket éltek át, ahonnan az élők közé visszakerülve erre a magas megvilágosodási szintre ugranak. Velük szemben is szkeptikus a legtöbb Ember, **mert az emberi szűklátókörűség egyik alapköve az, hogy amit még nem tapasztaltunk meg, abban nem hiszünk. Úgy tudjuk, hogy az nem létezik.** Ebből fakad az ilyen Emberek kinyilatkozásaival szemben sokszor érzett ösztönös belső ellenállásunk. Én már annyi mindent megtapasztaltam eddigi életem során, amelyekre korábban azt mondtam, hogy lehetetlen, hogy megtanultam, ez a legnagyobb butaságunk egyike. Természetesen a legtöbb Emberben ez is tudattalan és ösztönös, hiszen a saját megtapasztalásait tekinti belső kapaszkodónak, és úgy érzi, hogy ha azt elengedi, akkor csak fokozódik a bizonytalansága. Pedig a valóság az, hogy pont fordítva lesz.

Megvilágosultság

Eljutottunk az emberi lét legmagasabb fokához: a megvilágosultság lelki rezgésszintjéhez, melynek értéke 700 és 1 000 közötti.

Ezen a rezgésszinten minden tökéletessé válik. A tudat egy fénylő csodának látja az Életet és az őt befoglaló világot. A lélek ezen a szinten tökéletesen tiszta, a tudat nem fűz semmihez gondolatot, érzelmet, jelzőt. Akinek a lelke itt jár, az a színtiszta lét érzésében él. Csak vagy, egy tökéletes rendszer részeként, amelyet Életnek hívunk, és amelyben minden mással egységet élsz meg. Ez egy annyira felemelő és tökéletes érzés, amelyre nagyon nehéz szót találni. Szinte túlcsordul a béke, az öröm, az önzetlen szeretet együtteséből gyúródó harmónia.

Hihetetlenül ritka, több százmillió vagy akár milliárd Ember közül egy tartózkodik tartósan ezen a szinten. Ezen a rezgésszinten maga a létezés válik az Élet értelmévé. Önmaga a létezés a cél. Önmaga a megvilágosultság úgy tökéletes, ahogy van. Nincsenek konkrét célok, vágyak, csak a „van"-ság érzése itatja át minden pillanatodat. Itt már nincs szükséged semmi olyan dologra, melyekre a hétköznapi Emberek vágynak, hiszen a lét maga úgy tökéletes, ahogy létezik. Az idő érzékelése elvész, de itt nincs is értelme az időnek.

Azok az Emberek, akik a megvilágosultság rezgésszintjén élnek, folyamatosan ebben az érzésvilágban vannak. Semmi sem tudja őket innen „kirángatni". Az én itt már része a nagy egységnek. Nem véletlenül nem tett semmit Jézus az ellen, hogy keresztre feszítsék. Itt már nincs jó, nincs rossz, csak maga a lét van. Az alacsonyabb rezgésszinteken élők percekre juthatnak a megvilágosultság állapotába, általában olyankor, amikor minden tökéletes körülöttük, és megfelelően elmélyült meditatív állapotba tudnak kerülni. A meditálók ezt keresik, kutatják, sokszor egész életükben eredménytelenül. Ezzel szemben ezen a rezgésszinten élő Embert még egy keresztre feszítés sem tud kirángatni ebből az állapotból. Ez a hatalmas különbség a megvilágosultság és annak rövid idejű megtapasztalása között. Ez egy akkora „távolság" a hétköznapi Ember és a megvilágosult Ember között, amit a hétköznapi tudat szinte képtelen felfogni.

Azok az Emberek, akik a múltban ezen a rezgésszinten éltek, óriási hatást gyakoroltak a világra. Egy ilyen Ember lelki rezgésszintje több millió Ember Életpusztító rezgésszintjét képes kompenzálni, semlegesíteni. Ezen a rezgésszinten hétköznapivá válnak a csodák, hiszen itt már olyan energiaszinten van a lélek, amely logikus gondolkodással lehetetlennek tűnő dolgokra teszi képessé az egyént. Ezen a rezgésszinten éltek a múltban a nagy világvallások alapítói és a világmegváltó bölcsek, mint Jézus, Buddha, Krisna, Lao Ce. Ők azok, akiknek mondatai fennmaradnak, amíg világ a világ, és hatni fognak az Emberiségre. Ők azok, akiknek tettei között számos csodát tartanak nyilván. Az ő mondataikra épültek fel a hatalmas világvallások, bár igaz, hogy az alacsonyabb lelki rezgésszinten élők értelmezésükkel és hozzáfűzéseikkel sokat torzítottak, romboltak ezeken a kinyilatkoztatásokon. Ezért sosem tud olyan tiszta maradni az egyház, mint a tő, melyből kifejlődött. Az egyházak teljes tisztasága csak akkor lenne megőrizhető, ha folyamatosan az élén állna egy olyan spirituális vezető, aki a megvilágosultság lelki rezgésszintjén él. De sajnos ez egyelőre nem adatott meg az Emberiségnek. Bár igaz, hogy a megvilágosodottak általában csak léteznek, nem hirdetik önmagukat.

Ők nem akarnak szervezetek élére kerülni, legfeljebb követni kezdik őket az Emberek. Ha ebből az aspektusból nézzük, akkor a távoli jövőben már egyházra sem lesz szükség. Az egyház az átmeneti fejődési időszak „mankója" képes lenni, amennyiben meg tudja őrizni, vissza tudja nyerni a tisztaságát.

Ha erről a témáról többet meg akarsz tudni, akkor örömmel ajánlom neked David R. Hawkins Erő kontra erő című könyvét, melyből az előbb olvasott fejezet alapjai is származnak.

További kínálatunk weboldalunkon:

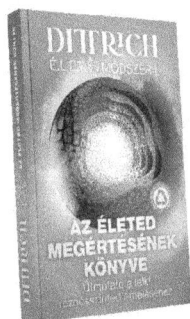

É.L.E.T. - Módszer I.

Útmutató könyv a lelki rezgésszint emeléséhez

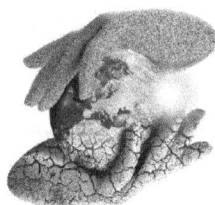

Klímavédelmi kurzusok

Magánszemélyeknek és cégeknek

Klímavédelmi szakvélemények

Tudástranszfer 25 év tapasztalatával

Közösségünk

Facebook csoportunk

www.JustDoBetterWorld.hu